本书出版得到了教育部人文社会科学研究一般项目《中国科
研究：实证测度、障因识别与解决方案》（21YJA63069）
目《山东先行先试建设中国特色科学奖励体系研究（2017
东省高公信力政府科学奖励体系建设研究（2016RKB0105

中国科学奖励公信力研究

Study on the Credibility of Science Award in China

马文军 丁大尉／著

经济管理出版社
ECONOMY & MANAGEMENT PUBLISHING HOUSE

图书在版编目（CIP）数据

中国科学奖励公信力研究/马文军，丁大尉著 . —北京：经济管理出版社，2021. 10
ISBN 978 - 7 - 5096 - 7673 - 8

Ⅰ. ①中… Ⅱ. ①马… ②丁… Ⅲ. ①科技奖励—研究—中国 Ⅳ. ①G322

中国版本图书馆 CIP 数据核字（2021）第 015786 号

组稿编辑：杨国强
责任编辑：杨国强
责任印制：黄章平
责任校对：董杉珊

出版发行：经济管理出版社
　　　　　（北京市海淀区北蜂窝 8 号中雅大厦 A 座 11 层　100038）
网　　址：www. E - mp. com. cn
电　　话：（010）51915602
印　　刷：北京虎彩文化传播有限公司
经　　销：新华书店
开　　本：720mm × 1000mm/16
印　　张：15. 25
字　　数：299 千字
版　　次：2021 年 10 月第 1 版　　2021 年 10 月第 1 次印刷
书　　号：ISBN 978 - 7 - 5096 - 7673 - 8
定　　价：98. 00 元

前　言

　　科学奖励的设置和评选，对于助推国家创新战略的顺利实施意义重大。现行科学奖励评奖存在评价标准模糊不清、同行会评本质失真、责任部门定位不当、奖励数量过多、评奖结果不可重复检验等缺陷，影响了科学奖励的公信力，也制约了中国特色科学奖励体系的建设推进。

　　本书通过明确科学奖励的"科学共同体承认"的内在本质、识别科学成果"真实价值和认知价值"的两种价值形态、比较科学成果价值的"会评认知和引用认知"两种认知模式，尤其是"引用认知"模式在科学成果真实价值认知中的本质优势论证，面向基础类科学奖励的论文获奖成果，架构了一种以科学共同体对科学成果真实价值良好"引用"认知为核心的科学奖励评奖逻辑机理，以实现科学评奖内在本质、科学成果价值形态、良好价值认知模式三者之间的有效匹配和内在一致。

　　由此，以综合被引指数 cci 和学术价值、学术影响力为核心，以获奖成果相比于全部成果中最优成果的总体优质度 OQI、优质离散度 QDI（含最高优质度 HQI、最低优质度 LQI）和获奖成果的排位有序度 ROD 为基本衡量指标，构建了科学奖励公信力测评体系，进而从科学奖励公信力的总体水平等级、基本波动态势以及是否具有明朗趋势规律三个方面入手，明确了平均值、变异系数 CV、回归系数、决定系数 R^2 等可用分析指标，规范了空间序列和时间序列科学奖励公信力系列测评值的分析判别逻辑流程。

　　鉴于社会科学奖励的公信力争议相对更为突出，根据奖励信息的公开程度和可获得性，选择以山东、福建、海南、云南 4 省共 17 届次社会科学成果奖为代表，以烟台、大连、安阳、襄阳、南宁、宝鸡 6 地市共 28 届次社会科学成果奖为代表，重点选择其中兼有自然科学和社会科学交叉性质的 941 篇经济管理学中文论文获奖成果为抽样样本，借助中国知网（CNKI）等数据库平台进行了公信力抽样测评。

　　测评结果表明，中国科学奖励总体的公信力综合指数 PCD 只有 26.35（理想值为 100），处于 E 级别的差等级区间，且随机性过大，没有明显的趋势性规律，很不理想。基于公信力四项具体指标的分析表明，中国科学奖励总体的公信力之所以不理想，决定性原因是获奖成果的总体优质水平太低导致总体优质度 OQI 得分率过低，获奖成果的排位有序性不科学导致排位有序度 ROD 得分率过低，以及获奖成果之中渗透了一批过于低劣的成果导致最低优质度 LQI 得分率过低。而最高优质度 HQI 的得分率也不尽理想，说明所评奖励对最高水平和影响成果的包含性不足。

另外，中国科学奖励评奖结果的可重复检验性不足 50%，表明科学奖励评奖行为的主观性过大，科学性不理想。

本书从中国科学奖励公信力很不理想的现实出发，从构建中国特色科学奖励体系战略目标着眼，提出了基于一个战略定位、五项基本原则、三个基本维度、三个重点环节的总体建设思路。五项基本原则包括，从计划经济模式向市场经济模式有效转型的原则，政府责任部门合理角色定位的原则，同行评价本质真实的原则，评奖结果可重复检验的原则，发挥互联网和大数据优势的原则。三个基本维度即科学度、公信度、权威度。科学度指应该建立一套科学评奖标准体系，使评奖结果能够经受得住可重复检验的科学性原则。公信度指获得科学奖励的成果应该是同类成果中真正最优秀的成果，而不出现大的优差倒挂。权威度指科学奖励在科学家共同体内和社会大众中间，均应具有很高的信服度。

基于构建中国特色科学奖励体系的战略目标和总体思路，进一步提出了基于综合被引指数进行成果初选和召集权威专家进行奖励终审的两级评奖改进模式，并从评奖总量、评奖结构、评奖周期、评奖频率、信息公开、诚信评奖等角度提出了具体建设措施。

本书出版，得到了山东省软科学研究项目《山东先行先试建设中国特色科学奖励体系研究（2017RKB01061）》和《山东省高公信力政府科学奖励体系建设研究（2016RKB01051）》的资助。特别地，在本书撰写过程中，姚昆仑研究员给予了极其宝贵的关心和支持，鲍海燕、赵大威以及王凯等同学以认真负责的态度，参与收集统计了部分数据。这里一并表示诚挚的谢意。

当然，由于水平有限，本书还存在诸多不足，恳请各位专家学者批评指正。让我们共同努力，为建设中国特色科学奖励体系而努力奋斗！

目 录

第一章 绪论 ……………………………………………………… 1

  第一节 问题的提出 ……………………………………………… 1

  第二节 研究动态综述 …………………………………………… 2

  第三节 基本架构 ………………………………………………… 6

  第四节 重点与创新 ……………………………………………… 12

第二章 中国科学奖励评奖的模式缺陷与公信力影响研究 ……… 14

  第一节 我国科学奖励设置和运行的基本情况 ………………… 14

  第二节 我国科学奖励评奖的基本模式 ………………………… 17

  第三节 我国科学奖励评奖中存在的基础性问题 ……………… 23

  第四节 我国科学奖励的数量过多过滥问题 …………………… 25

  第五节 我国科学奖励的结构失衡问题 ………………………… 33

  第六节 我国科学奖励评奖结果的低重复检验性问题 ………… 42

  第七节 问题导致的科学奖励公信力争议 ……………………… 54

第三章 科学奖励评奖的逻辑模式优选与公信力测评体系构建 … 60

  第一节 科学奖励评奖的基本逻辑梳理 ………………………… 60

  第二节 科学奖励同行评价的基本模式优选 …………………… 64

  第三节 基于综合被引指数 cci 的同行评价模式提出 ………… 66

  第四节 科学奖励公信力三维测评指标体系构建 ……………… 68

  第五节 基于三维指标体系的公信力测评模型构建 …………… 70

  第六节 公信力测评结果的数据挖掘和态势判别 ……………… 72

第四章 省级科学奖励公信力的抽样测评 ……………………… 75

  第一节 省级科学奖励基本情况 ………………………………… 75

  第二节 抽样对象选取与实证抽样测评 ………………………… 77

  第三节 抽样测评奖励公信力总体分析 ………………………… 78

  第四节 抽样测评奖励公信力损失分析 ………………………… 85

  第五节 抽样测评奖励公信力省际比较分析 …………………… 89

第六节 抽样测评奖励公信力时序比较分析 ················· 100
第七节 不同测评时点奖励公信力比较分析 ················· 107
第八节 省级奖励公信力抽样测评的综合结论 ··············· 109
本章附表 ·· 111

第五章 地市级科学奖励公信力的抽样测评 ················· 135

第一节 地市级科学奖励基本情况 ······················· 135
第二节 抽样对象选取与实证抽样测评 ··················· 138
第三节 抽样测评奖励公信力总体分析 ··················· 139
第四节 抽样测评奖励公信力损失分析 ··················· 148
第五节 抽样测评奖励公信力地市比较分析 ··············· 153
第六节 抽样测评奖励公信力时序比较分析 ··············· 166
第七节 地市级奖励公信力抽样测评的综合结论 ··········· 180
本章附表 ·· 182

第六章 总体结论与基于公信力的中国特色科学奖励体系构建方案 ········· 212

第一节 中国科学奖励公信力抽样测评的总体结论 ········· 212
第二节 中国特色科学奖励体系构建的战略背景 ··········· 216
第三节 中国特色科学奖励体系构建的基本思路 ··········· 217
第四节 中国特色科学奖励体系构建的基本程式 ··········· 218
第五节 中国特色科学奖励体系构建的总量管控 ··········· 218
第六节 中国特色科学奖励体系构建的结构管控 ··········· 220
第七节 中国特色科学奖励体系构建的周期频率 ··········· 224
第八节 中国特色科学奖励体系构建的信息公开 ··········· 227
第九节 中国特色科学奖励体系构建的诚信营建 ··········· 232

参考文献 ··· 234

第一章　绪　论

第一节　问题的提出

一、问题的由来

我国经济步入新常态发展阶段以来，中央审时度势，提出了"大众创新、万众创业"的战略号召，旨在推动创新成为我国经济社会发展的内在核心动力。大众创新，既需要市场主体的创新积极性，也需要科学研究领域的有效管理和引导。我国各级各类科学奖励的设置和评选，正是旨在通过对优秀科学创新成果的奖励，对国家整体科技创新产生强大的"承认、激励和导向作用"，[①] 助推国家创新战略的顺利实施。

然而，目前我国各级各类科学奖励设置和评选仍然存在诸多问题，出现了西安交通大学科技进步奖被撤销、三聚氰胺成果获奖、"三无科学家"屠呦呦诺贝尔获奖争议等事件，导致我国科学奖励的公信力备受争议。[②] 党的十八大以来，虽然科学奖励责任部门已经或正在推出若干改革措施，以提高科学奖励的公信力，但着力不尽科学，效果不尽理想，有关我国科学奖励公信力的争议并未消除，甚至有扩大的趋势。

更为严重的是，目前国内有关科学奖励公信力的研究，几乎处于空白状态。这项带有后监督性质工作的缺失，不利于消除我国科技评奖过程和评奖结果中存在的问题，也使得我国各级科学奖励责任部门为提高所评奖励公信力的诸多努力，缺乏应有的内在动力。

我国科学奖励公信力不足问题，引起了中央的高度关注。2017 年 3 月 24 日，习近平主持召开中央全面深化改革领导小组第 33 次会议。会议专项审议通过了《关于深化科学奖励制度改革的方案》，强调"科学奖励制度是鼓励自主创新、激发人才活力、营造创新环境的一项重要举措。要围绕服务国家发展、激励自主创新、突出价值导向、公开公平公正，改革完善国家科学奖励制度，坚持公开提

---

① 阮冰琰，杨健国. 基于科技奖励本质及功能的制度创新探析 [J]. 科技进步与对策，2010，27 (12)：28 - 31.

② 周建中. 中国不同类型科技奖励问题与原因的认知研究——基于问卷调查的分析 [J]. 科学学研究，2014，32 (9)：1322 - 1328.

名、科学评议、公正透明、诚实守信、质量优先、宁缺毋滥。要引导省部级科学技术奖高质量发展，鼓励社会力量科学技术奖健康发展，构建中国特色科学奖励体系"。①

由此，本书立足国家和时代发展战略需求，就中国特色科学奖励公信力的测评和提升问题开展研究，希望能为中国特色科学奖励体系构建提供有价值的贡献！

二、研究的价值

（1）学术价值。在国内外相关研究尚不多见的情况下，本书研究的开展旨在系统性厘清我国科学奖励体系中存在的问题，梳理挖掘科学奖励内在的逻辑机理，科学构建公信力测评的指标体系和判别程式，并对公信力的实证测评和原因症结剖析，最终明确科学奖励应该坚持的基本理念、核心原则、关键指标、具体方法，系统性构建我国科学奖励公信力的建设提升方案，促进中国特色科学奖励体系的顺利构建，显然具有很好的科学意义。

（2）应用价值。在我国科学奖励公信力备受争议的背景下，本书研究的开展将会对我国科学奖励评奖实践工作起到一种独特的前置引导和后置监督作用，为我国科学奖励评奖改革提供一种有益的前置引导力和后置推进力。这对于激发各级科学奖励责任部门为提高科学奖励公信力做出诸多努力，最终消除我国科学奖励体系中存在的诸些问题，加快构建与市场经济体制相适应的中国特色科学奖励体系，促进国家创新战略的顺利实施，具有很好的现实应用价值。

第二节　研究动态综述

近年来，有关我国科学奖励的研究，主要集中在以下几个方面。

（1）科学奖励设置的机理研究。包括科学奖励的科学共同体承认范式及其转换②，科学奖励的承认、激励、导向等功能③。

（2）科学奖励存在问题的研究。主要包括非同行专家过多、所占比重过大，部分评奖专家的科研能力偏低，评奖过程仓促，评奖结论难以实事求是④；科学

---

① 实事求是　求真务实　把准方向，善始善终善作善成抓实工作 [N]．人民日报，2017－03－25.
② 杨立雄，邝小军．从功能主义到交换理论：科学奖励系统研究的范式转变 [J]．自然辩证法研究，2005，21（2）：44－46.
③ 邱均平，谭春辉，文庭孝．我国科技奖励工作和研究的现状与趋势 [J]．科技管理研究，2006（9）：4－7；阮冰琰，杨健国．基于科技奖励本质及功能的制度创新探析 [J]．科技进步与对策，2010，27（12）：28－31.
④ 岳奎元．科技奖励的评价原则及导向功能 [J]．科学学研究，1998，16（4）：100－103.

奖励数量过多过滥，评奖专家单位人属性突出①；申报指标名额行政分配，奖励程序行政化等。② 核心可归结于计划经济特征明显和行政中心主义主导③，根源在于计划经济管理体制、"官本位"价值观念影响、奖后派生待遇等方面。④ 也有学者分别从法律、监督、推荐、评奖等专项问题角度⑤，或者从部委和省市专项奖励角度⑥，或者从社科类奖励评选存在的组织过程不科学、评奖权责不对称、评奖暗箱操作、奖项私下分配、防腐机构不健全等问题的专项角度⑦，进行了有益探索。特别地，还有学者就政府科学奖励的绩效进行了系统性的专题研究⑧，颇为值得关注。

（3）国际和地区比较研究。包括基于奖励对象、授奖数量、推荐方式、评奖程序、评选标准、评委组成、奖励形式、奖励效果等角度的国际比较和经验借鉴⑨，以及基于设奖主体、奖励对象、奖励数量、奖励周期、奖励金额等角度的地区比较与经验借鉴。⑩

（4）解决方案研究。包括推荐制替代申报制⑪、自然科学奖设置著述同行引

① 钟书华，袁建湘. 完善国家科技奖励体系，推进自主创新 [J]. 科学学与科学技术管理，2008（8）：5 - 9.

② 李程程. 我国科技奖励体制发展的路径选择 [J]. 科技进步与对策，2009，26（9）：40 - 43.

③ 杨爱华. 对我国科技奖励问题的分析与思考——从2004年度国家最高科学技术奖空缺谈起 [J]. 科技管理研究，2006（5）：4 - 6；张功耀，岁娅. 我国科技奖励体制存在的几个问题 [J]. 科学学研究，2007，25（增刊）：350 - 353.

④ 阮冰瑛. 重构我国科技奖励的社会分层体系 [J]. 科学学研究，2010，28（4）：496 - 499.

⑤ 宁国栋，张涛伟. 试论我国的科技奖励法律制度 [J]. 技术与创新管理，2008，29（3）：235 - 237；谭春辉，邱均平. 试论国家科技奖励监督机制的完善思路 [J]. 科学管理研究，2009，27（2）：31 - 34.

⑥ 李吉锋. 近10年北京市科技奖励浅析 [J]. 中国科技论坛，2009（12）：84 - 88；蒋景楠，雷纯. 上海市科技奖励激励机制探究 [J]. 华东理工大学学报（社科版），2010（5）：51 - 56.

⑦ 陈朝宗. 论社科学术成果奖励评定制度的创新 [J]. 科技管理研究，2005（5）：64 - 66.

⑧ 熊小刚. 国家科技奖励制度运行绩效的投入产出分析 [J]. 科学学与科学技术管理，2012，33（3）：5 - 10；熊小刚，徐顽强. 基于群组决策分析的国家科技奖励制度运行绩效评价指标体系研究 [J]. 软科学，2012，26（5）：45 - 50.

⑨ 吴昕芸，吴效刚，吴琴. 我国科技奖励设奖与科技发达国家的比较 [J]. 科技管理研究，2014（21）：32 - 37；张陆，王研. 中美科学共同体设立科技奖励比较——以中国科协和美国科促会为例 [J]. 科技管理研究，2013（20）：45 - 49；姚昆仑. 美国、印度科技奖励制度分析——兼与我国科技奖励制度的比较 [J]. 中国科技论坛，2006（6）：136 - 140；阮冰琰. 中外科技奖励制度差异及启示 [J]. 科技管理研究，2009（8）：63 - 65.

⑩ 周建中，肖雯. 我国科技奖励的定量分析与国际比较研究 [J]. 自然辩证法通讯，2015，37（4）：96 - 103；唐五湘，柯常取，黄海南等. 我国地方科技奖励政策调研与启示 [J]. 中国科技论坛，2007（7）：31 - 34.

⑪ 奉公，刘佳男，余奇才. 科学技术奖励海荐制与申报制的比较研究 [J]. 科学学与科学技术管理，2013，34（7）：19 - 27.

用"门槛"、① 奖励数量决策方案优化、② 国家科学奖励补充社科奖励,③ 以及对现有评价指标体系创新改进,④ 最终构建与市场经济体制相适应的有中国特色的科学奖励制度。⑤

(5) 社科奖励的专项问题研究。包括组织过程不科学、评奖权责不对称、评奖暗箱操作、奖项私下分配、防腐机构不健全等。⑥

综上所述,国内相关研究多集中于科技奖励领域,多着眼中外比较、省际比较、存在问题分析、方案改进等方面,有关科学奖励公信力测评的研究,非常少见。据项目申请人截止到 2017 年 5 月 10 日基于 CNKI 数据库的检索,基于"公信 + 奖项"两个关键词的检索结果只有 1 条文献,且是有关文学类奖项公信力的 1 页篇幅的简单分析,⑦ 与科学奖励公信力并不相关;基于"公信 + 奖励"两个关键词的检索结果则为 0 条文献。

国外有关科学奖励的研究,相对比较成熟。比如在科学奖励的基础理论方面,先后涌现出了功能强化理论、社会交换理论、信用循环理论等。功能强化理论以 Merton⑧ 及其学生 Gaston⑨ 等为代表,从科技发展和社会机制视角探讨科学奖励制度,以科学发现的优先权为切入点,把科学奖励当作是一种功能强化所导致的产物。在该学派眼里,科学奖励的根本是科学共同体的承认和肯定,"承认是科学王国的通货"。社会交换理论以 Hagstrom⑩ 等为代表,基于"二战"以来科学研究投资日益剧增下研究经费不得不面向企业、社会甚至国家资助的背景,认为科学家为了得到承认而相互交换信息,科学家赠送独创性发现的礼物,是希

① 岳奎元. 科技奖励的评价原则及导向功能 [J]. 科学学研究, 1998, 16 (4): 100 - 103.

② 赵春明, 胡晓军. 国家科技进步奖励制度改革的若干建议 [J]. 科学学与科学技术管理, 2005 (7): 29 - 36.

③ 吴恺. 我国科技奖励制度的结构问题及优化措施 [J]. 科技进步与对策, 2011 (18): 95 - 99; 黄忠德、李雪梅、谢海波等. 国外政府设立的科技奖励的基本情况、特点及对我国政府设立的科技奖励的思考 [J]. 科技管理研究, 2010 (6): 253 - 256.

④ 王瑛, 郭姗姗, 欧阳显斌. 改进的优度评价模型在科技奖励评价中的应用 [J]. 科技管理研究, 2013 (5): 54 - 57; 王瑛, 张璐, 蒋晓东. EDW 与梯形直觉模糊数结合的科技奖励评价 [J]. 软科学, 2014, 28 (10): 121 - 124; 曹玮, 王瑛. 基于改进 CRITIC - CPM 的科技奖励评价模型 [J]. 科学学与科学技术管理, 2012, 33 (2): 17 - 21; 刘新建, 乔晶晶. 科技成果奖励评价方法的理论探析 [J]. 科技管理研究, 2008 (1): 89 - 92.

⑤ 李程程. 我国科技奖励体制发展的路径选择 [J]. 科技进步与对策, 2009, 26 (9): 40 - 43.

⑥ 陈朝宗. 论社科学术成果奖励评定制度的创新 [J]. 科技管理研究, 2005 (5): 64 - 66.

⑦ 陈鹏. 文学奖项的公信力 [J]. 瞭望, 2010 (17): 62.

⑧ Merton R K. Priorities in scientific discovery: A chapter in the sociology of science [J]. American Sociological Review, 1957, 22 (6): 635 - 659.

⑨ Gaston J. The reward system in British and American science [M]. New York: John Wiley & Sons, Inc., 1978.

⑩ Hagstrom W O. The production of culture in science [J]. The American Behavioral Scientist, 1976 (7): 331 - 352.

望换取科学共同体的承认。信用循环理论以 Latour 和 Woolgar 为代表，认为科学家因某项研究成果而获得奖励，随之而来的声望从本质上说就代表着一种信用，这种信用会使他更容易获得进一步研究所需的科研项目、科研经费等科学资源。

又如，在科学奖励的声望与影响因素方面，Cole 兄弟①基于美国 1955～1966 年科学奖励的研究表明，科学奖励的知名度与奖励的声望关联最为密切，与奖励的范围、成果的质量有着密切的关联，但与奖金额度、授奖数量关联并不密切，甚至在某种程度上呈现一种负相关关系。Gaston②则从英美科学家中各抽取 300 名作为研究样本，其中物理学家、化学家和生物学家各 100 名，应用相关和多元回归等分析方法探讨了科学家所获奖励与其出版成果数量、引用次数和当时任职机构的声望四个变量之间的内在关系。

再如，关于出版物被引频数与学术价值之间的关系，Nature 杂志委托汤森路透公司从 SCI 数据库中就 1900～2014 年发表论文，排列出了被引频次前 100 名的论文，发现许多著名的论文都没有排进前 100 名。③ Ioannidis 和 Boyack④、Anderson 和 Sun⑤ 等就论文被引频次与价值影响关系研究表明，最重要的论文的确有较高的被引频次，但那些被引频次最高的论文往往并不是具有革命性发现的论文，论文被引频次与论文价值之间的这种"有相关关系但不是直接相关关系"的发现，具有很好的启示价值。Tol、Lariviere 和 Gingras（2010）等人则就获奖对获奖者论文施引行为的马太效应进行了关注。⑥

不过，在科学奖励公信力研究领域，虽然 Zuckerman 通过"第 41 席现象"的分析，表明科学奖励评奖中存在着难以避免的结构性不公平问题，从而揭示了科学奖励评奖中固有的逻辑性缺陷与公平性争议，多少涉及了科学奖励公信力问题。⑦ 不过，真正有关科学奖励公信力实证测评的研究也并不多见。

总之，无论是国内还是国外，真正有关科学奖励公信力实证测评的研究，均不多见。由于这个基础性前置性课题研究的缺失，使得有关科学奖励公信力测评

---

① Cole S，Cole J R. Scientific output and recognition：a study in the operation of the reward system in science [J]．American Sociological Review，1967（6）：377－390.

② Gaston J. The reward system in British and American science [M]．New York：John Wiley & Sons, Inc.，1978.

③ Noorden V R，Maher B，Nuzzo R. The top 100 papers [J]．Nature，2014，514（7524）：550－553.

④ Ioannidis J A，Boyack K W，Small H，et al. Bibliometrics：Is your most cited work your best? [J]．Nature，2014，514（7524）：561－562.

⑤ Anderson M H，Sun P Y. What have scholars retrieved from Walsh and Ungson（1991）? A citation context study [J]．Management Learning，2010，41（2）：131－145.

⑥ Tol R J. The Matthew Effect defined and tested for the 100 most prolific economists [J]．Journal of the American Society for Information Science and Technology，2009，60（2）：420－426；Lariviere V，Gingras Y. The impact factor's Matthew Effect：a natural experiment in bibliometrics [J]．JASIST，2010，61（2）：424－427.

⑦ Zuckerman H. Scientific elite [M]．New York：the Free Press，1977.

与建设的研究，缺少了必要的定量根基。

特别地，有关构建中国特色科学奖励体系的研究，同样非常少见。据项目申请人截止到 2017 年 5 月 10 日基于 CNKI 数据库的检索，基于"中国特色 + 奖励""中国特色 + 奖项""中国特色 + 评奖"等关键词组合的检索结果，只有寥寥几条宣传报道式的文献，真正研究性质的文献为 0 条。

第三节　基本架构

一、研究目标

（1）梳理挖掘科学奖励内在的逻辑机理，科学构建公信力测评的指标体系和判别程式，实证测评我国科学奖励的公信力，明确偏差，明晰症结。

（2）基于公信力实证测评和原因症结剖析，系统性构建与市场经济体制相适应的中国特色科学奖励公信力建设提升方案，助推中国特色科学奖励体系早日建成。

二、研究内容

（1）中国科学奖励评奖的模式缺陷与公信力影响研究。本部分研究主要包括：中国科学奖励设置和运行的基本情况分析，中国科学奖励评奖的基本模式分析，中国科学奖励评奖模式存在的缺陷分析，现行评奖模式缺陷下的公信力影响与争议分析。

（2）科学奖励评奖的逻辑模式优选与公信力测评体系构建。本部分研究主要包括：科学奖励同行评价的逻辑模式比较优选，基于综合被引指数 cci 的同行评价模式提出，科学奖励公信力三维测评指标体系构建，基于三维指标体系的公信力测评模型构建，公信力测评结果的数据挖掘和态势判别。其中，科学奖励同行评价的逻辑模式比较优选，包括"默顿等科学共同体承认的同行评价基本逻辑分析""会评承认和引用承认两种实现模式的比较优选"等内容；基于综合被引指数 cci 同行评价模式进行的三维测评指标体系构建，首先要基于全部可比成果进行优质标杆 QCB 构建，然后构建相对于优质标杆的获奖成果总体优质度 OQI 指标和优质离散度 QDI 指标，进而构建相对独立的获奖成果排位有序度 ROD 指标，公信力测评模型构建是对这三个基本指标的赋权汇总；公信力测评结果的数据挖掘和态势判别，是基于科学奖励公信力测评得出的相关数据，利用平均值、变异系数 CV、回归系数、决定系数 R^2 等指标，在规范空间序列和时间序列科学奖励公信力系列测评值分析判别逻辑流程的基础上，就公信力的总体水平等级、基本波动态势以及是否具有明朗趋势规律三个方面进行分析判别。

（3）中国科学奖励公信力实证抽样测评。科学奖励的级别、类型、数量众多，每一类型奖励获奖成果的体裁多样，鉴于社会科学奖励的公信力争议相对更为突出，根据奖励信息的公开程度和可获得性，本书将重点面向政府类基础科学研究奖励之论文类获奖成果，具体选择省级、地市级两个层级社会科学成果奖励中兼有自然科学和社会科学交叉性质的经济学和管理学中文论文获奖成果为样本，进行科学奖励公信力的抽样测评。每一个层级科学奖励公信力抽样测评都包括三个环节的内容，即本级别科学奖励设置和运行的基本情况分析与奖励抽样、资料收集，基于CNKI等数据库的数据统计与实证测评，本级别科学奖励公信力抽样测评结论分析。

（4）总体结论与基于公信力的中国特色科学奖励体系构建。本部分研究内容主要包括：中国科学奖励抽样测评总体结论，基于公信力的中国特色科学奖励体系构建基本逻辑，基于公信力的中国特色科学奖励体系构建关键措施。其中，中国特色科学奖励体系构建基本逻辑包括战略背景、基本思路等几个方面，涉及战略定位、基本维度、基本原则、重点内容等环节；中国特色科学奖励体系构建关键措施包括基本程式、总量管控、结构管控、周期频率、诚信建设等几个方面，涉及责任主体、评价体系、评选程序、配套措施等环节。

三、主要研究方法

（一）逻辑思辨的研究方法

现代科学研究已经进入了精确的数量工具研究时代，然而在基础理论研究和许多应用研究中，体现原创能力的逻辑思辨的研究方法仍然必不可少，甚至在某种程度上仍是主角。[1] 在本书中，从中国科学奖励公信力问题的提出，到现行科学奖励模式缺陷分析，再到科学奖励内在逻辑机理梳理挖掘和公信力测评指标体系、判别程式科学构建以及相关的实证测评，最后到基于公信力的中国特色科学奖励体系建构方案给定，均是基于逻辑思辨的研究方法进行的。特别地，基于优质比较标杆 QCB 的总体优质度 OQI、优质离散度 QDI 以及获奖成果的排位有序度 ROD 三个基本的测评指标构建，并无前人研究成果可以参考，也是基于逻辑思辨的研究方法进行的。

（二）指标体系和量化模型测评方法

本书有关中国科学奖励公信力的抽样测评，将主要基于指标体系和量化模型测评方法进行。就整个研究而言，构建和运用的指标体系及量化模型主要有综合被引指数 cci 指标统计模型、优质标杆指数 QCB 指标计量模型、总体优质度 OQI 指标计量模型、优质离散度 QDI 指标计量模型、排位有序度 ROD 指标计量模型，以及基于三个基本测评指标的公信力综合测评模型。另外，基于科学奖励公信力系列测评值的数据挖掘和态势判别，将充分利用平均值、变异系数 CV、回归系数、决定系数 R^2 等适用指标，并结合空间序列和时间序列情况不同，规范性地给出各自数据挖掘和态势判别的基本逻辑流程。具体情况参见下面关键技术说明。

（三）基于互联网的大数据分析方法

作为本书研究重点的政府类基础科学研究奖励，有自然科学和社会科学等学

---

[1] 李怀祖. 管理研究方法论（第2版）[M]. 西安：西安交通大学出版社，2004.

科之分（自然科学下面还有数学、物理、化学、生物等学科细分，社会科学下面还有经济学、管理学、教育学、法学等学科细分），有一、二、三等奖等级之异和不同评奖届次之别，更有国家、省部、地市等层级型金字塔结构，越向基层数量越是庞大。鉴于社会科学奖励的公信力争议相对更为突出，根据奖励信息的公开程度和可获得性，本书抽样测评样本具体选择为省级、地市级两个层级社会科学成果奖励中兼有自然科学和社会科学交叉性质的941篇经济学和管理学中文论文获奖成果，需要对每一篇抽样样本逐一进行综合被引指数 cci 统计计量，并对各届次评奖成果进行基于全部可比成果的优质标杆 QCB 选择统计，进而进行总体优质度 OQI、优质离散度 QDI、排位有序度 ROD 等指标的具体计量，以及基于平均值、变异系数 CV、回归系数、决定系数 R^2 等价值指标的公信力测评数据挖掘和态势判别。特别地，研究还计划针对抽样授奖成果，选择不同测评时点进行连续跟踪式观察测评，检验公信力是否随着观察时点变化而变化。显然，完成这些研究需要极其庞大的数据支持，需要借助基于互联网和大型数据库（比如CNKI）的大数据挖掘分析方法进行。

（四）标杆比较分析方法

本书拟将获奖成果的公信力评价，放置于获奖成果相对于全部可比成果之最优质成果的比较视角进行，并构建基于全部可比成果之最优质成果的优质比较标杆 QCB，运用的即是标杆分析法。另外，研究后期还计划基于国际视野，遴选高公信力的诺贝尔奖项进行公信力测评模型体系的检验确定，并在公信力建设提升方案的定位原则、责任主体、评价体系、评选程序、配套措施等方面进行标杆借鉴，其运用的也是标杆分析方法。

此外，研究还将运用问卷调查等方法，就当前科学奖励的实际公信力情况和中国特色科学奖励体系构建情况，进行一次大范围分类别分层次的抽样调研。

四、技术路线

技术路线如图1-1所示。

五、关键技术说明

本书重点面向政府基础类科学奖励的论文获奖成果，通过明确默顿科学奖励的"科学共同体承认"的内在本质、识别科学成果"真实价值和认知价值"的两种价值形态、比较科学成果价值的"会评认知和引用认知"两种认知模式，坚持以科学共同体对科学成果真实价值的良好"引用"认知为核心，梳理挖掘科学奖励内在的科学逻辑机理进行公信力抽样测评，以实现科学评奖内在本质、科学成果价值形态、良好价值认知模式三者之间的有效匹配和内在一致。由此，本书重点面向政府基础类科学奖励的论文获奖成果进行的公信力抽样测评，将主要基于指标体系和量化模型的测评方法进行，涉及的关键指标和模型主要有综合被引指数指标 cci 统计模型、优质标杆指数 QCB 指标计量模型、总体优质度 OQI

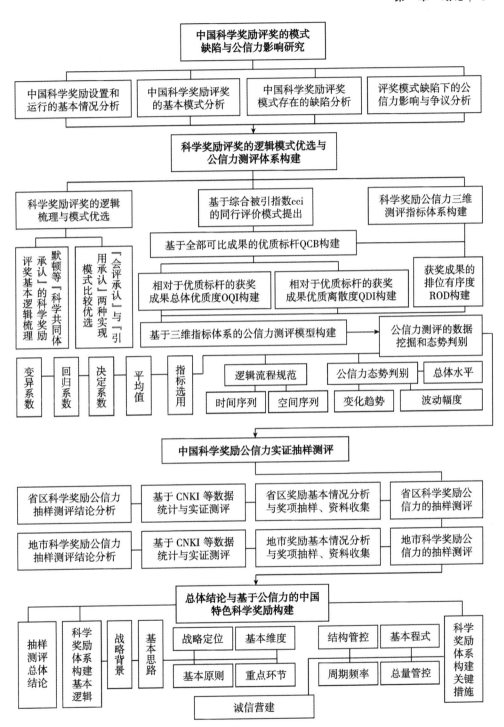

图 1-1 研究的基本逻辑思路

指标计量模型、优质离散度 QDI 指标计量模型、排位有序度 ROD 指标计量模型，以及基于三个基本测评指标的公信力综合计量模型。

还将基于科学奖励公信力测评得出的相关数据，利用平均值、变异系数 CV、回归系数、决定系数 R^2 等指标，在规范空间序列和时间序列科学奖励公信力系列测评值分析判别逻辑流程的基础上，就公信力的总体水平等级、基本波动态势以及是否具有明朗趋势规律三个方面进行分析判别。

具体说明如下：

科学研究成果综合被引指数 cci 统计模型如式（1-1）所示：

$$cci = \frac{n}{\lambda} + \sum_{i=1}^{m} cif_i \qquad (1-1)$$

式中，cci 代表某一项科学研究成果的综合被引指数；n、m 分别代表该项科学研究成果的总被引次数、被公开出版的学术期刊引用次数；cif 代表每次学术期刊引用的加权量，可用该学术期刊的综合影响因子予以衡量；λ 为折算系数。

基于全部可比成果的优质比较标杆 QCB 计量模型如式（1-2）所示：

$$QCB = \frac{\sum_{j=1}^{3} (cci_c)_j}{3} \qquad (1-2)$$

式中，QCB 代表优质比较标杆，$(cci_c)_j$ 代表全部可比成果中按综合被引指数由高到低排序的前 j 位最优成果各自的综合被引指数，j = 3。

获奖成果的总体优质度 OQI 计量模型如式（1-3）所示：

$$OQI = \frac{\sum_{k=1}^{f} (cci_a)_k \Big/ f}{QCB} \times 100 \qquad (1-3)$$

式中，OQI 代表总体优质度，$(cci_a)_k$ 代表按获奖等级序位排列的全部获奖成果各自的综合被引指数，全部获奖成果项数为 f。

获奖成果的优质离散度 QDI 指标，包括最高优质度 HQI、最低优质度 LQI 两个指标，计量模型分别如式（1-4）、式（1-5）所示：

$$HQI = \frac{\sum_{l=1}^{3} (cci_a)_l \Big/ 3}{QCB} \times 100 \qquad (1-4)$$

式中，HQI 代表最高优质度，$(cci_a)_l$ 代表全部获奖成果中按综合被引指数由高到低次序排列的前 l 位最优成果各自的综合被引指数，l = 3。

$$LQI = \frac{\sum_{p=f-2}^{f} (cci_a)_p \Big/ 3}{QCB} \times 100 \qquad (1-5)$$

式中，LQI 代表最低优质度，$(cci_a)_p$ 代表全部获奖成果中按综合被引指数由高到低次序排列的后 p 位最低成果各自的综合被引指数，p = 3。如果全部获奖成果项数为 f，则后 3 项分别为（f-2）、（f-1）、f。

获奖成果的排位有序度 ROD 计量模型如式（1-6）所示：

$$ROD = \left(1 - \frac{dv}{\max(dv)}\right) \times 100 \tag{1-6}$$

式中，ROD 代表排位有序度，dv 代表全部获奖成果排位的实际无序值，$\max(dv)$ 代表全部获奖成果排位的最大无序值。

科学奖励公信力综合测评模型如式（1-7）所示：

$$PCD = OQI \times w_1 + QDI \times w_2 + ROD \times w_3 \tag{1-7}$$

式中，PCD、OQI、QDI、ROD 分别代表科学奖励的公信力综合指数、总体优质度、优质离散度、排位有序度，w_1、w_2、w_3 分别代表三个指标各自的权重。

优质离散度 QDI 由最高优质度 HQI、最低优质度 LQI 两个指标组成，又可得式（1-8）：

$$QDI = HQI \times v_1 + LQI \times v_2 \tag{1-8}$$

式中，v_1、v_2 分别代表两个离散度指标各自的权重。

另外，基于科学奖励公信力系列测评值的数据挖掘和态势判别，将利用平均值、变异系数 CV、回归系数、决定系数 R^2 等适用指标进行。由于空间序列和时间序列科学奖励公信力系列测评值情况不同，各自数据挖掘和态势判别的基本逻辑流程也并不相同，可分别参见图 1-2、图 1-3。

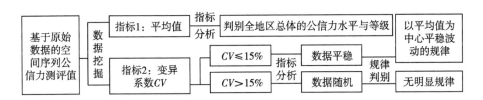

图 1-2　空间序列公信力测评数据挖掘和基本态势判别逻辑流程与指标使用

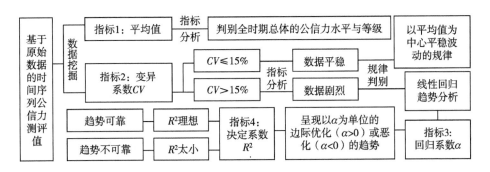

图 1-3　时间序列公信力测评数据挖掘和基本态势判别逻辑流程与指标使用

上面关键技术具体情况，可参见第三章第六节。

第四节　重点与创新

一、拟解决的关键科学问题

（1）基于对科学奖励评奖之现行同行会评等逻辑缺陷剖析，重点面向基础类科学奖励的论文获奖成果，深入挖掘"引用认知"在科学成果真实价值认知中的本质优势，梳理挖掘一种基于科学共同体对科学成果真实价值良好"引用"认知为核心的科学奖励评奖逻辑机理，实现科学评奖内在本质、科学成果价值形态、良好价值认知模式三者之间的有效匹配和内在一致，是研究的关键科学问题之一。

（2）基于梳理挖掘的以科学共同体对科学成果真实价值良好"引用"认知为核心的科学奖励评奖逻辑机理，深入剖析中国科学奖励战略定位、基本原则和基本维度，科学选择测评指标和方法模型，构建中国科学奖励的公信力测评指标和模型体系，以及公信力测评数据挖掘和基本态势判别程式，是研究的关键科学问题之二。

（3）鉴于社会科学奖励的公信力争议相对更为突出，根据奖励信息的公开程度和可获得性，重点面向政府基础类科学研究奖励，具体选择省级、地市级两个层级社会科学成果奖励中兼有自然科学和社会科学交叉性质的 941 篇经济学和管理学中文论文获奖成果，进行系统性的公信力抽样测评，并根据测评结果进行的原因和症结剖析，系统性构建与市场经济体制相适应的基于公信力提升的中国特色科学奖励体系，是研究的关键科学问题之三。

二、研究的特色和创新之处

（1）剖析了科学奖励评奖之现行同行会评方式的逻辑模式，揭示其可能存在的外行评议内行、后沿评议前沿、不审议而评决、外在干扰过多、评奖结果不可重复检验等机制性缺陷，及其可能导致的对同行评价真实本质的背离和对科学奖励公信力的影响。进而通过明确默顿科学奖励的"科学共同体承认"内在本质、识别科学成果"真实价值和认知价值"的两种价值形态、比较科学成果价值的"会评认知和引用认知"两种认知模式，尤其是"引用认知"模式在科学成果真实价值认知中的本质优势论证，梳理挖掘了一种以科学共同体对科学成果真实价值良好"引用认知"为核心的科学奖励逻辑机理，实现科学评奖内在本质、科学成果价值形态、良好价值认知模式三者之间的有效匹配和内在一致，具有研究逻辑方面的特色和创新价值。

（2）基于综合被引指数 cci（由被引次数和被引质量等因素构成，避免了直接基于被引次数分析的不足）的科学成果学术价值和学术影响力同行评价逻辑模式，剖析了其具有的评价标准清晰明确、真正同行评价、认真审议而评、评奖结果可重复检验等内在优势。进而以综合被引指数 cci 和学术价值、学术影响力为核心，构建了基于总体优质度 OQI、优质离散度 QDI、排位有序度 ROD 三个基本指标的科学奖励公信力测评指标体系，以及基于平均值、变异系数 CV、回归系数、决定系数 R^2 四个基本指标的公信力测评数据挖掘和基本态势判别体系，具有研究逻辑和研究方法的特色和创新价值。

（3）鉴于社会科学奖励的公信力争议相对更为突出，根据奖励信息的公开程度和可获得性，重点面向政府基础类科学研究奖励，具体选择省级、地市级两个层级社会科学成果奖励中兼有自然科学和社会科学交叉性质的 941 篇经济学和管理学中文论文获奖成果，进行了一次科学奖励公信力的系统性抽样测评，表明中国科学奖励总体的公信力综合指数 PCD 只有 26.35（理想值为 100），并不理想。相关研究尚不多见，具有实证研究方面的特色和创新价值。

（4）基于实证测评结果和原因症结剖析，从构建中国特色科学奖励体系的战略目标出发，基于一个战略定位、五项基本原则、三个基本维度、三个重点环节的总体思路，构建了政府负责下的基于综合被引指数进行成果初选和政府召集权威专家进行奖励终审的两级评奖改进模式，系统性地给出了包括基本程式、总量管控、结构管控、周期频率、诚信营建等在内的基于公信力提升的中国特色科学奖励体系构建关键措施。其中，必须坚持的五项基本原则包括，必须坚持从计划经济模式向市场经济模式有效转型的原则，必须坚持政府责任部门合理角色定位的原则，必须坚持同行评价本质真实的原则，必须坚持评奖结果可重复检验的原则，必须坚持发挥互联网和大数据优势的原则。必须坚持的三个基本维度即科学度、公信度、权威度。科学度指应该建立一套科学的科学奖励标准体系，使评奖结果能够经受得住可重复检验的科学性原则。公信度指获得科学奖励的成果应该是同类成果中真正最优秀的成果，而不出现大的优差倒挂。权威度指科学奖励在科学家共同体内和社会大众中间，均应具有很高的信服度。相关研究尚不多见，具有实证政策研究的特色和创新价值。

第二章　中国科学奖励评奖的模式
缺陷与公信力影响研究

第一节　我国科学奖励设置和运行的基本情况

新中国科学奖励的设置和运行，虽然可以追溯到新中国成立之前的解放战争和抗日战争等时期，但比较完整体系的科学奖励设置和运行，则是伴随着 1949 年新中国的成立而开始的，并可以区分为初创阶段、停滞阶段、恢复和快速发展阶段、改进完善阶段等几个发展阶段。①

1949～1966 年的初创阶段。新中国成立后，为了尽快推进科学研究，恢复国家经济建设，1949 年 9 月，中国人民政治协商会议第一次全体会议通过的《共同纲领》，其第 43 条明确规定："努力发展自然科学，以服务于工业、农业和国防的建设，奖励科学的发现和发明，普及科学知识。" 1950 年 8 月，政务院财政经济委员会颁布了《保障发明权与专利暂行条例》，规定 "凡中华人民共和国国民，无论集体或者个人，在生产上有发明者，均可申请发明权或专利权"。1954 年 8 月，国务院颁布了《有关生产的发明、技术改造及合理化建议的奖励暂行条例》，规定发明者除了获得奖金之外，还可给予 "通报表扬，发给奖章或其他荣誉证书"。同时，关于自然科学和社会科学的奖励也开始出现。1955 年 8 月，国务院颁布了《中国科学院科学奖金暂行条例》，成为新中国成立以来第一个对自然科学和社会科学研究成果进行奖励的条例。1963 年 11 月，国务院颁布了《发明奖励条例》，同时废止了《保障发明权与专利暂行条例》和《有关生产的发明、技术改造及合理化建议的奖励暂行条例》。客观地说，这一阶段我国科学奖励的设置多侧重奖励性质，体系尚不完整，且受多种因素干扰比较明显，在国家经济社会发展中的作用也没有得到充分发挥。比如，《保障发明权与专利暂行条例》于 1950 年 8 月颁布，1963 年 11 月废止，在存续的 13 年间仅批准了 4 项专利和 6 项发明，奖金问题也没有落实，而中国科学院科学奖金也仅仅颁发了一届而已。

1966～1978 年的停滞阶段。1966 年，"文化大革命" 爆发，我国科学技术事

① 姚昆仑．科学技术奖励综论［M］．北京：科学出版社，2008；王大明，胡志强．作为创新文化建设重要组成部分的中国科技奖励制度［J］．自然辩证法研究，2005，21（4）：109－112；尚宇红，严卫宏．我国科技奖励体系的结构分析［J］．科学技术与辩证法，2003，20（4）：47－50．

业发展受到严重冲击，科学奖励工作被迫中断。

1978～1999 年的恢复和快速发展阶段。1976 年"文化大革命"结束之后，我国科学技术事业迎来了发展的春天。1978 年 3 月，全国科学大会召开，会上对 7657 项科学成果进行了隆重的颁奖，标志着科学奖励制度的全面恢复。1979 年 11 月，国务院颁布了《中华人民共和国自然科学奖励条例》，1980 年 5 月，自然科学奖励委员会成立，标志着国家科学奖励制度开始走向正轨。为了加强国家科学奖励的评审、管理和统筹工作，1985 年，国务院批准成立了国家科学技术奖励工作办公室，作为国家自然科学奖、国家技术发明奖和国家科学技术进步奖组织评奖和日常办事机构。1986 年 12 月，《国家科技进步奖励条例实施细则》出台。1987 年，重点面向农村经济和乡镇企业科技进步的《国家星火奖励办法》及其实施细则出台。1993 年《国家科技进步法》正式颁布，进一步肯定了科学奖励的法律地位。1991 年 10 月，中央授予钱学森"国家杰出贡献科学家"荣誉称号，成为新中国成立以来首位以中央名义授予的科技人物奖励。特别地，1985 年后，除国务院归口国家科委管理的各项国家级科学奖励项目外，国务院各部委和各级地方政府都开始对科技成果实行奖励。同时，非政府性质和科学学会性质的奖励日益出现，如南开大学的"陈省身数学奖"、中国数学学会的"华罗庚数学奖"、中国物理学会的以胡刚复、饶毓泰、叶企孙和吴有训 4 人的名字命名的奖励等。据不完全统计，1999 年全国科技社团、企业等设立的较有影响的科学奖励高达 96 项之多，比较典型的如"何梁何利科技成就奖和科技进步奖""中国青年科学家奖""中国青年科技奖"等。

1999 年以来的改进和完善阶段。1999 年 5 月，为适应新时期经济社会发展需求，国务院颁布了修订后的《国家科技奖励条例》。同年 7 月，国务院办公厅下发《科学技术奖励制度改革方案》，开始对我国国家科学奖励制度进行重大改革。改革坚持少而精的原则，目的是进一步提升国家科学技术奖励权威性。改革之后，国家科学奖励形成了国家最高科技奖、国家自然科学奖、国家技术发明奖、国家科学技术进步奖和国家国际科技合作奖五大奖励的基本格局，国家科学技术奖每年从 800 项减少到不超过 400 项。改革之后，国务院除有关部门根据国防、国家安全的特殊情况，可以设立部级科学技术奖，各省、自治区、直辖市人民政府可以设立一项省级科学技术奖。除此之外，其他一律不再设奖。

社会科学奖励设置情况。特别说明的是，改革开放初期颁布的《国家自然科学奖励条例》明确规定，其奖励的学科类型仅仅面向自然科学研究成果。这就意味着，现行的国家科学奖励体系，从一开始并没有包含社会科学研究成果。基于此，自改革开放之后，各省市区或早或迟陆续设置了由所在省市社会科学界联合会负责评审的省级优秀社会科学成果奖。1994 年左右，教育部正式设置了面向全国普通高等学校的人文社会科学研究成果奖励，并一直延续至今。由此，形成了以教育部普通高校人文社科奖为实际最高等级、省级社科联社会科学优秀成果奖为主要组成的国家社会科学成果奖励体系，弥补了国家科学奖励体系对社会科学研究成果涵盖度不足的缺陷。

我国科学奖励目前的基本情况。就目前而言，我国科学奖励已经形成了多层次、多类型、多渠道的奖励设置和运行体系。从奖励的设置层级看，上有以五大奖励为基本格局的国家层级科学奖励，中有基本格局与国家类似的省部层级科学奖励，下有地市甚至县区级的科学奖励。从奖励的科技类型而言，既有以国家五大奖励为代表的自然科学奖励，还有以教育部高等学校科学研究优秀成果奖（人文社会科学）以及各省级社会科学界联合会组织评审的省级优秀社会科学成果奖为代表的社会科学奖励。从奖励的设置渠道看，既有政府设置的科学奖励，又有非政府组织设置的科学奖励，还有纯粹民间设置的科学奖励。

2000~2015年，国家科学技术奖已经评选了16届，共评选出最高科学技术奖25人、国家自然科学奖521项（其中一等奖、二等奖分别为8项和513项）、国家技术发明奖580项（其中一等奖、二等奖分别为14项和566项）、国家科技进步奖2916项（其中特等奖和一等奖、二等奖分别为10项、191项、2715项），如表2-1所示。在社会科学奖励方面，鉴于国家层级的社会科学奖励并没有设置，教育部设置的中国高校人文社会科学研究优秀成果奖在某种程度上具备国家层级奖励含义。从表2-2可以看出，自1994年该奖励设置以来，到2015年已经评选了7届。除第一届情况不详外，其他6届共评选出获奖成果3614项，其中特等奖1项、一等奖238项、二等奖1080项、三等奖2267项、成果普及奖28项。同期，各省份甚至各县区每年也均评选有自然科学和社会科学方面的奖励，根据姚昆仑的统计进行推测，其中仅省份层面的自然科学和社会科学奖励就当在10万项之上。[①]

表2-1 2000~2015年国家科学技术奖励情况一览表

年度	最高科学技术奖(人)	国家自然科学奖（项）				国家技术发明奖（项）				国家科技进步奖（项）				国际科技合作奖(人)
		特等	一等	二等	小计	特等	一等	二等	小计	特等	一等	二等	小计	
2000	2	0	0	15	15	0	0	21	21	0	13	166	179	2
2001	2	0	0	18	18	0	0	12	12	0	11	126	137	6
2002	1	0	1	23	24	0	0	21	21	0	18	200	218	5
2003	2	0	1	18	19	0	0	19	19	1	16	199	216	4
2004	0	0	0	28	28	0	1	19	20	0	10	175	185	5
2005	2	0	0	38	38	0	1	33	34	0	10	165	175	5
2006	1	0	2	27	29	0	1	41	42	0	11	173	184	2
2007	2	0	0	39	39	0	0	39	39	0	10	182	192	5#

① 姚昆仑. 科学技术奖励综论 [M]. 北京：科学出版社，2008.

续表

年度	最高科学技术奖(人)	国家自然科学奖(项)				国家技术发明奖(项)				国家科技进步奖(项)				国际科技合作奖(人)
		特等	一等	二等	小计	特等	一等	二等	小计	特等	一等	二等	小计	
2008	2	0	0	34	34	0	2	35	37	1	12	169	182	3
2009	2	0	1	27	28	0	2	37	39	0	8	214	222	7
2010	2	0	0	30	30	0	0	33	33	1	16	197	214	5
2011	2	0	0	36	36	0	2	39	41	1	9	208	218	8
2012	2	0	0	41	41	0	2	61	63	2	13	147*	162	5
2013	2	0	1	53	54	0	1	54	55	1	13	123*	137	8
2014	1	0	1	45	46	0	1	53	54	1	14	139*	154	8#
2015	0	0	1	41	42	0	1	49	50	2	7	132*	141	7
合计	25	0	8	513	521	0	14	566	580	10	191	2715	2916	85
年均	1.6	0	0.5	32.1	32.6	0	0.9	35.4	36.3	0.6	11.9	169.7	182.3	5.3

注：标*者各含 3 个获奖创新团队，标#者各含 1 个获奖组织。

表 2 - 2　历届教育部人文社会科学研究优秀成果获奖情况

届别	年度	特等(项)	一等(项)	二等(项)	三等(项)	成果普及奖(项)	小计(项)
第一届	1994	不详	不详	不详	不详	不详	不详
第二届	1998	0	32	143	237	未开设	412
第三届	2002	1	47	124	230	未开设	402
第四届	2006	0	26	107	294	未开设	427
第五届	2009	0	38	205	392	未开设	635
第六届	2013	0	45	250	518	17	830
第七届	2015	0	50	251	596	11	908
合计		1	238	1080	2267	28	3614
年均		0.17	39.67	180.00	377.83	14.00	602.33

第二节　我国科学奖励评奖的基本模式

我国科学奖励包括的层次、类型、渠道非常多，其中自然科学奖励以国家科学技术奖最有代表性，社会科学奖励以教育部人文社会科学研究优秀成果奖励最有代表性。在某种程度上，省部及以下层级以及社会渠道的奖励设置和运行，均参照该两种奖励的基本模式进行。由此，下面重点以国家科学技术奖和教育部人文社会科学成果奖为代表进行示例性分析。

一、国家科学技术奖评奖基本模式分析

国家科学技术评奖工作自改革开放以来全面展开。1999 年，国务院颁布的《国家科学技术奖励条例》（以下简称《条例》）进行了全新的规范和完善。此后，2004 年和 2008 年先后两次颁布配套的《国家科学技术奖励条例实施细则》（以下简称《细则》）。规范以后的国家科学技术奖励，包括有五种基本类型，分别是国家最高科学技术奖、国家自然科学奖、国家技术发明奖、国家科学技术进步奖、中华人民共和国国际科学技术合作奖。其中，国家最高科学技术奖、国际科学技术合作奖属于人物奖，国家自然科学奖、国家技术发明奖、国家科学技术进步奖属于成果奖。

1. 有关责任部门和机构设置的规定

《条例》规定国务院科学技术行政部门负责国家科学技术奖评奖的组织工作，而且特别规定，国家科学技术奖的评奖规则由国务院科学技术行政部门规定。《条例》规定国家设立国家科学技术奖励委员会，国家科学技术奖励委员会聘请有关方面的专家、学者组成评奖委员会，负责国家科学技术奖的评奖工作。国家科学技术奖励委员会的组成人员人选由国务院科学技术行政部门提出，报国务院批准。

《细则》（2008，下同）进一步规定，国家科学技术奖励委员会负责国家科学技术奖的宏观管理和指导，科学技术部负责国家科学技术奖评奖的组织工作，国家科学技术奖励工作办公室负责日常工作。

《细则》规定，国家科学技术奖励委员会委员 15～20 人。主任委员由科学技术部部长担任，设副主任委员 1～2 人、秘书长 1 人。国家科学技术奖励委员会委员由科技、教育、经济等领域的著名专家、学者和行政部门领导组成。委员人选由科学技术部提出，报国务院批准，实行聘任制，每届任期 3 年。国家科学技术奖励委员会的主要职责是：①聘请有关专家组成国家科学技术奖评奖委员会；②审定国家科学技术奖评奖委员会的评审结果；③对国家科学技术奖的推荐、评审和异议处理工作进行监督；④为完善国家科学技术奖励工作提供政策性意见和建议；⑤研究、解决国家科学技术奖评奖工作中出现的其他重大问题。

《细则》规定，国家科学技术奖励委员会下设国家最高科学技术奖、国家自然科学奖、国家技术发明奖、国家科学技术进步奖和国际科技合作奖等国家科学技术奖评奖委员会。国家科学技术奖各评奖委员会分别设主任委员 1 人、副主任委员 2～4 人、秘书长 1 人、委员若干人。委员人选由科学技术部向国家科学技术奖励委员会提出建议，实行聘任制，每届任期 3 年，连续任期不得超过两届。秘书长由奖励办公室主任担任。各评奖委员会的主要职责：①负责国家科学技术各奖项的评审工作；②向国家科学技术奖励委员会报告评奖结果；③对国家科学技术奖评奖工作中出现的有关问题进行处理；④对完善国家科学技术奖励工作提供咨询意见。

　　《细则》还规定，根据评奖工作需要，国家科学技术奖各评审委员会可以设立若干评审组。各评审组设组长 1 人、副组长 1~3 人、委员若干人，组长一般由相应国家科学技术奖评审委员会的委员担任。评审组委员实行资格聘任制，其资格由科学技术部认定。各评审组的委员组成，由奖励办公室根据当年国家科学技术奖推荐的具体情况，从有资格的人选中提出，经评奖委员会秘书长审核，报相应评奖委员会主任委员批准。评审组委员每年要进行一定比例的轮换。评审组的职责是，对相关国家科学技术奖的候选人及项目进行初评，初评结果报相应的国家科学技术奖评奖委员会。

　　2. 有关奖励评选标准的规定

　　国家最高科学技术奖是人物奖，《条例》规定授奖标准规定如下：①在当代科学技术前沿取得重大突破或者在科学技术发展中有卓越建树的；②在科学技术创新、科学技术成果转化和高技术产业化中，创造巨大经济效益或者社会效益的。

　　国家自然科学奖是成果奖，授予在基础研究和应用基础研究中阐明自然现象、特征和规律，做出重大科学发现的公民。《条例》规定重大科学发现的具体标准如下：①前人尚未发现或者尚未阐明；②具有重大科学价值；③得到国内外自然科学界公认。

　　国家技术发明奖是成果奖，授予运用科学技术知识做出产品、工艺、材料及其系统等重大技术发明的公民。《条例》规定重大技术发明的具体标准如下：①前人尚未发明或者尚未公开；②具有先进性和创造性；③经实施，创造显著经济效益或者社会效益。

　　国家科学技术进步奖是成果奖，授予在应用推广先进科学技术成果，完成重大科学技术工程、计划、项目等方面，做出突出贡献的公民、组织。《条例》规定具体标准如下：①在实施技术开发项目中，完成重大科学技术创新、科学技术成果转化，创造显著经济效益的；②在实施社会公益项目中，长期从事科学技术基础性工作和社会公益性科学技术事业，经过实践检验，创造显著社会效益的；③在实施国家安全项目中，为推进国防现代化建设、保障国家安全做出重大科学技术贡献的；④在实施重大工程项目中，保障工程达到国际先进水平的。其中第④项重大工程类项目的国家科学技术进步奖仅授予组织。

　　国际科学技术合作奖是人物奖，授予对中国科学技术事业做出重要贡献的外国人或者外国组织。《条例》规定具体标准如下：①同中国的公民或者组织合作研究、开发，取得重大科学技术成果的；②向中国的公民或者组织传授先进科学技术、培养人才，成效特别显著的；③为促进中国与外国的国际科学技术交流与合作，做出重要贡献的。

　　《细则》对五种国家科学技术奖励的评选标准，进行了进一步的细化规定。比如对于国家自然科学奖，规定"前人尚未发现或者尚未阐明"，指该项自然科学发现为国内外首次提出，或者其科学理论在国内外首次阐明，且主要论著为国内外首次发表；规定"具有重大科学价值"指该发现在科学理论、学说上有创见，或者在研究方法、手段上有创新，或者对于推动学科发展有重大意义，或者对于经济建设和社会发展具有重要影响；规定"得到国内外自然科学界公认"，指主要论著已在国内外公开发行的学术刊物上发表或者作为学术专著出版三年以上，其重要科学结论已为国内外同行在重要国际学术会议、公开发行的学术刊物，尤其是重要学术刊物以及学术专著所正面引用或者应用。

《细则》特别规定，国家自然科学奖的候选人应当是相关科学技术论著的主要作者，并具备下列条件之一：①提出总体学术思想、研究方案；②发现重要科学现象、特性和规律，并阐明科学理论和学说；③提出研究方法和手段，解决关键性学术疑难问题或者实验技术难点，以及对重要基础数据的系统收集和综合分析等。

《细则》还对国家自然科学奖授奖等级进行了细化的标准规定。①在科学上取得突破性进展，发现的自然现象、揭示的科学规律、提出的学术观点或者其研究方法为国内外学术界所公认和广泛引用，推动了本学科或者相关学科的发展，或者对经济建设、社会发展有重大影响的，可以评为一等奖。②在科学上取得重要进展，发现的自然现象、揭示的科学规律、提出的学术观点或者其研究方法为国内外学术界所公认和引用，推动了本学科或者其分支学科的发展，或者对经济建设、社会发展有重要影响的，可以评为二等奖。③对于原始性创新特别突出、具有特别重大科学价值、在国内外自然科学界有重大影响的特别重大的科学发现，可以评为特等奖。

3. 有关奖励等级数量评频的规定

在奖励等级设置方面，《条例》规定国家最高科学技术奖、中华人民共和国国际科学技术合作奖不分等级；国家自然科学奖、国家技术发明奖、国家科学技术进步奖分为一等奖、二等奖2个等级，对做出特别重大科学发现或者技术发明的公民，对完成具有特别重大意义的科学技术工程、计划、项目等做出突出贡献的公民、组织，可以授予特等奖。

在奖励数量设置方面，《条例》规定国家最高科学技术奖每年授予人数不超过2名，国家自然科学奖、国家技术发明奖、国家科学技术进步奖每年奖励项目总数不超过400项。《细则》进一步细化规定，国际科技合作奖每年授奖数额不超过10个，不超过400项的国家自然科学奖、国家技术发明奖、国家科学技术进步奖中，每个奖种的特等奖项目不超过3项，一等奖项目不超过该奖种奖励项目总数的15%。

在评奖频度方面，《条例》规定国家科学技术奖每年评奖一次。

4. 有关奖励评选程序规则的规定

第一，推荐者确定。国家科学技术奖候选人的推荐者资格如下：①省（自治区、直辖市）人民政府；②国务院有关组成部门、直属机构；③中国人民解放军各总部；④经国务院科学技术行政部门认定的符合国务院科学技术行政部门规定的资格条件的其他单位和科学技术专家；⑤国家驻外使馆、领馆可以推荐国际科学技术合作奖的候选人。特别地，推荐单位推荐的国家科学技术奖候选人，应根据有关方面的科学技术专家对其科学技术成果的评奖结论和奖励种类、等级的建议确定。

第二，奖励推荐和形式审查。推荐的单位和个人在规定的限额内推荐国家科学技术奖候选人。推荐时，须填写统一格式的推荐书，提供真实、可靠的评价材料。《细则》进一步细化规定，国家最高科学技术奖获奖人每人每年度可推荐 1 名（项）所熟悉专业的国家科学技术奖。中国科学院院士、中国工程院院士每年度可 3 人以上共同推荐 1 名（项）所熟悉专业的国家科学技术奖。推荐单位推荐国家自然科学奖、国家技术发明奖和国家科学技术进步奖特等奖的，应当在推荐前征得 5 名以上熟悉该项目的院士的同意。国家科学技术奖励工作办公室接到推荐材料后，进行形式审查。形式审查合格，提交相应评审组进行初评。

第三，评审组初评。初评以网络评审或者会议评审方式进行，以记名限额投票表决产生初评结果。初评可以采取定量和定性评价相结合的方式进行，奖励办公室负责制订国家科学技术奖的定量评价指标体系。对通过初评的国家最高科学技术奖、国际科技合作奖人选，及通过初评且没有异议或者虽有异议但已在规定时间内处理的国家自然科学奖、国家技术发明奖、国家科学技术进步奖人选及项目，提交相应的国家科学技术奖评奖委员会进行评审。

第四，评审委二评。国家科学技术奖评审各委员会对初评通过材料，以会议方式进行评审，以记名投票表决产生评审结果，做出认定科学技术成果的结论，并向国家科学技术奖励委员会提出获奖人选和奖励种类及等级的建议。必要时，奖励办公室可以组织国家科学技术奖有关评审组织的评审委员对候选人、候选单位及其项目进行实地考察。

第五，奖励委审定。国家科学技术奖励委员会以会议方式，对各评审委员会的评审结果进行审定，根据评奖委员会的建议，做出获奖人选和奖励种类及等级的决议。其中，对国家最高科学技术奖以及国家自然科学奖、国家技术发明奖和国家科学技术进步奖的特等奖以记名投票表决方式进行审定。

第六，奖励报批。《条例》规定国务院科学技术行政部门对国家科学技术奖励委员会做出的国家科学技术奖的获奖人选和奖励种类及等级的决议进行审核，报国务院批准。

《条例》和《细则》特别规定，国家科学技术奖励委员会及各评审委员会、评审组的评审表决应当有 2/3（含）以上多数委员参加，表决结果有效。国家最高科学技术奖、国际科技合作奖的人选，以及国家自然科学奖、国家技术发明奖和国家科学技术进步奖的特等奖、一等奖应当由到会委员的 2/3（含）以上多数通过。国家自然科学奖、国家技术发明奖和国家科学技术进步奖的二等奖应当由到会委员的 1/2（不含）以上多数通过。

5. 有关奖励证书和奖金的规定

《条例》规定国家最高科学技术奖报请国家主席签署并颁发证书和奖金，国家自然科学奖、国家技术发明奖、国家科学技术进步奖由国务院颁发证书和奖金，中华人民共和国国际科学技术合作奖由国务院颁发证书。

6. 有关奖励评奖监督处罚的规定

对于奖励申报者，《条例》规定，如果发现剽窃、侵夺他人的发现、发明或者其他科学技术成果的，或者以其他不正当手段骗取国家科学技术奖的，由国务院科学技术行政部门报国务院批准后撤销奖励，追回奖金。

对于奖励推荐者，《条例》规定，如果发现推荐的单位和个人提供虚假数据、材料，协助他人骗取国家科学技术奖的，由国务院科学技术行政部门通报批评；情节严重的，暂停或者取消其推荐资格；对负有直接责任的主管人员和其他直接责任人员，依法给予行政处分。

对于评奖参与人，《条例》规定，如果发现参与国家科学技术奖评奖活动和有关工作的人员在评奖活动中弄虚作假、徇私舞弊的，依法给予行政处分。

《细则》进一步细化规定，国家科学技术奖励委员会设立的科学技术奖励监督委员会负责对国家科学技术奖的推荐、评审和异议处理工作进行监督。国家科学技术奖励实行评审信誉制度，对参加评审活动的专家学者建立信誉档案，信誉记录作为提出评奖委员会委员和评奖组委员人选的重要依据。科学技术奖励监督委员会对评奖活动进行经常性监督检查，对在评奖活动中违反奖励条例及本细则有关规定的单位和个人，可以分别情况建议有关方面给予相应的处理。

《细则》还细化规定，国家科学技术奖励接受社会的监督，奖励办公室应在其官方网站等媒体上公布通过初评和评审的国家自然科学奖、国家技术发明奖、国家科学技术进步奖的候选人、候选单位及项目（涉及国防、国家安全的保密项目在适当范围内公布）。任何单位或者个人对国家科学技术奖候选人、候选单位及其项目的创新性、先进性、实用性及推荐材料真实性等持有异议的，可以在规定日期之内向奖励办公室提出异议。

二、教育部人文社会科学成果奖评奖基本模式分析

教育部人文社会科学成果奖设置于 20 世纪 90 年代初期。2009 年，教育部颁布了修订后的《高等学校科学研究优秀成果奖（人文社会科学）奖励办法》。相比于国家科学技术奖励，教育部人文社会科学成果奖励大致在以下三个方面有比较明显的差异。

一是在成果类型和奖励等级方面，评奖成果涉及四种类型，分别为著作、论文、研究报告、成果普及，奖励等级分设特等奖、一等奖、二等奖、三等奖。

二是在成果评选频度方面，每三年评选一次。

三是在评审标准方面有四条，分别是：①获奖成果必须坚持以马克思主义为指导，观点鲜明，论据充分，资料翔实，数据准确，逻辑严密，方法科学，具有创新性和前瞻性，符合学术道德和学术规范，体现政治标准与学术标准的统一。②基础研究类获奖成果应在理论上有所建树，在学术上有所创新，填补了本研究领域的某些空白，推动了学科建设和理论发展，得到学术界的重视和好评。③应用研究类获奖成果应在解决国家和区域经济社会发展中的重大现实问题上有所突破，为党和各级政府有关部门、企事业单位提供了具有重要参考价值的决策咨询意见和建议，产生了显著的经济效益和社会效益。④普及类获奖成果应具有较强的科学性、知识性和可读性，在宣传党的创新理论、阐释解答人民群众关心的热点难点问题以及人文社会科学知识传播普及方面产生良好的社会效果。

总体而言，相比于国家科学技术奖励，教育部人文社会科学成果奖励虽然面对的具体学科和成果特点有较大不同，但总体的设奖和评奖模式基本类似，差异较大的方面体现在参评范围和评审标准更为笼统，可操作性难度上升。

第三节　我国科学奖励评奖中存在的基础性问题

截至目前，我国已经形成了一整套完备的以政府体系为主的科学奖励体系，为"调动科学技术工作者的积极性和创造性，加速科学技术事业的发展，提高综合国力"，① 起到了重要作用。然而其仍然存在有诸多问题，突出表现在以下几个方面。

一、评奖标准模糊不清问题

目前，科学奖励评奖一般预先规定或设置有相应的评价标准体系。如《国家科学技术奖励条例》规定，国家自然科学奖授予在基础研究和应用基础研究中阐明自然现象、特征和规律，做出重大科学发现的公民。而所谓重大科学发现的标准是：前人尚未发现或者尚未阐明；具有重大科学价值；得到国内外自然科学界公认。其后的《国家科学技术奖励条例实施细则》进一步细化了该评价标准："前人尚未发现或者尚未阐明"指该项自然科学发现为国内外首次提出，或者其科学理论在国内外首次阐明，且主要论著为国内外首次发表；"具有重大科学价值"指该发现在科学理论、学说上有创见，或者在研究方法、手段上有创新，对于推动学科发展有重大意义，或者对于经济建设和社会发展具有重要影响；"得到国内外自然科学界公认"指主要论著已在国内外公开发行的学术刊物上发表或者作为学术专著出版三年以上，其重要科学结论已为国内外同行在重要国际学术会议、公开发行的学术刊

---

① 国务院. 国家科学技术奖励条例［EB/OL］. 2003 – 12 – 30. http：//www.most.gov.cn/fggw/xzfg/200601/t20060106_ 53402. htm.

物，尤其是重要学术刊物以及学术专著所正面引用或者应用。① 显然，无论是《条例》还是《细则》，其给出的评价标准均是原则性的规定，具有一定的主观性、模糊性。② 国家自然科学奖评价标准中存在的这种比较原则和模糊的问题，实际上是我国各级各类科学奖励评奖中存在的一个普遍性问题。③

二、同行会评本质失真问题

目前的科学奖励评奖，大都是采取同行会评方式。其基本做法是，责任部门根据评奖划分的大学科门类，先确定和召集相应学科的专家学者，组成评奖委员会和具体各学科的评议小组。评奖专家根据既定的评价标准体系，对参评成果进行量化打分或票选推荐。显然，这种同行会评存在有一系列的问题。

（1）在当今学科日益细分的时代，每一大类学科领域又演化为众多具体的小类学科领域，且彼此之间差异极大。而评奖责任部门召集的专家数量有限，往往只能按照大类学科领域组织专家进行评议，导致评奖专家评议的虽然是同一学科门类的科学研究成果，但专家所擅长的具体领域与评议成果所属的具体领域又往往并不一致，出现隔行如隔山的情况，实质上等同于外行评议内行。岳奎元④、邱均平和谭春辉⑤等研究表明，参加行业评奖的专家中，有25%是作为外行参加评奖的，有近2/3是作为"准同行"专家参加评奖的，多数专家对报奖成果领域的现状及前沿动态只是一般了解或不了解，甚至有近一半的专家对其主审报奖项目领域的研究现状和前沿动态也不甚了解。这种非同行专家过多和占比过大的情况，很难保证评奖的准确性和客观性。

（2）当前评奖责任部门确定和召集的评奖专家，相当部分担任有一定的行政职务，或者早已功成名就。由于职务繁忙或者年龄老化，难以再有足够时间和精力专注于学科前沿研究，往往已经远离领域前沿，实质上等同于学术后沿评议学术前沿。岳奎元研究表明，科学奖励评奖中部分评奖专家的科研能力偏低，有58%～74%的专家具有中等科研能力，有36%的专家在近5年中未在国内核心刊物上发表过一篇文章，有42%的没有获得过基层的科研奖励，而实际上他们却作为同行专家参加了评奖。⑥

（3）评议过程中，评奖专家面对众多的参评成果，在很短的限定时间内往

① 科技部. 国家科学技术奖励条例实施细则 [EB/OL]. 2008 - 12 - 23. http：//www. most. gov. cn/fg-gw/bmgz/200901/t20090108_ 66588. htm.

② 刘新建，乔晶晶. 科技成果奖励评价方法的理论探析 [J]. 科技管理研究，2008（1）：89 - 92；王瑛，郝国杰. 科技成果奖励指标体系新构想 [J]. 科技管理研究，2009（8）：120 - 122.

③ 张功耀，罗娅. 我国科技奖励体制存在的几个问题 [J]. 科学学研究，2007，25（增刊）：350 - 353.

④ 岳奎元. 科技奖励的评价原则及导向功能 [J]. 科学学研究，1998，16（4）：100 - 103.

⑤ 邱均平，谭春辉，文庭孝. 我国科技奖励工作和研究的现状与趋势 [J]. 科技管理研究，2006（9）：4 - 7.

⑥ 岳奎元. 科技奖励的评价原则及导向功能 [J]. 科学学研究，1998，16（4）：100 - 103.

往很难做到逐项审读，这种情况下即对参评成果进行仓促评议表决，实质上等同于不审而决。①

（4）进一步地，评奖专家在评奖进行中以及评奖开始前，还面临着几乎无孔不入的打招呼、人情礼干扰，面临着自身单位人属性的干扰。②

综上所述，现行所谓的同行会评评奖方式，是一种外行评议内行、后沿评议前沿、不审而决的评奖方式，并存在有多种外在干扰，实际上已经背离了同行评价的真实本质，这种方式下产生的评奖结果，很难科学、客观和公正。

三、评奖部门定位不当问题

目前的科学奖励评奖，往往由政府指定的相关部门负责进行。在具体评奖时，一般先成立评奖领导小组，评奖责任部门负责人往往任小组组长或实际负责人，具体负责确定和召集相关学科领域的专家进行评议，并负责评奖结果的最后审定。③ 从理论上说，责任部门确定和召集评议专家应该做到客观公正科学，并且保障专家评议行为的独立性。但实际上，由于责任部门掌握有确定和召集评议专家的决定权，掌握各学科评议小组负责人选的决定权，掌握有评奖结果的最终核定权，必然会导致科学奖励评奖中行政中心主义的盛行。④ 责任部门天生地具备了通过这三个关键环节的决定权，将自己的倾向性意见向评议专家进行引导和贯彻的可能性。特别地，责任部门领导人或者内部管理者，往往可以利用这种组织架构和三个关键环节的决定权，将自己的私人偏好通过打招呼等形式予以体现。这就是说，科学研究成果的具体评议，会进一步受到责任部门及其内部管理人员的干扰，而偏离同行评价的本质，使评奖结果进一步偏离科学、客观和公正。另外，在奖励申报过程中，现行模式往往是上级给下级分指标名额，又会导致争指标争名额和劣币驱逐良币情况出现，部分好的成果可能会因此失去参评机会，而部分差的成果也可能会因此得到参评机会。⑤

第四节　我国科学奖励的数量过多过滥问题

早在 1999 年，针对当时出现的比较严重的科学奖励过多过滥问题，国家就先后颁布了修订后的《国家科技奖励条例》和《科学技术奖励制度改革方案》，

---

① 岳奎元. 科技奖励的评价原则及导向功能 [J]. 科学学研究, 1998, 16 (4): 100-103.

② 钟书华, 袁建湘. 完善国家科技奖励体系, 推进自主创新 [J]. 科学学与科学技术管理, 2008 (8): 5-9.

③ 唐五湘, 柯常取, 黄海南等. 我国地方科技奖励政策调研与启示 [J]. 中国科技论坛, 2007 (7): 31-34.

④ 杨爱华. 对我国科技奖励问题的分析与思考——从 2004 年度国家最高科学技术奖空缺谈起 [J]. 科技管理研究, 2006 (5): 4-6.

⑤ 李程程. 我国科技奖励体制发展的路径选择 [J]. 科技进步与对策, 2009, 26 (9): 40-43.

坚持少而精的原则进行了大刀阔斧式的精简，起到了良好的效果。然而经过近20年的快速发展后，科学奖励过多过滥问题又有所抬头，影响了我国科学奖励的公信力，制约了中国特色科学奖励体系的构建。由此，下面就我国当前的科学奖励数量过多过滥问题进行抽样分析。

特别地，鉴于政府奖励在整个科学奖励体系中占据主导地位，而科学奖励实际上包括有科学技术奖励和社会科学奖励两种类型，下面的抽样分析将重点针对国家级、省部级、地市级三个层级政府科学技术奖励和社会科学奖励进行。

一、三个层级政府科技奖励总量的抽样推测

国家科学技术奖励包括国家最高科学技术奖、国家自然科学奖、国家技术发明奖、国家科学技术进步奖、国际科学技术合作奖共五大基本奖种，每年评审1次。国家最高科学技术奖每年授予人数不超过2名，国际科技合作奖每年授奖数额不超过10个，国家自然科学奖、国家技术发明奖、国家科学技术进步奖每年奖励项目总数不超过400项。① 实际上自2011年以来至2015年，国家科学技术奖共评选了五届，共评选出最高科学技术奖7人、国家自然科学奖219项、国家技术发明奖263项、国家科技进步奖812项，合计授奖总量为1329项（人）。五届综合，平均每年评授国家级科技奖励266项（人），如表2－3所示。

表2－3　2011～2015年国家科技奖励授奖情况　　　　单位：项，人

年度	最高科技奖	自然科学奖	技术发明奖	科技进步奖	国际科技合作奖	小计
2011	2	36	41	218	8	305
2012	2	41	63	162	5	273
2013	2	54	55	137	8	256
2014	1	46	54	154	8[#]	255
2015	0	42	50	141	7	240
合计	7	219	263	812	28	1329
年均	1.4	43.8	52.6	162.4	5.6	266

备注：标#者含1个获奖组织。

资料来源：国家科学技术奖励工作办公室网站。

根据1999年的《科学技术奖励制度改革方案》，国务院除有关部门根据国防、国家安全的特殊情况可以设立部级科学技术奖外，各省级人民政府可以设立1项省级科学技术奖，此外一律不再设奖。实际工作中，各省级人民政府一般比照国家科学技术五大奖项的范式，设置各自的科学技术奖励。各省级科技奖励一般每年评审1次，但设奖类型和授奖数量各不相同。比如，现行山东省科学技术

---

① 国家科学技术奖励条例［EB/OL］. http：//www. most. gov. cn/fggw/xzfg/200601/t20060106_53402. htm. 2003－12－30；国家科学技术奖励条例实施细则［EB/OL］. http：//www. most. gov. cn/fggw/bmgz/200901/t20090108_ 66588. htm. 2008－12－23.

奖由五种奖项组成，科学技术最高奖每年授奖人数不超过 2 名，国际科学技术合作奖每年授奖数量不限，自然科学奖、技术发明奖和科学技术进步奖每年授奖总数不超过 500 项。① 现行河南省科学技术奖由三种奖项组成，杰出贡献奖每年授予人数不超过 2 名，科学技术进步奖每年奖励数量不超过 350 项。② 鉴于省级科技评奖信息公开程度并不理想，这里根据有限的评奖信息披露情况，重点选择山东、河南、青海 3 个省份 2005 年、2010 年、2015 年三个年度的评奖授奖信息进行抽样统计，结果表明，平均每个省份每年评授出的省级科技奖励数量分别为378.67 项（人）、345.67 项（人）、24.67 项（人）。综合而言，三省份总体平均每年每省评授出的省级科技奖励数量为 249.67 项（人）。以此抽样为代表，当前我国除港澳台之外共有 31 个省份，可知全国年均评授的省级科技奖励数量当在7740 项（人）左右，如表 2 - 4 所示。

表 2 - 4　基于 3 个抽样省份的全国省级科技奖励授奖总量推测 单位：项，人

类型及等级		山东			河南			青海		
		2005 年	2010 年	2015 年	2005 年	2011 年	2015 年	2005 年	2010 年	2015 年
最高科技奖（杰出贡献奖、重大贡献奖）		1	2	2	0	2	2	1	1	1
自然科学奖	一等	1	1	5	—	—	—	—	—	—
	二等	4	8	9	—	—	—	—	—	—
	三等	12	9	0	—	—	—	—	—	—
	小计	17	18	14	—	—	—	—	—	—
技术发明奖	一等	1	2	4	—	—	—	—	—	—
	二等	2	4	7	—	—	—	—	—	—
	三等	9	6	2	—	—	—	—	—	—
	小计	12	12	13	—	—	—	—	—	—
科技进步奖	一等	21	41	19	9	13	12	2	6	5
	二等	124	141	55	171	166	125	12	8	10
	三等	320	285	36	170	167	200	0	12	15
	小计	465	467	110	350	346	337	14	26	30
国际科技合作奖		0	0	3	—	—	—	—	—	1
合计		495	499	142	350	348	339	15	27	32
各省年均授奖数量		378.67			345.67			24.67		

① 山东省科学技术奖励办法 ［EB/OL］. http：//www. shandong. gov. cn/art/2011/9/9/art _ 284 _ 240. html. 2008 - 12 - 23.

② 河南省科学技术奖奖励办法 ［EB/OL］. http：//cg. hnkjt. gov. cn/zcfg/zcfgshow. jsp? newsid = 546. 2000 - 07 - 18.

续表

类型及等级	山东			河南			青海		
	2005 年	2010 年	2015 年	2005 年	2011 年	2015 年	2005 年	2010 年	2015 年
三省总体年省均授奖数量	249.67								
全国年均授奖数量推测	7740								

注：最高科学技术奖在河南和青海分别称作杰出贡献奖、重大贡献奖。全国年均情况由省份年均情况乘以 31 得出（全国除港澳台外有 31 个省份）。

资料来源：山东、河南、青海三省科学技术工作评奖办公室网站。

1999 年科技奖励制度改革之后，地市层次科技奖励也基于少而精的原则进行了精简，一般一个地市只保留 1 项地市级科学技术奖。实际工作中，各地市政府一般参照国家和省级科学技术设奖范式，构建了各自并不完全相同的科学技术奖励体系。比如，大连市科学技术奖由科学技术功勋奖、技术发明奖、科学技术进步奖等三大奖项组成，功勋奖每 2 年评奖 1 次，每次不超过 2 人；技术发明奖、科学技术进步奖每年评奖 1 次，分别不超过 60 项和 120 项。[①] 南宁市科学技术奖由科学技术重大贡献奖、科学技术进步奖两大奖项组成，均每年评奖 1 次，重大贡献奖每次不超过 1 项，进步奖每次不超过 30 项。[②] 实际工作中，各地市每届次评奖数量一般低于规定数量上限。鉴于地市科技评奖信息公开程度并不理想，这里根据极其有限的评奖信息披露情况，重点选择烟台、南宁、襄阳三个地市各自 2014 ~ 2016 年评奖授奖信息进行抽样统计，结果表明，三地市平均每年评授出的科技奖励数量分别为 95 项（人）、56 项（人）、67 项（人）。综合而言，三个抽样地市平均每年每市评授出的科技奖励数量为 73 项（人）。以此抽样为代表，以 2015 年全国共有地级区划 334 个为计算标准，则可知全国每年评授的地市级科技奖励数量为 24382 项（人），如表 2 - 5 所示。

表 2 - 5　基于三个抽样地市的全国地市级
科技奖励授奖总量推测

单位：项，人

类型及等级	烟台			南宁			襄阳		
	2016 年	2015 年	2014 年	2016 年	2015 年	2014 年	2016 年	2015 年	2014 年
最高科技奖（重大贡献奖、突出贡献奖）	1	0	0	1	2	0	—	2	0

① 大连市科学技术奖奖励办法 ［EB/OL］. http：// www. kjj. dl. gov. cn/ArticleContent. aspx？ ID = 113955，2017 - 03 - 23.

② 南宁市科学技术奖奖励办法 ［EB/OL］. http：// www. nnst. gov. cn/kjgl/zcfg/dfzcfg/201404/t20140417_ 160401. html，2012 - 01 - 28.

续表

类型及等级		烟台			南宁			襄阳		
		2016 年	2015 年	2014 年	2016 年	2015 年	2014 年	2016 年	2015 年	2014 年
创新奖		1	1	1	—	—	—	5	—	6
合作奖		1	1	1	—	—	—	1	3	1
推广奖		—	—	—	—	—	—	—	1	3
自然科学奖	一等	1	0	0	—	—	—			
	二等	2	2	3	—	—	—			
	三等	1	2	3	—	—	—			
	小计	4	4	6	—	—	—			
技术发明奖	一等	0	1	2	1	0	0	1	1	2
	二等	4	2	2	3	3	1	2	3	3
	三等	2	2	2	2	6	1	4	3	3
	小计	6	5	6	6	9	2	7	7	8
科技进步奖	一等	6	6	5	5	5	5	10	10	8
	二等	27	29	30	15	14	15	13	17	18
	三等	45	45	53	30	29	30	20	29	31
	小计	78	80	88	50	48	50	43	56	57
合计		91	91	102	57	59	52	56	69	75
各地市年均授奖数量		95			56			67		
三地市总体年市均授奖数量		73								
全国年均授奖数量推测		24382								

注：最高科学技术奖在南宁和襄阳分别称作重大贡献奖、突出贡献奖。全国年均情况由地市年均情况乘以 334 得出（全国当年共有 334 个地级区划）。

资料来源：烟台、南宁、襄阳三地市科技信息网站。

二、三个层级政府社科奖励总量的抽样推测

改革开放初期颁布的《国家自然科学奖励条例》明确规定，其奖励的成果只包括自然科学研究成果。这就意味着，国家科学奖励从一开始并没有包含社会科学研究成果。不过，改革开放以来，随着各省市或早或迟陆续设置了由所在省市社会科学界联合会负责评审的社会科学优秀成果奖，社会科学奖励工作也得到了快速恢复和发展。如江西省第一次社会科学优秀成果奖于 1982 年颁授，烟台市第一次社会科学优秀成果奖于 1984 年颁授。1994 年，教育部正式设置了面向全国普通高等学校的人文社会科学研究成果奖，并一直延续至今。

就教育部设置的中国高校人文社会科学研究优秀成果奖而言，该奖项包括著作奖、论文奖、研究报告奖。另外，为推进马克思主义大众化和人文社会科学知识传播普及，还设立普及奖。所有奖项分设特等奖、一等奖、二等奖、三等奖。特别地，该奖励一般每 3 ~ 4 年评选 1 次，但每次评奖数量并未明确。① 实际上，该奖励自 1994 年设置以来，到 2015 年已经评选了 7 届。就 2000 年以来的五届评奖而言，参评成果时间范围从 1997 年到 2013 年共历时 17 年，共评选出获奖成果 3202 项，平均每年评授出的奖项数量为 188 项，如表 2 - 6 所示。

表 2 - 6　基于五届次抽样的教育部人文社科成果奖授奖情况　单位：项

届别	第三届 （2002 年）	第四届 （2006 年）	第五届 （2009 年）	第六届 （2013 年）	第七届 （2015 年）	五届总体
特等奖	1	0	0	0	0	1
一等奖	47	26	38	45	50	206
二等奖	124	107	205	250	251	937
三等奖	230	294	392	518	596	2030
普及奖	—	—	—	17	11	28
小计	402	427	635	830	908	3202
参评成果时限	1997 ~ 2000 年	2001 ~ 2004 年	2005 ~ 2007 年	2008 ~ 2010 年	2011 ~ 2013 年	1997 ~ 2013 年
历时年限（年）	4	4	3	3	3	17
平均每年授奖	100.50	106.75	211.67	276.67	302.67	188.35

资料来源：教育部人文社科网站。

省级社会科学奖励自改革开放以后陆续设立，截至目前，全国除港澳台之外的 31 个省（自治区、直辖市）均设置有自己的社会科学奖励，彼此之间并不完全相同。以山东省为例进行说明，山东省社会科学优秀成果奖每 1 年评选 1 次，等次分为特等奖和一等奖、二等奖、三等奖。特等奖每年不超过 2 项（可以空缺），一等奖每年不超过 30 项，二等奖每年 100 项，三等奖每年 120 项。参评范围为正式发表的文章或者正式出版的著作等社会科学研究成果，经省部级以上党委、政府领导批示或者被省部级以上党委、政府机关采用的调研报告、决策咨询文稿，在省部级以上社科规划部门、软科学规划部门等结项或者通过鉴定的社科课题及山东省社科联人文社会科学优秀结项课题。② 鉴于省级社会科学奖评奖信

① 教育部高等学校科学研究优秀成果奖（人文社会科学）奖励办法 [EB/OL]. https://www.sinoss.net/2008/0918/332.html，2009 - 03 - 12.

② 山东省社会科学优秀成果奖评选工作实施细则 [EB/OL]. http://kjc.upc.edu.cn/s/104/t/2517c/b9/info97465.htm，2016 - 20 - 26.

息公开程度很不理想，这里根据极其有限的评奖信息披露情况，重点选择山东、云南等9个省份近期各一个年度的评奖授奖信息进行抽样统计，结果表明，9省份每年评授的省级社会科学奖励总量为1402项，平均每省每年156项。以此抽样为代表，我国除港澳台之外共有31个省份，可知年均评授的省级社会科学奖励总量当在4836项左右，如表2-7所示。

表2-7　基于九个抽样省份的全国省级社会科学奖授奖总量推测　　单位：项

省份	年度	评奖频率	荣誉奖	一等奖	二等奖	三等奖	小计	年均
山东	2016	1年1次	5	28	101	120	254	254
云南	2015	1年1次	1	17	35	119	172	172
江西	2013	2年1次		27	120	210	357	178.5
四川	2014	2年1次	3	19	81	300	403	201.5
重庆	2012	2年1次		12	48	89	149	74.5
河北	2014	2年1次	3	15	70	140	228	114
湖北	2013	2年1次		15	61	130	206	103
江苏	2014	2年1次		59	144	295	498	249
海南	2014	2年1次		16	35	60	111	55.5
九省合计	—	—	—	—	—	—	—	1402
九省省均	—	—	—	—	—	—	—	156
全国年均	—	—	—	—	—	—	—	4836

注：全国年均情况由9省份年均情况乘以31得出（全国除港澳台外有31个省份）。
资料来源：九省份各自的社会科学界联合会网站。

地市级社会科学奖励也是改革开放以后陆续设立，截至目前，大部分地市均设置有自己的社会科学奖励，彼此之间也不完全相同。以南宁市为例进行说明，南宁市社会科学研究优秀成果奖每2年举行1次，等次按著作、论文、调研报告三大类，分别设一、二、三等奖和优秀奖、荣誉奖。[①] 不过，每次评奖数量并未明确。鉴于地市社会科学奖评奖信息公开程度很不理想，这里根据极其有限的评奖信息披露情况，重点选择烟台（2012～2016年）、安阳（2012～2016年）、襄阳（2012～2016年）、宝鸡（2011～2015年）四个地市相关年份社会科学成果奖的评奖授奖信息进行抽样统计，结果表明，平均每个地市每年评授的社会科学奖励数量为87.41项。以此抽样为代表，以2015年全国共有地级区划334个为计算标准，则可知全国每年评授的地市级社会科学奖励数量大约在29195项，如表2-8所示。

① 南宁市社会科学研究优秀成果评选奖励办法 ［EB/OL］. 2008-08-21. http：//skl. nanning. gov. cn/skpj/200808/t20080821_332893. html.

表2-8　基于四个抽样地市的全国地市社会科学奖授奖总量推测表　单位：项

地市及年度	评奖频率	授奖总数	地市及年度	评奖频率	授奖总数
烟台2012	1年1次	153	安阳2012	1年1次	79
烟台2013	1年1次	134	安阳2013	1年1次	105
烟台2014	1年1次	125	安阳2014	1年1次	78
烟台2015	1年1次	137	安阳2015	1年1次	96
烟台2016	1年1次	163	安阳2016	1年1次	97
烟台年均	—	137.64	安阳年均	—	91
襄阳2012	2年1次	78	宝鸡2011	2年1次	130
襄阳2014	2年1次	70	宝鸡2013	2年1次	217
襄阳2016	2年1次	106	宝鸡2015	2年1次	125
襄阳年均	—	42.33	宝鸡年均	—	78.67
			平均每地市年均	—	87.41
			全国全部地市年均	—	29195

资料来源：四地市各自的社会科学界联合会网站。

三、科学奖励总量的综合推测

综合以上分析和抽样推测，全国仅国家级、省级、地市级三个层级政府性质的科学技术奖励，每年评授总量当在 32388 项左右；全国仅部委、省级、地市三个层级政府性质的社会科学奖励，每年评授总量当在 34219 项左右。再者相加，全国仅国家级、省级、地市级三个层级政府性质的科学奖励，每年评授总量当在 66607 项左右，或者说在 60000 项以上，如表2-9 所示。如果再加上县（区）乡（镇）级政府性质的科学奖励，以及非政府性质的各种各类科学奖励，这个数量将会更为庞大。而据其他学者的研究表明，目前的政府科学奖励包括国家级、省级、部委级、地市级、县乡级等多个层次，各种奖励种类高达 2000 多项，其中，全国有 48% 的市、县也设立有科学奖励，种类高达 1987 项。[1] 一项研究表明，全国每年有 900 多项科学研究成果获得国家级奖励，有 10000 多项科学研究成果获得省部级奖励，仅此两个层级的获奖人数就接近 10 万人。[2] 可见，无论从哪个统计口径看，这都是一个极其庞大的数量，表明当前我国科学奖励确实存在有授奖数量过多过滥的问题，而且程度相当严重。

---

① 周建中，肖雯. 我国科技奖励的定量分析与国际比较研究［J］. 自然辩证法通讯，2015，37（4）：96-103.

② 徐安，傅继阳，赵若红. 中美科技奖励体系的对比研究及启示［J］. 科技进步与对策，2006（4）：29-31.

表2-9　全国每年评授的国家级、省部级、地市级
三级政府科学奖励总量推测　　　　　　　　　　单位：项

每年评授科技奖励总量推测				每年评授社科奖励总量推测				每年评授三级奖励总量推测
国家级奖励	省级奖励	地市级奖励	科技奖励小计	教育部奖励	省级奖励	地市级奖励	社科奖励小计	
266	7740	24382	32388	188	4836	29195	34219	66607

　　科学奖励数量过多过滥，一方面导致人力物力的极大浪费，另一方面会导致相当部分质量低下、滥竽充数的成果获奖，降低奖励的公信力和权威性，最终导致科学奖励降低甚至失去在国家整体创新发展战略中应有的"承认、激励和导向作用"。① 由此，重点面向政府性质的科学奖励，就其授奖数量过多过滥问题进行总量管控，已经刻不容缓。

第五节　我国科学奖励的结构失衡问题

一、结构失衡分析的逻辑架构、指标构建和样本选取

　　《关于深化科学奖励制度改革的方案》（以下简称《方案》）强调，改革完善国家科学奖励制度和构建中国特色科学奖励体系，应该坚持"服务国家发展、激励自主创新、突出价值导向、公开公平公正"的基本原则。② 科学奖励制度改革坚持"服务国家发展"的原则，一方面，要求各级各类科学奖励的设置和评审，要能够有效地服务于国家经济和社会发展，能否有效服务国家经济和社会发展应该成为评价某项科研成果能否获得科学奖励的重要标准；另一方面，要求各级各类科学奖励的设置和评审，应该根据相应地区经济社会发展水平来确定，与本地区经济社会发展水平相适衡。科学奖励制度改革坚持"公开、公平、公正"的原则，要求不同地区（不同学科）之间科学奖励的设置和评审，在与本地区经济社会发展水平的适衡性方面，彼此具有相对的一致性。否则，如果一个地区（一个学科）的科学奖励设置和评审，远远超越了本地区经济和社会发展水平，就会出现奖励过多过滥，就会影响所评奖励的公信力。相反，如果另一个地区（一个学科）的科学奖励设置和评审，远远低于本地区经济和社会发展水平，就不能发挥科学奖励"鼓励自主创新、激发人才活力、营造创新环境"的历史使命。特别地，两种情况的同时并存，还会导致不同地区（不同学科）之间科学奖励的设置和评审出现结构性失衡。显然，这些情况的出现均对中国特色科学奖

----

　　① 阮冰琰，杨健国. 基于科技奖励本质及功能的制度创新探析 [J]. 科技进步与对策，2010，27 (12)：28 -31.
　　② 实事是求真务实把准方向，善始善终善作善成抓实工作 [N]. 人民日报，2017 -03 -25.

励体系构建形成巨大的制约。

由此，科学奖励结构管控的基本目标就可以明确为，不同地区（不同学科）科学奖励的设置和评审，应该符合国家发展需求，与地区经济社会发展水平相适衡，且彼此之间也相互适衡。

由此，以 GDP 指标来表示一个地区经济社会发展总体水平，则可以构建用于衡量不同地区（不同学科）科学奖励的设置和评审与本地区经济社会发展水平适衡性的测评指标如下：

$$GCR = \frac{GDP}{Q_R} \tag{2-1}$$

式中，GCR 是科学奖励的含金量指标，本义是指某一地区（某一学科）平均每项科学奖励的含金量，即每授出一项科学奖励对应的 GDP 产值量，可用来衡量科学奖励的设置和评审与本地区经济社会发展水平的适衡性。GDP、Q_R 分别代表地区生产总值、科学奖励数量。一般地，GDP 以亿元为单位计量，Q_R 以项为单位计量。

进一步地，可以构建用于衡量不同地区（不同学科）科学奖励设置评审彼此之间适衡性的测评指标如下：

$$BFD = \frac{GCR_1}{GCR_2} \tag{2-2}$$

式中，BFD 是科学奖励的结构适衡度指标，本义是指两个地区（或者两个学科）之间的科学奖励含金量倍比，可用来衡量两个地区（或者两个学科）之间各自科学奖励与本地区经济社会发展的适衡性是否具有一致性，即衡量两个地区（或者两个学科）之间科学奖励结构是否适衡。GCR_1、GCR_2 分别代表两个地区（或者两个学科）各自的科学奖励含金量（用来衡量各自科学奖励的设置评审与本地区经济社会发展水平的适衡性）。

根据《方案》对科学奖励"服务国家发展"和"公开、公平、公正"原则的强调，不同地区（不同学科）之间的科学奖励应当与本地区经济社会发展水平适衡，且彼此之间也应当相互适衡。显然，要实现这个目标，不同地区（不同学科）平均每项科学奖励的含金量就应该彼此大致相当，即不同地区（不同学科）各自科学奖励结构适衡度（含金量倍比）指标 BFD≈1，否则就是科学奖励结构失衡。借鉴相关研究经验，这里规定：这个结构适衡指标 BFD 值处于 0.9～1.1 时，两者基本相当，奖励具有结构上的高度适衡性；BFD 值处于 0.8～0.9 或 1.1～1.25 时，两者大致相当，奖励具有结构上的良好适衡性；BFD 值处于 0.5～0.8 或 1.25～2.0 时，两者差异明显，奖励呈现结构上的明显失衡性；BFD 值小于 0.5 或者大于 2.0 时，两者差异显著，奖励呈现结构上的严重失衡性。如表 2-10 所示。

表 2 − 10 基于 BFD 指标的科学奖励结构适衡度区间等级划分

BFD 区间	含 义	奖励结构适衡情况	适衡等级	等级代码
[0.9, 1.1]	两科学奖励含金量基本相当	两科学奖励高度适衡	优	A
[0.8, 0.9), (1.1, 1.25]	两科学奖励含金量大致相当	两科学奖励良好适衡	良	B
[0.5, 0.8), (1.25, 2.0)	两科学奖励含金量差异明显	两科学奖励明显失衡	中	C
[0, 0.5), (2.0, ∞]	两科学奖励含金量差异显著	两科学奖励严重失衡	差	D

鉴于政府奖励在整个科学奖励体系中占据主导地位，而科学奖励实际上包括有科学技术奖励和社会科学奖励两种类型，本章将重点选择省级政府科学技术奖励和社会科学奖励进行抽样测评研究。特别地，鉴于科学奖励特别是社会科学奖励的信息公开程度非常不理想，本章根据省级社会科学奖励信息公开程度和可获得程度，具体选择山东等 11 省份 2015 年的省级社会科学获奖成果为社会科学奖励样本进行测评研究。抽样的 11 省份包括东部地区的山东、江苏、河北、海南 4 省，中部地区的河南、江西、湖北 3 省，西部地区的四川、重庆、云南、青海 4 省市，兼顾了东中西三大地区，具有全面代表性。以社会科学奖励的抽样为基准，省级科学技术奖励的抽样将同时锚定这 11 个省份 2015 年的科学技术奖励，以更好地进行科技奖励和社科奖励之间的比较分析。

二、科学奖励结构适衡度抽样测评

根据表 2 – 11 至表 2 – 14 可知，11 个抽样省份 2015 年的科技奖励授奖数量在 32 ~ 339 项，其中河南最高 339 项相当于青海最低 32 项的 10.59 倍；11 个抽样省份 2015 年的社科奖励授奖数量在 19 ~ 290 项，其中河南最高 290 项相当于青海最低 19 项的 15.26 倍；11 个抽样省份 2015 年的科技和社科全部奖励授奖数量在 51 ~ 629 项，其中河南最高 629 项相当于青海最低 51 项的 12.33 倍。可见，无论是科技奖励还是社科奖励以及两者之总和，各省份之间的授奖数量确实存在有巨大差别。由于不同省份之间同时存在有巨大的省情差别，直接通过授奖数量比较进行彼此结构是否适衡的分析，逻辑上并不科学。另外，根据表 2 – 14 可知，11 个抽样省份 2015 年各自科技奖励与社科奖励的比例也存在有巨大差别。由此，下面重点基于科学奖励含金量 GCR 指标和地区学科之间结构适衡度 BFD 指标，从可比的层面上进行科学奖励结构适衡度抽样测评。

表 2 – 11 11 个抽样省份 2015 年省级科技奖励授奖数量统计 单位：项，人

省份	最高科技奖	自然科学奖	技术发明奖	科技进步奖	科技合作奖	科技转化奖	企业创新奖	合计
山东	2	14	13	110	3	—	—	142
江苏	—	—	—	183	6	—	10	199
河北	2	23	23	229	5	—	—	282
海南	—	—	—	43	—	6		49

续表

省份	最高科技奖	自然科学奖	技术发明奖	科技进步奖	科技合作奖	科技转化奖	企业创新奖	合计
河南	2	—	—	337	—			339
江西	1	14	14	79	—			108
湖北	1	16	42	234		15	23	331
四川	1			268	1			270
重庆	0	17	4	100	0		5	126
云南	1	32	5	141	1			180
青海	1	—	—	30	1	—		32

注：①最高科学技术奖在不同省份名称有所不同，比如在河南、云南、四川称作杰出贡献奖，在青海称作重大贡献奖，江西称作特别贡献奖，这里统一称为最高科技奖。②科技成果转化奖在不同省份名称有所不同，比如在湖北称作科技成果推广奖，这里统一称为科技转化奖。③企业创新奖在不同省份名称也有所不同，这里统一称为企业创新奖。

资料来源：各省份科学技术评奖工作办公室网站。

表 2–12　11 个抽样省份 2015 年省级社科奖励授奖数量统计 单位：项，人

省份	荣誉奖	一等奖	二等奖	三等奖	小计	评奖频率	年均项数
山东	1	20	91	148	260	1 次/年	260
江苏		59	144	295	498	1 次/2 年	249
河北	3	15	70	140	228	1 次/2 年	114
海南		16	35	60	111	1 次/2 年	55.5
河南	1	16	120	153	290	1 次/年	290
江西		27	120	210	357	1 次/2 年	178.5
湖北		15	61	130	206	1 次/2 年	103
四川	3	19	81	300	403	1 次/2 年	201.5
重庆		12	48	89	149	1 次/2 年	74.5
云南	1	17	35	119	172	1 次/年	172
青海		5	12	21	38	1 次/2 年	19

注：①一等奖之上的设奖，各省名称并不相同，有的称为荣誉奖，有的称为重大成果奖，这里统一称之为荣誉奖。②由于四川、河北、江苏、海南各省社科评奖每 2 年举行 1 次，2015 年不是正常评奖年度，这里替代以 2014 年的评奖情况。江西、重庆、湖北的省级社科奖励信息公开程度极其不理想，根据信息可获得性，分别替代以 2013 年、2012 年、2013 年的评奖授奖情况，青海的省级社科奖励评奖授奖信息完全不可获取，替代以《青海省哲学社会科学优秀成果奖励办法》的设奖授奖数量规定。

资料来源：各省份各自的社会科学界联合会网站以及百度检索。

表 2–13　11 个抽样省份 2015 年 GDP 情况 单位：亿元

省份	山东	江苏	河北	海南	河南	江西
GDP	63002	70116	29806	3703	37002	16724

省份	湖北	四川	重庆	云南	青海	合计
GDP	29550	30053	15717	13619	2417	311709

资料来源：中国国家统计局.中国统计年鉴 2015 [M].北京：中国统计出版社，2016.

表 2 – 14 11 个抽样省份 2015 年省级科学奖励含金量

省份	年均授奖数量（项）			奖励含金量（亿元 GDP/项）		
	科技奖励	社科奖励	全部奖励	科技奖励	社科奖励	全部奖励
山东	142	260	402	444	242	157
江苏	199	249	448	352	261	157
河北	282	114	396	106	258	75
海南	49	55.5	104.5	76	63	35
河南	339	290	629	109	128	59
江西	108	178.5	286.5	155	81	58
湖北	331	103	434	89	241	68
四川	270	201.5	471.5	111	142	64
重庆	126	74.5	200.5	125	153	78
云南	180	172	352	76	79	39
青海	32	19	51	76	127	47
合计	2058	1717	3775	—	—	–
平均	187	156	343	156	161	76

注：表中原始数据来自表 2 – 11、表 2 – 12、表 2 – 13。

1. 科技奖励地区结构适衡度抽样测评

根据表 2 – 14 和表 2 – 15 可知，从每项科技奖励的含金量 GCR 指标看，11 个抽样省份平均为 156 亿元 GDP/项，但不同省份差异巨大。其中，山东最高为 444 亿元 GDP/项，青海最低为 76 亿元 GDP/项，山东相比于青海的科技奖励结构适衡度 BFD = 5.87。这意味着东部和西部两个典型省份的科技奖励含金量差距过大，远远超出了正常适衡度的波动范围，处于严重失衡的 D 等级状态，即两省份间存在有严重的科技奖励结构失衡问题。进一步地，山东相比于同为东部省份江苏的科技奖励结构适衡度 BFD = 1.26，河南相比于同为中部省份江西的科技奖励结构适衡度 BFD = 0.70，云南相比于同为西部省份四川的科技奖励结构适衡度 BFD = 0.68，这些省际之间科技奖励含金量同样差距过大，均超出了结构适衡度的正常波动范围，处于严重失衡 D 等级状态或明显失衡 C 等级状态。这说明，不仅东部和西部省份之间存在有严重的科技奖励结构失衡问题，同一经济发展区域内部不同省份间也存在有明显或严重的科技奖励结构失衡问题。综合全部 11 个抽样省份两两比较形成的 55 种组合，适衡度等级为 A 和 B 的比例合计为 29.09%，适衡度等级为 C 和 D 的比例合计为 70.91%。适衡和失衡的比例大致为 30%：70%，表明科技奖励地区结构明显或严重失衡实际上已经成为一种常态。如表 2 – 16 所示。

2. 社科奖励地区结构适衡度抽样测评

根据表 2 – 14 和表 2 – 17 可知，从每项社科奖励的含金量 GCR 指标看，11

个抽样省份平均为 161 亿元 GDP/项，但不同省份差异巨大。其中江苏最高为
261 亿元

表 2-15 基于 GCR 指标的 11 个抽样省份 2015 年省级科技奖励结构适衡度两两比较

省份	省份 含金量	山东 444	河南 109	青海 76	海南 76	云南 76	江西 155	四川 111	重庆 125	河北 106	湖北 89	江苏 352
山东	444	1.00	4.06D	5.87D	5.87D	5.86D	2.87D	3.99D	3.56D	4.20D	4.97D	1.26C
河南	109		1.00	1.45C	1.44C	1.44C	0.70C	0.98A	0.88D	1.03A	1.22B	0.31D
青海	76			1.00	1.00A	1.00A	0.49D	0.68C	0.61C	0.71C	0.85B	0.21D
海南	76				1.00	1.00A	0.49D	0.68C	0.61C	0.71C	0.85B	0.21D
云南	76					1.00	0.49D	0.68C	0.61C	0.72C	0.85B	0.21D
江西	155						1.00	1.39C	1.24B	1.46C	1.73C	0.44D
四川	111							1.00	0.89B	1.05A	1.25B	0.32D
重庆	125								1.00	1.18B	1.40C	0.35D
河北	106									1.00	1.18B	0.30D
湖北	89										1.00	0.25D
江苏	352											1.00

注：①含金量指标的单位为亿元 GDP/项。②表中正栏中每一组数据都由一个数字加一个大写字母组成，如 4.06D，其中数学部分表示该栏横向对应省省相对纵向对应省份科技奖励含金量的倍比，大写字母表示该横纵两省之间科技奖励适衡或失衡等级。

资料来源：表中 11 省份奖励含金量数据来自表 2-14。

表 2-16 基于 GCR 指标的 11 个抽样省份 2015 年省级科学奖励适衡类型统计

单位:%

比对类型	比对组数	高度适衡 A 等级		良好适衡 B 等级		AB 适衡等级 合计占比	明显失衡 C 等级		严重失衡 D 等级		CD 失衡 等级合计 占比
		对数	占比	对数	占比		对数	占比	对数	占比	
科技奖励	55	6	10.91	10	18.18	29.09	18	32.73	21	38.18	70.91
社科奖励	55	11	20.00	3	5.45	25.45	21	38.18	20	36.36	74.54
全部奖励	55	7	12.73	8	14.55	27.28	21	38.18	19	34.55	72.72

资料来源：表中比对组数以及 A、B、C、D 各等级适衡或失衡对数数据来自表 2-15、表 2-17、表 2-18。

表 2-17 基于 GCR 指标的 11 个抽样省份 2015 年省级社科奖励结构适衡度两两比较

省份	省份 含金量	山东 242	河南 128	青海 127	海南 63	云南 79	江西 81	四川 142	重庆 153	河北 258	湖北 241	江苏 261
山东	242	1.00	1.90C	1.90C	3.84D	3.06D	3.00D	1.71C	1.58C	0.94A	1.01A	0.93A
河南	128		1.00	1.00A	2.02D	1.61C	1.58C	0.90A	0.83B	0.49D	0.53C	0.49D

续表

省份		山东	河南	青海	海南	云南	江西	四川	重庆	河北	湖北	江苏
青海	127			1.00	2.02D	1.61C	1.58C	0.90A	0.83B	0.49D	0.53D	0.49D
海南	63				1.00	0.80B	0.78C	0.45D	0.41D	0.24D	0.26D	0.24D
云南	79					1.00	0.98A	0.56C	0.52C	0.31D	0.33D	0.30D
江西	81						1.00	0.57C	0.53C	0.31D	0.34D	0.31D
四川	142							1.00	0.92A	0.55C	0.59C	0.54C
重庆	153								1.00	0.59C	0.64C	0.59C
河北	258									1.00	1.07A	0.99A
湖北	241										1.00	0.92A
江苏	261											1.00

注：表中含金量指标和正栏中每一组数据组成含义说明以及资料来源情况同表2－15。

表2－18　基于GCR指标的11个抽样省份2015年省级全部奖励适衡度两两比较

省份		山东	河南	青海	海南	云南	江西	四川	重庆	河北	湖北	江苏
省份	含金量	157	59	47	35	39	58	64	78	75	68	157
山东	157	1.00	2.66D	3.31D	4.42D	4.05D	2.68D	2.46D	2.00C	2.08D	2.30D	1.00A
河南	59		1.00	1.24C	1.66C	1.52C	1.01A	0.92A	0.75C	0.7C	0.86B	0.38D
青海	47			1.00	1.34C	1.22B	0.81B	0.74C	0.60C	0.63C	0.70C	0.30D
海南	35				1.00	0.92A	0.61C	0.56C	0.45D	0.47D	0.52C	0.23D
云南	39					1.00	0.66C	0.61C	0.49D	0.51D	0.57C	0.25D
江西	58						1.00	0.92A	0.74C	0.78C	0.86B	0.37D
四川	64							1.00	0.81B	0.85B	0.94A	0.41D
重庆	78								1.00	1.04A	1.15B	0.50C
河北	75									1.00	1.11B	0.48D
湖北	68										1.00	0.44D
江苏	157											1.00

注：表中含金量指标和正栏中每一组数据组成含义说明以及资料来源情况同表2－15。

GDP/项，海南最低为63亿元GDP/项，江苏相比于海南的社科奖励结构适衡度BFD＝4.14，意味着东部和西部两个典型省份的社科奖励含金量差距过大，远远超出了正常适衡度的波动范围，处于严重失衡的D等级状态，即两省份间存在有严重的社科奖励结构失衡问题。进一步地，江西相比于同为中部省份河南的社科奖励结构适衡度BFD＝1.58，河南、湖北相比于同为中部省份江西的社科奖励结构适衡度BFD分别只有0.70、0.34，河北、湖北相比于邻省河南的社科奖励结构适衡度BFD分别只有0.49、0.53，四川、重庆相比于同为西部省份云南的社科奖励含金量同样差距过大，均超出了结构适衡度的正常波动范围，处于严重失衡D等级状态或明显失衡 C 等级状态。这说明，不仅东部和西部省份间存在有严重的社科奖励结构失衡问题，同一经济发展区域内部不同省份之间也存在有明显或严重的社科奖励结构失衡问题。综合 11 个抽样省份两两比较形成的 55 种组合，适衡度等级为 A 和 B 的比例合计为 25.45%，适衡度等级为 C 和 D 的比例合计为 74.54%，适衡和失衡的比例大致为 25%、75%，表明社科奖励地区结构明显或严重失衡同样是一种常态化事实。如表 2 - 16 所示。

3. 全部奖励地区结构适衡度抽样测评

根据表 2 - 14 和表 2 - 18 可知，从每项奖励的含金量 GCR 指标看，11 个抽样省份平均为 76 亿元 GDP/项，但不同省份差异巨大。其中山东、江苏最高为 157 亿元 GDP/项，海南最低为 35 亿元 GDP/项，山东、江苏相比于海南的总体奖励结构适衡度 BFD = 4.42，远远超出了结构适衡度的正常波动范围，处于严重失衡的 D 等级状态。进一步地，河北相比于邻省河南的总体奖励结构适衡度 BFD = 0.78，四川、重庆相比于同为西部省份云南的总体奖励结构适衡度 BFD 分别只有 0.61、0.49，这些省级科学奖励的含金量总体同样差距过大，超出了正常波动范围，处于严重失衡 D 等级状态或明显失衡 C 等级状态。综合 11 个抽样省份两两比较形成的 55 种组合，适衡度等级为 A 和 B 的比例合计为 27.28%，适衡度等级为 C 和 D 的比例合计为 72.72%，适衡和失衡的比例大致为 27%：73%，再一次表明全部科学奖励地区结构明显或严重失衡的常态化事实。如表 2 - 16 所示。

表 2 - 19 11 个抽样省份 2015 年省级科技和社科奖励适衡度比较

省份	年均授奖数量			奖励含金量 GCR		适衡度 BFD	
	科技奖励	社科奖励	社科奖励/科技奖励	科技奖励	社科奖励	具体情况	总体分析
山东	142	260	1.83	443.68	242.32	0.55C	
江苏	199	249	1.25	352.34	261.4	0.74C	
河北	282	114	0.40	105.7	258.08	2.44D	
海南	49	55.5	1.13	75.57	63.08	0.83B	适衡等级 AB 者 4 省 36.36% 失衡等级 CD 者 7 省 63.63%
河南	339	290	0.86	109.15	127.59	1.17B	
江西	108	178.5	1.65	154.85	80.73	0.52C	
湖北	331	103	0.31	89.27	240.7	2.70D	
四川	270	201.5	0.75	111.31	141.62	1.27C	
重庆	126	74.5	0.59	124.74	153.15	1.23B	
云南	180	172	0.96	75.66	79.18	1.05A	
青海	32	19	0.59	75.53	127.21	1.68C	

注：①表中年均授奖数量单位为项/年，奖励含金量 GCR 单位为亿元 GDP/项，适衡度 BFD 是指社科奖励相对于科技奖励的适衡度。②适衡度具体情况栏中每一组数据组成含义情况同表 2 - 15。

资料来源：表中 11 省份授奖数量和奖励含金量数据来自表 2 - 14。

4. 科学奖励学科结构适衡度抽样测评

根据表 2 - 19 可知，11 个抽样省份 2015 年的社科奖励授奖数量与科技奖励授奖数量的倍比为 0.31 ~ 1.83 倍，平均为 0.83 倍。其中，山东倍比最高为 1.83 倍，湖北最低为 0.31 倍，前者相当于后者的 5.90 倍。这意味着，山东每授奖 1 项科技奖励，对应授奖社科奖励 1.83 项，而湖北每授奖 1 项科技奖励，只授奖社科奖励 0.31 项，不同省份之间的社科奖励与科技奖励授奖结构差距之大非常突出。进一步地，从各省份每项社科奖励含金量相对于每项科技奖励含金量的结构适衡度 BFD 指标看，11 个抽样省份中，湖北最高为 2.70，山东最低为 0.55。这意味着，山东每授奖 1 项社科奖励的含金量只相当于科技奖励含金量的 0.55 倍，而湖北每授奖 1 项社科奖励的含金量相当于科技奖励含金量的 2.70 倍，社科奖励与科技奖励基于含金量指标的授奖结构差距过大，超出了结构适衡度的正常波动范围，处于严重失衡的 D 等级状态或者明显失衡的 C 等级状态，即两省份各自的科学奖励存在有严重的学科结构失衡问题。综合而言，11 个抽样省份之中社科奖励和科技奖励结构适衡度等级为 A 和 B 的只有云南、河南、海南、重庆 4 省份，其他 7 省份则均处于 C 和 D 等级的失衡状态，失衡占比高达 63.63%。这表明社科奖励和科技奖励结构失衡非常明显或严重，也已经成为一种常态化情况。

三、科学奖励结构常态化失衡的影响

一是在缺乏统一标准和有效监督的情况下，科学奖励结构失衡客观上会产生一种相互攀比、虚增数量的情况，最终导致科学授奖数量超过合理范围，出现过多过滥情况。综合前面分析和抽样推测，全国仅国家、省份、地市三个层级政府性质的科学技术奖励，每年评授总量当在 32388 项左右；全国仅部委、省份、地市三个层级政府性质的社会科学奖励，每年评授总量当在 34219 项左右。再者相加，全国仅国家、省部、地市三个层级政府性质的科学奖励，每年评授总量当在 66607 项左右，如表 2 - 9 所示。如果再加上县（区）乡（镇）级政府性质的科学奖励，以及非政府性质的各种各类科学奖励，这个数量将会更为庞大。可见，当前我国科学奖励确实存在有授奖数量过多过滥的问题，而且程度还相当严重。

二是在缺乏统一标准和有效监督的情况下，科学奖励结构失衡导致的总体授奖数量过多过滥，一方面导致人力物力的极大浪费，另一方面导致相当部分质量低下、滥竽充数的成果获奖，降低奖励的公信力和权威性，最终导致科学奖励降低甚至失去在国家整体创新发展战略中应有的"承认、激励和导向作用"。实际上，近年来科学奖励领域出现的西安交通大学科技进步奖被撤销、三聚氰胺成果获奖、"三无科学家"屠呦呦诺贝尔获奖争议等事件，均是科学奖励公信力备受争议的典型表现，已经对科学奖励在国家整体创新发展战略中应有的历史地位产生了严重不良影响。

第六节　我国科学奖励评奖结果的低重复检验性问题

《关于深化科学奖励制度改革的方案》强调，中国特色科学奖励体系构建，必须坚持"公开提名、科学评议、公正透明、诚实守信、质量优先、宁缺毋滥"的基本原则。显然，坚持包括"科学评议"在内的诸项原则，使科学奖励评奖成为一种科学性的行为，应该是中国特色科学奖励体系构建的核心要件所在。而要使奖励评奖成为一种真正的科学行为，一个基本的标准是奖励评奖结果具有良好的可重复检验性。否则，如果面对同一批参评成果，一批专家进行评奖评出的是一批成果，换一批专家评出的是差异性极大的另一批成果，则意味着奖励评奖是一种见仁见智缺乏客观标准的随性行为，其本质含义是奖励评奖行为科学性的缺失。显然，这应该是中国特色科学奖励体系构建尽力避免的。由此，下面就科学奖励评奖结果的可重复检验性问题进行研究，旨在促进和提升科学奖励评奖行为的科学性。

一、科学奖励评奖结果可重复性检验研究的基本逻辑挖掘

基于科学共同体承认的共识，目前科学奖励评奖采取的同行评议实际上是一种同行会评方式。其基本做法是，责任部门根据评奖划分的大学科门类，首先组成评奖委员会和具体各学科评议小组，并确定和召集相应学科的评奖专家。然后具体各学科评议小组的评奖专家对本学科参评成果，根据既定的评价标准体系，进行包括量化打分和票选推荐在内的小组集体评议，提出初步获奖名单。评奖委员会根据初步获奖名单进行大会集体审议，决定最终获奖名单。

在这种同行会评背景下进行科学奖励评奖结果的可重复性检验分析，理想的情况是面对同一批参评成果，组织两个不同的评奖委员会进行两次彼此独立的奖励评奖，然后将所得结果进行可重复性比较检验。两次评奖结果中不一致的部分即是不可重复检验的成果，其占全部评奖数量的比例就是不可重复检验率。两次评奖结果中一致的部分，则是可重复检验的成果，其占全部评奖数量的比例是可重复检验率。显然，两次评奖结果的可重复检验率越高，不可重复检验率越低，奖励评奖行为就越是科学。如图2-1（a）所示。然而评奖实践中，为维护评奖行为的严肃性，同一级别责任部门面对同一批参评成果进行两次甚至多次重复评议的行为一般是不允许出现的。这样，基于同一批次成果进行两次重复性评奖，以进行科学奖励评奖结果可重复性检验的本应逻辑，不具有现实性。

由此，这里设计一种基于同一批次成果参评不同层级奖励之评奖结果，进行科学奖励评奖结果可重复性检验的替代逻辑。具体说就是，同一批次的科研成果，参加高低两个层级奖励评奖会得出各自的评奖结果。理想情况下，同一批次的科研成果，在低一层级奖励评奖中获奖的应该是其中比较优质的成果，在高一

层级奖励评奖中获奖的则应该是其中更加优质的成果。两个层级获奖成果的优质度，应该具有内在的递进关系，即获得高一层级科学奖励的更加优质的成果，首先应该是获得低一层级科学奖励的比较优质成果，且应该是比较优质成果中获得本层级高等级奖励的更为优质的成果。如图2-1（b）所示。相反，如果一项成果获得了高一层级的科学奖励，但未能获得低一层级的科学奖励，就意味着比较优质与更加优质的递进逻辑关系出现了断裂。如图2-1（c）所示。其本质含义是，同一批次科研成果，由两个不同级别责任部门组织的两个批次的专家进行评奖，在更加优质成果的评价和选择方面，得出的结果并不一致，出现了不可重复检验性。以高一层级评奖获奖的更加优质成果为比较靶标，其中同时是低一层级评奖获奖成果的部分是两层级评奖一致的部分，具有可重复检验性，其占高一层级评奖全部获奖的更加优质成果的比例就是可重复检验率。其中不是低一层级评奖获奖成果的部分则是两层级评奖不一致的部分，不具有可重复检验性，其占高一层级评奖全部获奖的更加优质成果的比例就是不可重复检验率。

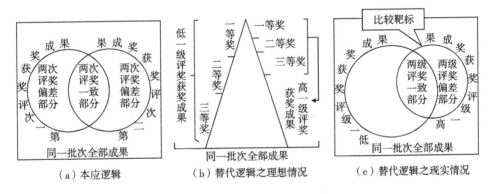

图2-1　科学奖励评奖结果可重复检验的本应逻辑和替代逻辑

现实中，科学奖励往往不是只设一个奖励等级，而会设置一等奖、二等奖、三等奖等多个奖励等级。这种情况下，如果一项成果获得了高一层级的科学奖励，也获得了低一层级的科学奖励，但只是获得了低一层级科学奖励之低等级奖励，同样意味着不同层级获奖成果彼此之间的这种比较优质与更加优质的递进逻辑关系出现了断裂，出现了不可重复检验性。

基于这种替代逻辑，就同一批次成果参加高低两个层级奖励评奖的结果，进行以获得高一层级奖励的更加优质成果为靶标的可重复性检验，当存在有四种典型情况。

（1）高一层级评奖获奖成果全部是低一层级评奖获奖成果，且高一层级评奖获奖成果的获奖等级排序正好是低一层级评奖获奖成果按获奖等级高低排序的正序截取，如图2-1（b）和图2-2（a）所示。这就意味着，比较优质与更加优质之间的递进逻辑关系得到了完全尊重，即以更加优质成果为靶标，两次评奖结果完全一致，可重复检验率达到了100%。

（2）高一层级评奖获奖成果全部是低一层级评奖获奖成果，但高一层级评奖获奖成果的获奖等级排序并不是低一层级评奖获奖成果按获奖等级高低排序的正序截取，即获得高一层级评奖之高等级奖励的成果，只获得了低一层级评奖之低等级奖励，而获得高一层级评奖之低等级奖励的成果，却获得了低一层级评奖之高等级奖励。如图2-2（b）所示。这就意味着，比较优质与更加优质之间的递进逻辑关系出现了断裂，即以更加优质成果为靶标，两次评奖结果出现了一定偏差，可重复检验率小于100%，不可重复检验性开始出现。

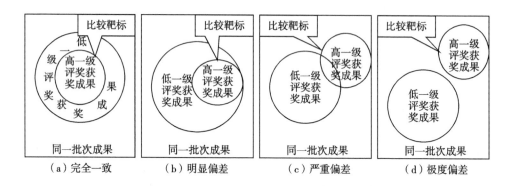

图2-2 基于替代逻辑的科学奖励评奖结果可重复检验四种情况

（3）高一层级评奖获奖成果只有一部分是低一层级评奖获奖成果，另一部分并没有获得低一层级奖励，即高一层级评奖获奖的部分更加优质成果，不是低一层级评奖获奖的比较优质成果，而是没有获得低一层级评奖奖励的一般成果，如图2-2（c）所示。这就意味着，从一般成果到比较优质成果再到更加优质成果的递进逻辑关系出现了严重断裂，即以更加优质成果为靶标，两次评奖结果出现了严重偏差，不可重复检验性达到了比较严重的程度。

（4）高一层级评奖获奖成果全部不是低一层级评奖获奖成果，两层级评奖结果完全不同，如图2-2（d）所示。这就意味着，比较优质与更加优质之间的递进逻辑关系出现了完全断裂，即以更加优质成果为靶标，两次评奖结果出现了完全偏差，可重复检验率为0，不可重复检验性达到100%。

二、科学奖励评奖结果可重复检验研究的关键指标构建

1. 高低两个层级评奖结果的错奖率测评指标构建

理想情况下，获得高一层级奖励的更加优质成果，应该是获得低一层级奖励的比较优质成果，而不应该是连低一层级奖励都没有获得的普通水平成果。这样，以高一层级获奖的更为优质成果为比较靶标，其中没有获得低一层级奖励的成果所占比例，显然是高低两个层级评奖专家，在更加优质成果这个靶标的评价和选择上出现的不合逻辑的错位情况。由此，可以构建高低两个层级评奖结果的错奖率测评指标见式（2-3）：

$$RFA = \frac{A}{A+B} \times 100\% \tag{2-3}$$

式中，RFA 表示错奖率，A 表示获得高一层级奖励而没有获得低一层级奖励的成果数量，B 表示获得高一层级奖励同时获得低一层级奖励的成果数量。A+B 是获得高一层级奖励的全部更加优质成果数量，即比较靶标。显然，错奖率RFA 值越高，评奖结果的可重复检验性越差，评奖行为的科学性越低。

2. 高低两个层级评奖结果的错序率测评指标构建

基于错奖率指标对科学奖励评奖结果的可重复检验性进行测评，精确度和区分度相对不高。比如，对于图 2-2（a）和图 2-2（b）两种情况，即第一种完全一致的情况和第二种明显偏差的情况，用该指标进行测评得出的错奖率均是0%。然而实际上，两者差异显著。为克服这种情况，应面向高低两个层级评奖结果，构建一个具有良好精确度和区别度的错序率测评指标。

这里规定，面向同一批次成果，以其在高一层级评奖中获奖的更加优质成果为靶标，根据其在高一层级评奖中获奖的等级序位正序排序（同一等级奖励获奖成果赋予相同序位），然后按低一层级评奖格局从高到低等量正序映射，得出其在低一层级评奖中合理的获奖等级序位 A，同时找出其在低一层级评奖中的实际获奖等级序位 B。进而将 A 减去 B 再进行绝对值相加，所得即是基于获得高一层级奖励的更加优质成果之靶标的高低两个层级评奖结果的实际错序值 dv。如果高一层级获奖成果在低一层级评奖中的实际获奖等级序位 B，正好是低一层级评奖格局从低到高等量反序映射得到的最差等级序位，A 和 B 差额的绝对值之和即为最大错序值 max（dv）。由此，可以构建高低两个层级评奖结果的错序率测评指标见式（2-4）：

$$ROD = \frac{dv}{\max(dv)} \times 100\% \tag{2-4}$$

式中，ROD 表示错序率，dv 表示高一层级评奖获奖成果的实际错序值，max（dv）表示高一层级评奖获奖成果的最大错序值，如表 2-20 所示。

表 2-20　同一批成果参加高低两个层级评奖结果的错序率测评指标计量示例

低一层级评奖	获奖等级	一	二	二	三	三	未	…
设奖格局	获奖排序	1	2	2	4	4	6	6
成果参评高一层级	获奖成果	No. 1	No. 2	No. 3				
评奖获奖与排序情况	获奖等级	一	二	三				

续表

低一层级评奖 设奖格局	获奖等级	一	二	二	三	三	未	…
	获奖排序	1	2	2	4	4	6	6
高一层级获奖在低一层级 评奖格局中等量正序映射 及对应的最优等级序位	正序映射等级	一	二	二				
	正序映射排序	1	2	2				
高一层级获奖在低一 层级评奖格局中实际获奖 等级序位	实际获奖等级	二	一	未				
	实际获奖排序	2	1	6				
	实际错序值	1	1	4	实际错序值合计 dv = 6			
高一层级获奖在低一层级 评奖格局中等量反序映射 及对应的最差等级序位	反序映射等级	未	未	未				
	反序映射排序	6	6	6				
	最大错序值	5	4	4	最大错序值合计 max (dv) = 13			
高低两层级评奖结果的错序率		ROD = dv/max (dv) × 100% = 6/13 × 100% = 46.15%						

注：①该示例表假设低一层级评奖共设奖 5 项，其中一、二、三等奖各设奖 1 项、2 项、2 项。②同一批次成果参加高一层级评奖共获奖 3 项，其中一、二、三等奖各 1 项，获奖成果分别为 No.1、No.2、No.3。③以获得高一层级评奖奖励的 3 项更加优质成果为比较靶标，则 No.1、No.2、No.3 这 3 项成果在低一层级评奖格局中等量正序映射的等级分别应该是一等奖、二等奖、二等奖，排序分别应该是 1、2、2。④如果现实中 No.1、No.2、No.3 这 3 项成果在低一级评奖中实际获奖等级分别为二等奖、一等奖、未获奖，则排序分别应该是 2、1、6，则这 3 项成果的实际获奖排序序位分别与其最优获奖排序序位差额的绝对值分别为 1、1、4，加总可得实际错序值为 6。⑤如果现实中 No.1、No.2、No.3 这 3 项成果在低一级评奖格局中正好等量反序映射，则各自的等级分别应该是未获奖、未获奖、未获奖，排序分别应该是 6、6、6。则这 3 项成果的实际获奖排序序位分别与其最优获奖排序序位差额的绝对值分别为 5、4、4，加总可得最大错序值为 13。⑥进而根据式（4 – 2），高低两层级评奖结果的错序率计算为 46.15%。

三、科学奖励评奖结果可重复检验性的抽样测评

1. 烟台成果同时参评烟台市和山东省奖励的抽样测评

科学奖励实际上包含有自然科学奖励和社会科学奖励两大基本类型，在科学奖励信息公开程度尚不尽理想的情况下，这里根据评奖信息的可获得性，重点面向争议性更加突出的社会科学奖励，选择烟台 2014 年社会科学研究成果分别参加烟台 2015 年社会科学评奖（以下简称参加烟台市级社科评奖）的获奖结果和参加山东 2016 年社会科学评奖（以下简称参加山东省级社科评奖）的获奖结果为抽样样本，进行科学奖励评奖结果的可重复检验性研究。

首先，基于错奖率指标的评奖结果可重复检验性抽样测评。

根据表 2 – 21 可知，烟台 2014 年社会科学成果参加山东省级社科评奖，共有 23 项成果获奖，可归属于更加优质成果类型。这样，根据错奖率 RFA 指标测评公式，以获得高级别省级奖励的 23 项更加优质成果为比较靶标进行分析可知，其中只有 8 项成果同时获得了低级别的烟台市级社科奖励，而有高达 15 项获得

高级别省级奖励的更加优质成果，并没有获得低级别的烟台市级奖励，即 A = 15，B = 8，错奖率 RFA = 65%。简单说就是，以获得高级别省级奖励的 23 项更加优质成果为比较靶标，省市两级评奖结果的可重复检验率为 35%，不可重复检验率为 65%，评奖结果的可重复检验性相当于图 2 - 2（c）的严重偏差等级。

表 2 - 21　烟台 2014 年社科成果中获得山东省奖的成果同时获得烟台市奖的错奖情况

序号	成果名称	获山东省奖等级	是否获烟台市奖及等级
No. 1	组织惯例的跨层级演化机制	一	一
No. 2	道德选择与道德教育的现代性危机	一	一
No. 3	人格权的利益结构与人格权法定	一	未
No. 4	地方本科高校应用型人才培养定位及其体系建设	一	未
No. 5	近代中日关系与中华民族复兴观念及历程	一	未
No. 6	论王夫之诗学的语言之维	二	一
No. 7	明代朝鲜使臣笔下的庙岛群岛	二	一
No. 8	葡萄酒产业密码	二	一
No. 9	唐代孟子学研究	二	未
No. 10	改革开放以来中国高等教育的跨越式发展及其战略意义	二	未
No. 11	社会转型与教育代价	二	未
No. 12	"新政"时期美国联邦政府银行业监管问题研究	三	一
No. 13	金融错配、资产专用性与资本结构	三	一
No. 14	对抗主义物权变动的模式原理与规则配置	三	三
No. 15	汉语受事话题句的历史演变及其相关问题研究	三	三
No. 16	提前退休模式与行为及其影响因素——基于中国综合社会调查数据的分析	三	未
No. 17	The safety regulation of small - scale coal mines in China: Analysing the interests and influences of stakeholders	三	未
No. 18	人岗匹配的力量权衡矩阵模型	三	未
No. 19	海外汉学与中国现代文学研究互动关系的再反思——以夏志清《中国现代小说史》在中国大陆学界的传播为个案	三	未
No. 20	游百川研究	三	未
No. 21	"乡野"与"庙堂"之间：社会变迁中的乡村教师	三	未
No. 22	中国古代中原王朝处理民族关系的方式	三	未
No. 23	烟台市国有资产运行机制存在的问题及对策研究	三	未

注：表中成果首先根据获得省级奖励的等级高低进行先后排序，获得省级奖励等级相同的再按获得市级奖励的等级高低先后排序，如果获得省级奖励和市级奖励的等级均相同，则随机排序。

资料来源：烟台市和山东省社科联网站。

其次，基于错序率指标的评奖结果可重复检验性抽样测评。

根据表 2 - 22 可知，烟台 2014 年社科成果参加烟台市级社科评奖，共有 137

项成果获奖，其中一等奖 20 项、二等奖 48 项、三等奖 69 项。按照获奖等级相同排序相同的规则可知，20 项一等奖获奖成果排序均为 1，48 项二等奖获奖成果排序均为 21，69 项三等奖获奖成果排序均为 69，其他未能获奖成果的排序均为 138。

表 2 - 22　烟台 2014 年社科成果中获得山东省奖的成果同时获得烟台市奖的错序情况

成果	获山东省奖等级	等量正序映射获烟台市奖情况		获烟台市奖实际情况			获烟台市奖最差情况		
		等级	序位	等级	序位	错序值	等级	序位	错序值
No. 1	一	一	1	一	1	0	未	138	137
No. 2	一	一	1	一	1	0	未	138	137
No. 3	一	一	1	未	138	137	未	138	137
No. 4	一	一	1	未	138	137	未	138	137
No. 5	一	一	1	未	138	137	未	138	137
No. 6	二	二	1	一	21	20	未	138	137
No. 7	二	二	1	一	21	20	未	138	137
No. 8	二	二	1	一	21	20	未	138	137
No. 9	二	二	1	未	138	137	未	138	137
No. 10	二	二	1	未	138	137	未	138	137
No. 11	二	二	1	未	138	137	未	138	137
No. 12	三	一	1 (21)	一	1	0 (20)	未	138	137 (117)
No. 13	三	一	1 (21)	一	1	0 (20)	未	138	137 (117)
No. 14	三	一	1 (21)	三	69	68 (47)	未	138	137 (117)
No. 15	三	三	1	三	69	68	未	138	137
No. 16	三	三	1	未	138	137	未	138	137
No. 17	三	三	1	未	138	137	未	138	137
No. 18	三	三	1	未	138	137	未	138	137
No. 19	三	三	1	未	138	137	未	138	137
No. 20	三	一	1	未	138	137	未	138	137
No. 21	三	二	21 (1)	未	138	117 (137)	未	138	117 (137)
No. 22	三	二	21 (1)	未	138	117 (137)	未	138	117 (137)
No. 23	三	二	21 (1)	未	138	117 (137)	未	138	117 (137)
实际错序总值			最大错序总值			错序率			
dv = (2054 + 2134) /2 = 2094			max（dv）= 3091			ROD = 2094/3091 = 67.75%			

注：①简略起见，烟台 2014 年社科成果中获得山东省奖的 23 项成果，不再列出具体名称，而以其在表 1 中的序号替代。②烟台 2014 年社科成果参加烟台市级社科评奖，共有 137 项成果获奖，其中一等奖 20 项、二等奖 48 项、三等奖 69 项，可知获得一等奖、二等奖、三等奖、未能获奖 4 类成果各自的排序分别为 1、21、69、138。③在获得省级三等奖的 12 项成果中，选择哪几项成果等量正序映射到烟台市级二等奖并给予排序 21，对实际错序总值的计算会产生不同影响。为科学可比起见，这里将获得省级三等奖的 12 项成果按获得市级奖励的等级高低先后排序，然后取最前面 3 项成果和最后面 3 项成果等量正序映射为烟台市级二等奖并均予以排序 21 的两种情况，分别计算各自的实际错序总值，然后取平均数作为最终实际错序总值进行分析。

资料来源：烟台市和山东省社科联网站。

烟台 2014 年社科成果参加山东省级社科评奖共有 23 项成果获奖，以此为比较靶标，则其中获得省级一二等奖的 11 项成果（包含 5 项一等奖成果和 6 项二等奖成果），在烟台市级评奖格局中等量正序映射的等级均为一等奖，排序均为 1；其他获得省级三等奖的 12 项成果在烟台市级评奖格局中等量正序映射的等级，其中有 9 项成果同为一等奖，排序仍然均为 1；3 项成果同为二等奖，排序均为 21。实际上，这 23 项省奖获奖成果中，有 8 项获得了烟台市奖，其中一等奖、二等奖、三等奖分别有 4、2、2 项，对应序位分别为 1、21、69，其余 15 项成果未能获得烟台市奖，排序均为 138。由此可计算 23 项省奖获奖成果各自实际错序情况，加总之后得到的实际错序总值 dv = 2094。在最差对应情况下，这 23 项获得省奖的成果在烟台市级评奖格局中等量反序映射的等级为均未获奖，排序均为 138。则可计算这种情况下 23 项省奖获奖成果各自的最大错序值，加总之后得到的最大错序总值 max（dv）= 3091。

这样，根据式（2 - 4），以获得高级别省级奖励的 23 项更加优质成果为比较靶标，可得高低两个层级评奖结果的错序率 ROD = 67.75%。简单说就是，以获得高级别省级奖励的 23 项更加优质成果为比较靶标，省、市两级评奖结果的可重复检验率为 32.25%，不可重复检验率为 67.75%，评奖结果的可重复检验性处于严重偏差等级。

2. 山东高校成果同时参评山东和教育部奖励的抽样测评

现在再根据评奖信息的可获得性，选择山东高校 2011～2013 年社会科学研究成果分别参评教育部第七届（2015）人文社科奖励（以下简称教育部社科奖励）的获奖成果和参评山东 2013～2015 年三个年度社会科学奖励（以下简称山东省社科奖励）的获奖成果为抽样样本，进行科学奖励评奖结果可重复检验性抽样测评。

需要说明的是，尽管教育部和山东的社科奖励同属于省部层级，但实际上将数年举行一次的教育部社科奖励进行平均，每个省份每年可分摊的奖励数量远小于各省份每年评授的社科奖励数量。另外，由于国家社科奖励的空缺，教育部社科奖励作为唯一中央部委正式设置的社科奖励，其权威程度当明显高于 30 多个省份各自设置的社科奖励。由此，下面把教育部和山东各自的社科奖励区别为高低两个层级的奖励进行抽样测评，是可行的。

还需要说明的是，参评第七届（2015 年）教育部社科奖励的成果为 2011～2013 年取得的成果。而根据山东省社科奖励评奖规定，山东高校 2011～2013 年取得的可以参评第七届（2015 年）教育部社科奖励的成果，其参评山东省社科奖励应该为 2013 年、2014 年、2015 年三个评奖年度，两者具有同期对应性。

首先，基于错奖率指标的评奖结果可重复检验性抽样测评。根据表 2 - 23，山东高校 2011～2013 年社科成果参评教育部奖励，共有 33 项成果获奖，可归属于更加优质成果类型。这样，根据错奖率 RFA 指标测评公式，以获得高一层级教育部社科奖励的 33 项更加优质成果为比较靶标进行分析，其中只有 17 项成果同时获得了低一层级的山东省社科奖励，而有高达 16 项获得高一层级教育部奖的更加优质成果，并没有获得低一层级的山东省奖，即 $A = 16$，$B = 17$，错奖率 $RFA = 48\%$。简单说就是，以获得高层级部奖的 33 项更加优质成果为比较靶标，教育部和山东两级评奖结果的可重复检验率为 52%，不可重复检验率为 48%，评奖结果的可重复检验性相当于图 2 - 2（c）的严重偏差等级。

表 2 - 23　山东高校 2011 ~ 2013 年社科成果获教育部奖同时获山东省奖的错奖情况

学科	序号	成果名称	获奖等级	
			教育部	山东省
经济学	No. JJ - 1	转型时期消费需求升级与产业发展研究	一	二
	No. JJ - 2	人类的合作及其演进研究	三	未
	No. JJ - 3	经济全球化条件下产业组织研究	三	未
	No. JJ - 4	金融促进节能减排技术创新的理论、实务与案例研究	三	未
管理学	No. GJ - 1	回收处理废弃电器电子产品的制度设计	二	三
	No. GL - 2	中小型科技企业成长机制	三	一
	No. GL - 3	变迁与重构：中国农村公共产品供给体制研究	三	二
政治学	No. ZZ - 1	马克思主义中国化的基本规律与当代走向	三	二
	No. ZZ - 2	改革开放以来中国特色农村政治发展模式选择与优化研究	三	未
法学	No. FX - 1	公益征收法研究	二	未
	No. FX - 2	海洋法视角下的北极法律问题研究	三	三
	No. FX - 3	法律方法中的逻辑真谛	三	未
哲社	No. ZS - 1	科学的社会性和自主性：以默顿科学社会学为中心	三	一
文字语言	No. WX - 1	现代中国文学通鉴（1990 ~ 2010）	二	一
	No. WX - 2	马克思主义文艺理论研究的边界、问题与方法——一个基于问题意识的历史反思和创新展望	三	一
	No. WX - 3	先秦进谏制度与怨刺诗及《诗》教之关系	三	二
	No. WX - 4	汉代对策文刍议	三	二
	No. WX - 5	汉语辞书理论史热点研究	三	三
	No. WX - 6	儒释道的生态智慧与艺术诉求	三	未
	No. WX - 7	索绪尔手稿初检	三	未
文化	No. WH - 1	中国海洋文化史长编	二	未
教育	No. JY - 1	道德教育的非知识化路径——道家的知识观及其道德教育方法研究	三	一
	No. JY - 2	大学校训论析	三	未

续表

学科	序号	成果名称	获奖等级 教育部	获奖等级 山东省
教育	No. JY – 3	Stressful Events and Depression among Chinese Adolescents：The Mitigating Role of Protective Factors	三	未
	No. JY – 4	儒家人文精神与我国体育文化产业发展战略研究	三	未
	No. JY – 5	全民健身服务实践体系建设研究	三	未
	No. JY – 6	中国体育类民间组织研究	三	未
历史	No. LS – 1	鲁东南沿海地区系统考古调查报告	一	一
	No. LS – 2	对拓跋鲜卑及北朝汉化问题的总体考察	二	二
	No. LS – 3	中华杂技艺术通史	三	一
	No. LS – 4	《竹书纪年》与夏商周年代研究	三	二
应用	No. YY – 1	人文博物馆·文学卷	三	未
	No. YY – 2	像梁启超那样做父亲	三	未

注：各学科成果首先根据获得教育部奖等级高低进行排序，获得教育部奖等级相同再按获得山东省奖等级高低排序，如果获得部奖和省奖等级均相同，则随机排序。

资料来源：教育部网站和山东省社科联网站。

其次，基于错序率指标的评奖结果可重复检验性抽样测评。根据上面分析的教育部和山东省社科奖励的同期对应性，为更好可比起见，把山东省 2013 ~ 2015 年三个年度社科奖励情况汇总形成一个统一数据库，以与教育部第七届社科奖励对应。另外，由于山东高校获得教育部奖的 33 项成果涉及多个学科，为科学比较起见，对这 33 项教育部获奖成果同时获得山东省奖情况的错序率分析，将区别学科分别进行。由此，根据表 2 – 24 可知，山东 2013 ~ 2015 年三个年度的社科奖励评奖，共有 780 项成果获奖。其中经济学三个年度共有 87 项成果获得山东省社科奖励，一、二、三等奖数量分别为 9 项、28 项、50 项，可知就经济学科三个年度综合而言，一等奖、二等奖、三等奖、未获奖的成果各自的序位排列分别为 1、10、38、88。同理可得其他学科不同获奖等级成果的序位排列情况。

表 2 – 24　山东 2013 ~ 2015 年社科奖励分学科统计与排序

学科划分	2013 年奖励数量 一	2013 年奖励数量 二	2013 年奖励数量 三	2014 年奖励数量 一	2014 年奖励数量 二	2014 年奖励数量 三	2015 年奖励数量 一	2015 年奖励数量 二	2015 年奖励数量 三	3 年奖励数量合计 一	3 年奖励数量合计 二	3 年奖励数量合计 三	3 年奖励数量合计 总	3 年奖级序位 一	3 年奖级序位 二	3 年奖级序位 三	3 年奖级序位 未
经济学	3	10	17	3	9	16	3	9	17	9	28	50	87	1	10	38	88
管理学	3	11	19	1	12	19	3	10	18	7	33	56	96	1	8	41	97
政治学	1	6	10	2	6	11	1	7	12	4	19	33	56	1	5	24	57
法学	2	7	12	2	5	9	2	5	9	6	17	30	53	1	7	24	54

续表

学科划分	2013 年奖励数量			2014 年奖励数量			2015 年奖励数量			3 年奖励数量合计				3 年奖级序位		
	一	二	三	一	二	三	一	二	三	一	二	三	总	一	二	三	未
哲社	2	7	12	3	7	13	1	8	13	6	22	38	66	1	7	29	67
文字语言	2	13	20	3	11	19	4	12	21	9	36	60	105	1	10	46	106
文化学	1	11	15	2	10	14	2	9	14	5	30	43	78	1	6	36	79
教育学	3	10	16	1	15	20	3	13	20	7	38	56	101	1	8	46	102
历史学	3	8	15	2	9	12	2	9	14	7	26	41	74	1	8	34	75
应用普及	2	7	12	2	8	14	0	9	10	4	24	36	64	1	5	29	65
合计	22	90	148	21	92	147	21	91	148	64	273	443	780	1	—	—	—

注：①获得一等奖并重大成果奖的按一等奖统计，只授予重大成果奖的因不占指标不予统计。②同一等级奖励获奖成果赋予相同序位。

资料来源：山东省社科联网站。

根据表 2 - 25 可知，山东高校 2011～2013 年社科成果共有 33 项成果获得教育部奖。其中，经济学科有 4 项（NO. JJ - 1 成果获得一等奖，NO. JJ - 2、NO. JJ - 3、NO. JJ - 4 三项成果均获得参等奖），由于山东省 2013～2015 年三个年度对应期中经济学科共评出一等奖 9 项，可知这 4 项教育部获奖经济学科成果在山东省评奖经济学科格局中等量正序映射的等级均为一等奖，排序均为 1。实际上，这 4 项经济学科的教育部获奖成果中，NO. JJ - 1 成果获得了山东省二等奖，可知对应序位为 10，实际错序值为 9；NO. JJ - 2、NO. JJ - 3、NO. JJ - 4 三项成果没有获得山东省奖，可知对应序位均为 88，实际错序值均为 87。同理，可得教育部获奖的其他成果各自的实际错序值。最后加总，33 项教育部奖成果的实际错序总值 dv = 1504。

表 2 - 25　山东高校 2011～2013 年社科成果获教育部奖同时获山东省奖的错序情况

学科成果		获教育部奖等级	等量正序映射获山东省奖情况		获山东省奖实际情况			获山东省奖最差情况		
			等级	序位	等级	序位	错序值	等级	序位	错序值
经济	No. JJ - 1	一	一	1	二	10	9	未	88	87
	No. JJ - 2	三	一	1	未	88	87	未	88	87
	No. JJ - 3	三	一	1	未	88	87	未	88	87
	No. JJ - 4	三	一	1	未	88	87	未	88	87
管理	No. GJ - 1	二	一	1	三	41	40	未	97	96
	No. GL - 2	三	一	1	一	1	0	未	97	96
	No. GL - 3	三	一	1	二	8	7	未	97	96

学科成果		获教育部奖等级	等量正序映射获山东省奖情况		获山东省奖实际情况			获山东省奖最差情况		
			等级	序位	等级	序位	错序值	等级	序位	错序值
政治	No. ZZ-1	三	一	1	二	5	4	未	57	56
	No. ZZ-2	三	一	1	未	57	56	未	57	56
法学	No. FX-1	二	一	1	未	54	53	未	54	53
	No. FX-2	三	一	1	三	24	23	未	54	53
	No. FX-3	三	一	1	未	54	53	未	54	53
哲社	No. ZS-1	三	一	1	一	1	0	未	67	66
文字语言	No. WX-1	二	一	1	一	1	0	未	106	105
	No. WX-2	三	一	1	一	1	0	未	106	105
	No. WX-3	三	一	1	二	10	9	未	106	105
	No. WX-4	三	一	1	二	10	9	未	106	105
	No. WX-5	三	一	1	三	46	45	未	106	105
	No. WX-6	三	一	1	未	106	105	未	106	105
	No. WX-7	三	一	1	未	106	105	未	106	105
文化	No. WH-1	二	一	1	未	79	78	未	79	78
教育	No. JY-1	三	一	1	一	1	0	未	102	101
	No. JY-2	三	一	1	未	102	101	未	102	101
	No. JY-3	三	一	1	未	102	101	未	102	101
	No. JY-4	三	一	1	未	102	101	未	102	101
	No. JY-5	三	一	1	未	102	101	未	102	101
	No. JY-6	三	一	1	未	102	101	未	102	101
历史	No. LS-1	三	一	1	一	1	0	未	75	74
	No. LS-2	二	一	1	二	8	7	未	75	74
	No. LS-3	三	一	1	一	1	0	未	75	74
	No. LS-4	三	一	1	二	8	7	未	75	74
应用普及	No. YY-1	三	一	1	未	65	64	未	65	64
	No. YY-2	三	一	1	未	65	64	未	65	64
实际错序总值 dv = 1504			最大错序总值 max（dv）= 2816				错序率 ROD = 1504/2816 = 53.41%			

注：①简略起见，33项成果以其在表中的序号替代。②获得教育部奖的33项成果中，17项同时获得山东省奖的成果，按其获得山东省奖的学科进行对应；16项没有获得山东省奖的成果，按其获得教育部奖的学科，比对山东省获奖学科分类中的最近学科予以归类对应。其中，No. WX-6、No. WX-7两项成果分别在教育部奖中的中国文学学科和外国文学学科获奖，归类对应于山东省奖中的文字语言学科；No. WH-1成果在教育部奖中的民族学与文化学学科获奖，归类对应于山东省奖中的文化学学科；No. JY-3成果在教育部奖中的心理学学科获奖，No. JY-4、No. JY-5、No. JY-6三项成果在教育部奖中的体育学学科获奖，均归类对应于山东省奖中的教育学学科。

资料来源：见表2-23和表2-24。

在最差对应情况下，33 项部奖获奖成果中的 4 项经济学获奖成果，在山东评奖经济学科格局中等量反序映射的等级为均未获奖，排序均为 87，最大错序值均为 86。同理可得教育部获奖的其他成果各自的最大错序值。最后加总，33 项教育部获奖成果的最大错序总值 max（dv）=2816。

这样，根据公式（2-4），以获得高层级部奖的 33 项更加优质成果为比较靶标，可得高低两个层级评奖结果的错序率 ROD=53%。简单说就是，以获得高层级部奖的 33 项更加优质成果为比较靶标，省部两级评奖结果的可重复检验率为 47%，不可重复检验率为 53%，评奖结果的可重复检验性处于严重偏差等级。

四、综合结论

综合以上两个指标的两次抽样测评，烟台成果同时参评烟台和山东奖励抽样测评得出的科学评奖结果不可重复检验率高达 67% 左右，可重复检验率只有 33% 左右；山东高校成果同时参评山东和教育部奖励抽样测评得出的科学评奖结果不可重复检验率高达 53% 左右，可重复检验率只有 47% 左右。综合两者，科学奖励评奖结果的可重复检验性均在 50% 以下。通俗说就是，同一批成果参加两个批次的奖励评奖，或者两个评奖专家组面对同一批成果进行评奖，各自评奖结果之中只有 1/2 具有可重复检验性，1/2 不具有可重复检验性。特别地，上面测评结果虽然仅仅基于两次抽样测评得出，考虑到其他各级各类科学评奖，彼此之间在评奖原则、流程、方式等关键环节均高度相似，则可知该抽样测评得出的科学评奖结果的可重复检验率过低的结论，应该具有普遍性和代表性。

第七节　问题导致的科学奖励公信力争议

综上所言，现行科学奖励评奖模式在评奖标准、评奖方式、评奖部门、评奖数量、评奖结果等关键环节，均存在一定缺陷。[①] 这种模式下的科学奖励评奖，往往会导致关注的重点从科学研究成果本身因素转移到成果之外的因素上，不可避免地影响到评奖的科学、客观和公正，从而使科学奖励失去应有的公信力。

不过，由于定量化困难等原因，系统进行研究分析的却极为少见。由此，这里选择西安交通大学科技进步奖被撤销、三聚氰胺成果获奖、"三无科学家"屠呦呦诺贝尔获奖争议三个具体案例，借助事件发生当时媒体对相关事件的挖掘报道，就科学奖励公信力备受争议情况进行一次典型扫描。

---

① 杨爱华. 对我国科技奖励问题的分析与思考——从 2004 年度国家最高科学技术奖空缺谈起 [J]. 科技管理研究，2006（5）：4-6.

一、西安交通大学科技进步奖被撤销及其争议①

2011 年 2 月，科技部和国家科学技术奖励工作办公室发布通告，经调查核实，2005 年国家科学技术进步奖二等奖获奖项目"涡旋压缩机设计制造关键技术研究及系列产品开发"的推荐材料中存在代表著作严重抄袭和经济效益数据不实的问题。根据《国家科学技术奖励条例》第 21 条及《国家科学技术奖励条例实施细则》第 92 条的规定，经国家科学技术奖励委员会审核同意，并经国务院批准，决定撤销"涡旋压缩机设计制造关键技术研究及系列产品开发"项目所获 2005 年国家科学技术进步奖二等奖，收回奖励证书，追回奖金。特别需要说明的是，这是中国首次因学术造假撤销国家科学技术进步奖获奖项目。

根据有关媒体报道，该奖项主要存在着三个方面的严重问题。一是申报人对"申报课题压根儿没研究过"。据有关媒体报道，2007 年年底，报奖者李连生等获得的教育部科技进步奖获奖项目进行公示，项目正是"往复式压缩机理论及其系统的理论研究、关键技术及系列产品开发"。西安交大退休教授杨绍侃等看到后感到非常惊讶，因为"李连生根本没有从事过他所申报课题的研究"。二是申报人"将他人成果任意窃为己用"。据有关媒体报道，西安交通大学的 6 位老教授当时一致认定，项目申报人是在将他人成果任意为其所用，如上海压缩机厂 1965 年的大型机身整体铸造技术、沈阳气体压缩机厂研制并已经于 1998 年获得国家科技进步三等奖的"4M50 型压缩机研制"项目等，均被李连生等挪用成为自己申报奖项的主要成果。此外，申报材料中许多关键理论和技术中所谓的数值模拟计算方法，都是国内许多人采用的常用方法。三是从亏损企业开出效益证明充当获奖材料。据有关媒体报道，随着调查的深入，还发现李连生 2005 年获得的国家科技进步二等奖以及之前获得的陕西省科技进步一等奖，在经济效益的证明材料上也存在诸多问题。从李连生等获得陕西省一等奖的报奖书看，开发成果及效益证明主要来自西安泰德压缩机有限公司。2003 年，李连生凭借"涡旋压缩机设计、制造关键技术研究及系列产品开发"项目，申报并获得"陕西省科技进步一等奖"。在该项目的陕西省科技技术奖推荐书中，应用证明一栏注明："2001 年度新增产值（产量）599 万元，2002 年度新增产值（产量）1250 万元，2003 年度新增产值（产量）4092 万元。"事实上，2001 年泰德公司开始生产销售，当年实际产值 468 万元，营业额 96 万元，亏损 148 万元；2002 年产值、营业额均为 258.81 万元，亏损 307.28 万元；2003 年产值、营业额均为 48 万元，亏损 384 万元；2004 年 1 月停产。

西安交通大学科技进步奖被撤销事件，在社会上引起了极大争议。国家行政学院教授王伟就此评价指出，学术造假违反职业道德是不容置疑的，但国家科技

① 李连生被撤销国家科技进步奖打击学术造假现一声春雷［N/OL］．新华网（来源北京日报），2011 - 02 - 12，http：//news．xinhuanet.com/2011 - 02/12/c_ 121068464.htm．

进步奖里竟然出现抄袭行为，造假到这种程度，足见国内学术界、科技界的道德状况是多么令人担忧。王伟认为，不能孤立地看待李连生造假事件，他不过是这一系列学术不端现象中的一个代表。事实表明，在这一造假事件中，涉及许多部门给他开了绿灯，包括西安交大的校领导们也曾多次试图维护他，如果不是6位老教授顶住压力仗义执言，也不会这么快有结果。作为国家科技进步奖的评委之一，北京市科协副主席王渝生认为"学术不端与制度缺失有关"。在对这次"国奖造假"事件予以痛斥后，王渝生坦言，国家科技进步奖评奖委员会分若干专业组，对各个奖项的资格都进行了严格的审查，但由于这些申报国家科技奖的科研项目科技含量高、创新水平高，并非所有评委都能知晓所有奖项的具体内容，也因此难免有所疏漏。

对于为何此次学术不端事件能够得到较为圆满的处理？国内学术打假的标志性人物方舟子分析认为，6名参与举报的老教授功不可没。不少造假举报者往往举报一两次，发现没效果就放弃了，像6名老教授这样执着举报的并不多见。同时，举报人采取了实名举报方式，而中国大部分都是匿名的，举报人怕得罪人。"老教授们已经退休，本身在学校也有一定影响力，这些都促成学校最终作出对李连生解聘的决定"。另外，媒体的曝光也起到了推动作用。不过，方舟子强调，李连生事件可能只是一个特例，不能因此对目前中国反对学术不端的形势给予过分乐观的估计。方舟子认为，学术不端曝光后却没有得到应有惩罚，其负面作用甚至超过学术不端本身。"如果对学术不端不能发现一起处理一起，就无法起到警诫作用，反而让造假者更加肆无忌惮"。方舟子还认为，官本位的科研体制是学术造假屡禁不止的重要原因。"有些部门在处理学术造假的时候很不尽力，甚至包庇腐败，造成对学术不端行为的处理表面上有渠道，但很难起作用"。

二、三聚氰胺奶粉获得国家科技进步奖及其争议

2008年1月8日，三鹿集团"新一代婴幼儿配方奶粉研究及其配套技术的创新与集成项目"获得了2007年国家科学技术进步二等奖。当地媒体以"一举夺得中国乳业界20年来空缺国家科技大奖的局面终于被打破"为题作了报道。但从2008年6月28日医院收治首例饮用三鹿奶粉而患"肾结石"的病儿起，才仅仅过了半年，就在乳品业界引发了一场空前的地震，让中国的百姓不再相信国产的乳制品。

把三聚氰胺"配套"在奶粉中，居然就成了"技术"，并冠以"创新与集成"。这项获奖科技项目甚至连被判处死刑的耿家兄弟这样的奶农都能熟练掌握，运用自如，国家级科研技术推广之快、运用之广真可谓登峰造极了！

有社会人士评价指出，骗取国家级的科技进步奖，不仅危害了几十万名娃娃，更损害了科技进步奖的声誉，挑战了国家科技进步奖的权威和公信力。该社会人士大声疾呼：代表国家科技发展最高水平，获奖者应该是当代科技领域里取

得重大突破的精英人物，得奖项目在科技创新和成果转化中创造突出的经济或社会效益，具有最高的权威性、公正性和影响力的最高奖励都可以弄虚作假、欺名盗世，还有什么是可信的？公信何在？①

北京大学基础医学院教授、人类疾病基因研究中心主任、九三学社中央副主席马大龙就此事件进行了深刻的剖析，指出这一现象"损害了国家科技奖励的尊严，暴露出当前科技奖励制度的某些弊端"。②

一是我国政府科学奖励评奖周期普遍较短、数量较多、范围较广，由此带来一系列问题。首先，奖励质量难以保证。我国科学奖励体系依附于行政体制，带有浓厚的行政色彩，难免受到行政干预和部门保护主义影响。同时，在短时间内组织完成如此大规模的评奖，时间紧张、过程匆忙，奖励的公正性和效率难以兼顾。其次，耗费行政资源，影响科研工作。各地各单位为应对频繁的奖励申报与推荐，耗费很多人力物力财力。一些科研人员，一方面不得不频繁地从事"成果包装""人情公关"等事务，另一方面又在拼命追赶科研进度，连专心从事科研活动都难以做到，更别说创造出一流的成果。最后，降低奖励的荣誉导向。在现行评奖体制下，奖励设置较多、评奖周期较短，加之评奖不公的现象时有发生，导致一些科研人员对奖励的追求往往出于追名逐利的需要，扭曲了奖励的导向作用。

二是设奖数量过多过滥和效率低下问题。首先，面向市场的成果奖励比例过高，不仅耗费奖励资源，而且干预市场竞争，更重要的是一旦市场反应与奖励结果相背，即使与技术本身无关，也会令公众对科学奖励的权威性产生强烈的质疑。其次，全国有数十个省份政府和数百个受政府部门委托的行业协会设置了科技进步奖，奖励分级多达三级，每年奖励项目数万项，获奖人员达数十万人，奖励对象分散，奖励强度低，人均奖金不足千元，激励效果大打折扣。

三是评奖机制存在缺陷问题。首先，科学奖励获奖人员论资排辈、论行政级别排位现象严重。据某省专家统计，2003～2005 年该省科技进步奖获得者中，担任行政领导职务的占 61.16%。2008 年国家科学技术进步奖特等奖、一等奖全部 11 项非集体奖励的第一获奖者，只有一位没有担任任何行政职务。据九三学社最近进行的近 8000 份问卷调查结果统计，49% 的科研人员认为科技成果获奖人排序优先照顾的是行政领导而非实际突出贡献者，只有 36% 科研人员认为是按照科技贡献大小排名。其次，我国科学奖励参评项目的最低完成年限仅为一年。众所周知，科研成果需要较长时间的检验，才能做出客观公正的评价。以诺贝尔奖为例，1901～1980 年，获奖科学家从作出重大发现到获得奖励的平均时

① 三聚氰胺奶粉配方获科技奖说明了什么［EB/OL］. http：//blog. sina. com. cn/s/blog_ 69e78385 0100p4w7. html.

② 马大龙. 维护科技奖励尊严深化奖励制度改革［J］科学文化评论，2009，6（2）：117－118.

间间隔为 13.85 年，其中间隔 5 年以上的高达 86.26%。当前，我国大多数获奖科研项目从研究出成果到参与评奖的时间间隔远少于 5 年。一些科研单位和个人为了评奖，项目还没完成就开始"包装"、公关跑奖。

三、"三无科学家"屠呦呦诺奖获奖及其争议

2015 年 10 月 5 日，诺贝尔生理学或医学奖揭晓，被称为"三无科学家"的中国药学家屠呦呦因发现可有效治疗疟疾的青蒿素，成为获得诺贝尔自然科学奖项的第一个中国籍科学家。诺贝尔评选委员会的评价是，"屠呦呦发现的青蒿素使疟疾患者的死亡率显著降低。"新华社报道写道："屠呦呦的获奖，是对她以及背后中国科技人员成就的结结实实的奖励。"

然而，当年 85 岁的屠呦呦没有博士学位，没有留洋背景，没有科学院、工程院两院院士头衔，被称为"三无科学家"。屠呦呦获得诺奖也因此惹来很大争议，首当其冲的是在国际上颇受认可的屠呦呦为何多次落选院士。

清华大学医学院常务副院长鲁白评价指出："屠呦呦的获奖对中国的院士评选制度提出了疑问。"2011 年，鲁白主持的葛兰素史克（GSK）生命科学杰出成就奖率先肯定了屠呦呦在青蒿素发现上的贡献，当年奖项颁给了屠呦呦和发现砒霜对白血病疗效的哈尔滨医科大学附属第一医院教授张亭栋。一个半月后，屠呦呦获得了拉斯克临床医学奖，被视为离诺贝尔奖仅一步之遥。

这意味着屠呦呦五年前就已获得国际认可，而五年间，屠呦呦仍然只保留中国中医研究院终身研究员兼首席研究员的身份，没有院士头衔。

业内学者分析，屠呦呦迟迟得不到院士头衔，原因之一是其在青蒿素发现过程中的关键性贡献至今仍有争议。另外，屠在业内的声誉不高，未得到包括当年从事青蒿素研究的同事的支持。然而，即便如此，多名学者认为，作为"国家设立的科学技术（工程科学技术）方面的最高学术称号"，院士评选应该更多以学术贡献为依据。

"由屠的落选可以看到，中国院士选举的一个弊端就是过于注重学术贡献以外的问题，有时达到吹毛求疵的地步。"香港大学生物化学系教授金冬雁在其博文中写道。"如何将焦点放在学术成就方面，将之作为压倒性的评选标准，应是两院今后的努力方向。"

鲁白认为，屠呦呦在青蒿素提取中实现了关键的一步，是因为她提出的乙醚提取法才让人们找到了有效单体。"虽然有很多人参与，但这个最关键的一步是她做的，而诺贝尔奖也是看谁做了最关键的一步。"①

我国的院士制度，不属于国家科技直接奖励体系，但与国家科学奖励有着紧密的因果关联，而且从本质上说，我国的院士制度其实也是一种终极层面的国家

---

① 张嫣."三无科学家"屠呦呦终获诺奖，引发"三大"争议［N/OL］. 财新网，2015 年 10 月 5 日. http://china.caixin.com/2015－10－05/100860424.html.

科学奖励机制。从这个角度讲，社会各界人士有关屠呦呦没能获得我国院士资格却第一个获得了举世公认的诺贝尔奖而引起的争议，在某种程度上确实应该引起我们对我国院士制度及其公信力的认真反思。

不过，回到具体的获奖层面，通过百度梳理发现，屠呦呦在 2015 年获得诺贝尔奖之前，在国内获得的最高层级奖励主要有两个：一是 1978 年其青蒿素抗疟研究课题获得全国科学大会"国家重大科技成果奖"，二是 1979 年其青蒿素研究成果获得国家科委授予的国家发明奖二等奖。不过，1978 年的"国家重大科技成果奖"是对"文革"之前若干个年份我国科学研究成果的一次集中授奖，共有 7657 项成果获奖，获奖名称统一为"国家重大科技成果奖"，不区分层级等级。可见，屠呦呦直到 2015 年，确实没有获得国家最高科技奖，也没有获得国家自然科学奖、国家技术发明奖、国家科学技术进步奖等奖励中的一等奖或特等奖的重奖。从这个意义上讲，屠呦呦在 2015 年获得诺贝尔奖，确实也应该引起我们对国家科学奖励及其公信力的深刻反思。

四、近年以来的改革及其成效

近年以来，我国各级各类科学奖励责任部门已经或正在推出若干改革措施，以提高科学奖励的公信力。比如山东相关评奖部门针对原先评奖满分 100 分全部交由评议专家给出容易导致主观性过高的问题，改革为将其中的 30 分规定为客观分，根据论文发表的期刊等级、著作出版的机构层次等确定。

然而事实上，评奖责任部门事先界定好某一级别的出版机构或某一等级的学术期刊赋分多少，就本质而言，只是将原先的评议专家主观改变为了责任部门主观而已，仍然没有触及参评成果本身真实学术水平这一核心要素。也就是说，这些旨在提高奖励公信力的改革措施，往往局限于对评奖程序的细化和改善，而对于更为核心和关键的评奖标准、评奖方式、评奖部门、评奖数量、评奖周期等问题，却鲜有涉及。由于基本逻辑方面的问题没有得到改善，结果有关科学奖励公信力的争议不但没有消除，甚至有扩大的趋势。

实证分析也印证了这个结论。本书后面基于构建的科学奖励公信力测评体系的测评表明，省级、地市级两个层级评选授出的相关奖励中，普遍存在有 0 次被引论文成果获得各自层级奖励的情况，0 次被引著作获得各自层级奖励的情况则更为普遍。0 次被引往往意味着业内评价的极度边缘化，而其在现行的专家面对面同行会评过程中却能获得高等级的奖励，也就是说得到了高度的认可，显然存在巨大争议。而基于省级、地市级两个层级科学奖励的抽样测评总体结论是，我国科学奖励公信力综合指数只有 26.35，而理想值为 100，处于 E 级别的差等级区间，从而从实证数据上支持了我国科学奖励缺乏公信力的观点。

第三章　科学奖励评奖的逻辑模式优选与公信力测评体系构建

第一节　科学奖励评奖的基本逻辑梳理

一、科学奖励的功能强化理论：承认是科学王国的通货

早在 17 世纪初期，英国思想家培根就探讨了科学奖励活动，提出要对在科学技术方面做出突出贡献的人予以包括物质报酬、授予荣誉等在内的奖励的设想。

20 世纪初期，Max Weber 在其名为"作为一种职业的科学"的演说中，对科学行为的外部条件和内部环境进行了分析，指出科学已经达到了前所未有而且以后会持续进行下去的专门化阶段，应该将科学视作一种社会职业来对待。

1942 年，美国科学社会学创始人 Robert K. Merton 发表了《科学和民主札记》，开始从科技发展和社会机制视角探讨科学奖励制度。1957 年，Merton 发表了《科学发现的优先权》，其以科学发现的优先权为切入点，把科学奖励当作是一种功能强化所导致的产物，并首次提出了基于强化的科学奖励系统的概念。

根据 Merton 的理论，科学技术的建制化包括三个方面：一是科学建制目标为社会认同；二是科学家群体有着自己必须遵从的不同于其他群体的独特的规范结构；三是具备包括社会控制制度和动力机制在内的保障系统，促使科学家基于这种规范结构实现建制目标。

Merton 认为，只有从科学的建制目标和科学家科学行为所遵从的行为规范两个方面，才能揭示科学奖励系统具备的功能强化作用。首先，要清晰认识科学建制目标，"科学的通常目标就是扩充正确无误的知识"。科学家的责任是做出独创性的贡献。其次，科学家的科学行为应该遵行必要的行为规范，这种规范由普遍性、公有性、无私利性和有条理的怀疑主义四种要素组成。要实现科学的建制目标，就要求科学家必须遵从这四种行为规范，为了科学的无私利性目的而进行科学研究，不断贡献具有独创性的知识，并且公开自己的发现，接受科学共同体基于有条理怀疑主义的检验。检验通过，该独创性发现成为社会共有共享的知识财富。要做到这一点，必须具有相应的动力机制和约束机制：一方面，鼓励科学家努力去实现科学的建制目标；另一方面，又能够对科学家的科学行为实现有效

规范和约束。

Merton 通过回顾历史，观察到科学发现中的优先权之争具有很好的动力机制和约束机制作用，而科学奖励正是基于优先权之争产生的一种有效保障，可以促进科学的建制目标与科学的规范结构之间的有效链接。Merton 说："像其他制度一样，科学制度也发展了一种精心设计的系统，给那些以各种方式实现了其规范要求的人颁发奖励。"①

科学奖励的核心是对最先发现者予以优先权等荣誉奖励，其前提是通过科学共同体评价的规范体系来承认和肯定其贡献，或者说科学家贡献的具有独创性的知识，须公开接受科学共同体基于有条理怀疑主义的检验。检验通过，得到承认和肯定，该独创性发现成为社会共有知识。

可见，在 Merton 眼里，科学奖励的根本是科学共同体的承认和肯定。"对科学领域中有价值的东西的分级奖励，即科学家同行表示尊敬的承认，是按照科学成就的分层等级进行分配的。"② 默顿的学生杰里·加斯顿也认为，"科学奖励系统的本质是科学共同体根据科学家的角色表现情况来分配承认"。一句话，在默顿眼里，"承认是科学王国的通货"。③

事实上，新的科学成果要获得接受和认可，必须由科学家群体作出判断和裁决。科学共同体在其中充当了科学成果评价和选择的"仲裁人"的角色，是任何科学家个人和其他社会角色无法替代的。虽然科学家作为同行评价人也往往会出现不客观公正的情况，但相对而言，这是一种在别无更好评判方法的情况下的一种优化选择，因为谁也不可能先验地确定科学成果的实用价值。④

二、科学奖励的交换理论：交换换取承认和承认需要交流

20 世纪以来，特别是"二战"以来，科学研究逐渐成为一种投资巨大的活动，研究所需经费很难再由个人独自承担，而要由企业、社会甚至国家资助才行。在这种大科学的背景下，一些学者从新的社会视角研究科学奖励，其中社会交换理论影响最大。

20 世纪 60 年代，美国学者 Warren O. Hagstrom 在《科学共同体》一书中，首次提出了科学奖励的"交换理论"。Hagstrom 发现，一般职业都采取收费的服务方式，而科学研究是一种非服务性职业，其以"送礼"的方式提供"服务"，其提交给同行的科学成果一般是"免费赠送"，不需要给予任何物质回报。但送

① Robert K Merton, Priorities in Scientific Discovery：A Chapter in the Sociology of Science［J］. American Sociology Review, 1957（12）：635–659.

② R. K. 默顿. 科学社会学——理论与经验研究［M］. 鲁旭东，林聚任译，北京：商务印书馆，2004.

③ 杰里·加斯顿. 科学的社会运行［M］. 顾昕译，北京：光明日报出版社，1988.

④ 张彦. 科学价值系统论［M］. 北京：社会科学文献出版社，1994.

礼者同样有着潜在的渴望得到回报的心理，这种渴望得到的回报就是承认。Hag-strom 指出，"个人或团体接受一份礼物意味着承认赠送者的地位及某种相互惠利权利的存在。这些相互惠利权利可能需要回报同样种类和价值的礼物，就像在许多原始经济体系中一样，或者是得到某些适宜的谢意和敬意。在科学行为中，提交的手稿被科学期刊接受就确立了赠送者作为一名科学家的地位，而且还确保了它在科学共同体内部的声望"。① 可见，在 Hagstrom 提出的科学家为了得到承认而相互交换信息的"交换理论"中，科学是一种基于交换而发挥作用的活动，科学家赠送独创性发现的礼物，是希望换取科学共同体的承认。②

特别地，交换理论提出，交流是科学家获得科学共同体承认的一个必要条件。科尔兄弟说："只有工作实绩，没有科学思想的有效交流，就不可能合理地分配承认。只有在科学期刊上公开研究成果，科学共同体才能对交流系统中居主要地位的科学家确定奖赏。"③ 中国和华裔科学家得到的科学荣誉较其所取得的成就少，原因就是与外界的有效交流少。④

科技交流，按照美国社会学家门泽内的说法，是影响科学家直接或间接传递科学情报的出版、机构、机遇、学会活动和传递的总和。根据社会化的程度，这种科技交流可以区分为正式过程和非正式过程。正式交流的特点是付诸印刷，把思想、理论、情报以正式书面的形式呈现给读者。非正式交流基本上由科学家自己来完成。米哈依诺夫列举了五种非正式过程：直接对话、参观展览、参观同行实验室、交换书信和出版物，以及研究成果发表前的准备过程。⑤ 总之，通过新闻媒介和科学期刊对外公布自己新的科学发现，不仅交流和传播知识，使研究成果留下永久性的公开记录，供其他科学家参考，实现知识的逐步积累，同时又是同行评价的重要依据。

三、科学奖励的信用循环理论：为了获得信用和获得信用需要承认

20 世纪 70 年代后期，美国学者拉图尔和伍尔伽创建了科学奖励的"信用循环理论"。其在《实验室生活：科学事实的构造》中，把科学社会的运行比作市场经济的运行，认为"把科学家得到奖励看作是科学活动的最终目标是错误的。事实上，获得的奖励仅仅是信用度投资大循环中的一个小部分。这一循环的基本特点是使再投资得以进行而获得更大的信用度。因而，没有任何科学投资的终极目标是错误的，而只有持续不断的资源积累"。在拉图尔和伍尔伽看来，信用度是一个极其普遍的概念，科学家的全部活动内容几乎都可以从信用度循环这一视

---

① 约翰·齐曼. 元科学导论［M］. 长沙：湖南人民出版社，1988.
② 杰里·加斯顿. 科学的社会运行［M］. 顾昕译，北京：光明日报出版社，1988.
③ J. 科尔，S. 科尔. 科学界的社会分层［M］. 北京：华夏出版社，1989.
④ 张彦. 科学价值系统论［M］. 北京：社会科学文献出版社，1994.
⑤ 米哈依诺夫. 科学交流与情报学［M］. 北京：科技文献出版社，1980.

角予以解释。一位科学家因某项研究成果而获得奖励，随之而来的声望从本质上说代表着一种信用。这种信用会使他更容易获得进一步研究所需的科研项目、科研经费、仪器设备以及富有激励性的同事、有才能的学生等，或者说占有更多的科学资源。①

显然，在"信用循环理论"中，获得信用成为科学奖励的根本目的，不过不能否认的是，获得科学奖励提高科学家信用的基本前提，仍然是科学家科学研究成果得到科学共同体的承认。

四、国内的相关理论和实践：业内认可是基本前提

2003年12月26日，中共中央、国务院下发了《关于进一步加强人才工作的决定》（以下简称《决定》）。《决定》提出，党政人才、企业经营管理人才和专业技术人才是我国人才队伍的主体，要坚持三支人才队伍建设一起抓，分类指导，整体推进。在人才评价机制方面，《决定》分别针对三支人才队伍提出了相应的评价机制，其中对专业技术人才，提出评价重在社会和业内认可。进一步地解读是，对于专业技术人才队伍中的技术应用性人才，重在社会和市场认可，对于基础研究性人才，重在业内认可，即科学共同体的承认和肯定。②《决定》虽然是针对人才评价而言的，并不直接针对科学成果和科学奖励的，但事实上对于专业技术人才而言，评价表面上是对该具体自然人的评价，但核心和本质则是对该自然人所获科研成果和科学奖励的一个综合评价。因此，其基本精神可以适用科学奖励。

在学术界，虽然国内学者们的研究各有不同，但关于科学奖励的根本是科学共同体的承认和肯定的观点，大都持肯定的意见。如曹裕波等（1999）在剖析影响科学奖励声望的若干因素时，认为科学共同体的普遍承认是科学奖励声望的唯一基础。③

五、科学奖励的基本逻辑：科学共同体承认

总之，从国外的功能强化理论到交换理论再到信用循环理论，再到国内的理论和实践，可以梳理得到科学奖励的基本逻辑如下：科学奖励的根本在于科学共同体对科学家完成的独创性研究成果的承认和肯定，而要想获得科学共同体的承认和肯定，不但需要科学家完成独创性的研究成果，还需要科学家将这些独创性研究成果在期刊媒介上予以公开呈现，实现有效交流；科学共同体正是基于科学家公开交流的独创性研究成果进行有效的评议，对其中通过有条理怀疑主义检验的研究成果，予以承认和肯定，给予包括优先发现权、科研信用等在内的科学奖励，如图3-1所示。

---

① 刘珺珺. 科学社会学 [M]. 上海：上海人民出版社，1990.

② 中共中央，国务院. 关于进一步加强人才工作的决定 [Z]. http://www.mlr.gov.cn/jgdjw/zyzt/lxyz/d/201605/t20160524_1406245.htm.

③ 曹裕波，夏萍，马跃良. 影响科学奖励声望的若干因素剖析 [J]. 科学管理研究，1999（6）：38-41.

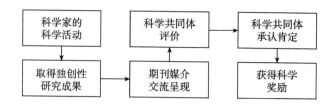

图 3 – 1   科学奖励评奖的基本逻辑

可以看出，以科学共同体评价为中界，上游主要是科学家的科学活动和取得独创性的研究成果，具有明显的客观属性。下游主要是对科学家独创性研究成果的承认肯定，并基于此予以相应的科学奖励，具有明显的主观属性。所以说，科学共同体的评价环节，是一个承上启下的链接客观和主观、起点和目标的关键节点。从本质上说，科学共同体的评价是一种主观行为，本质上具有强烈的主观性，处理不好会极大地影响最终决定授出的科学奖励的公信。这就要求尽可能地将主观行为选择一种科学性的表达方式，以保证科学共同体所给予的承认和肯定具有客观可靠性，最终授出的科学奖励也才具有公信力。

第二节 科学奖励同行评价的基本模式优选

根据上节分析，科学奖励评奖的关键在于科学成果的"科学共同体评价"，下面简称同行评价。在当前信息化大时代背景下，进一步需要考虑解决的问题是，面对一项科学成果，对其进行"科学共同体同行评价"的具体模式有哪些类型？如何寻找一种真正理想的具体实现模式？

一、科学成果"真实价值和认知价值"的两种价值形态区别

科学奖励评奖的关键在于科学成果的"科学共同体同行评价"，是指向科学成果的科学价值。实际上，对一项科学成果而言，其具有两种并不完全相同的科学价值表现形态：一种是科学成果的真实价值形态，即科学成果自身拥有的内在真实的价值形态；另一种是科学成果的认知价值形态，即科学成果公开发表之后为外界特别是科学共同体所认知感受得到的价值形态。科学成果的真实价值形态和认知价值形态从根本上说具有内在一致性，即真实价值是认知价值的内在核心决定，认知价值是真实价值的外在表现形式。真实价值高的科学成果，一般地，其外在表现出来的认知价值应该也比较高。不过，科学成果的认知价值往往又和其真实价值之间存在有一定的偏差。真实价值高的科学成果可能获得较低的认知价值，真实价值低的科学成果在有些环境下也可能获得高的认知价值。特别地，由于科学成果价值信息的巨大不对称，以及科学成果权益者和科学成果评价者的认知角度差别，真实价值和认知价值之间出现偏差的情况，并不是一种偶然的现

象，而是一种常态的甚至必然的现象。

现实中，面对一项科学成果，虽然我们很希望获得科学成果的真实价值从而进行更加真实的认知评价，然而评价者对科学成果评价依据的却必然是其对科学成果的认知价值，因为科学成果的真实价值只能无限地接近，而永远不可能为评价者所100%的真实获知，即客观存在但不可全部获知。就好像真实的历史虽然就伫立在那里，即使你能靠近靠近再靠近地去认知历史，却永远不可能触摸到绝对真实的历史。由此可以得出如下结论：科学成果价值认知评价的依据是也只能是基于真实价值的认知价值。

二、科学成果价值"会评认知和引用认知"两种认知模式比较

在真实价值和认知价值两种价值形态并存的情况下，对科学成果价值进行评价的依据必然是其认知价值而不可能是其真实价值。现实中，对一项科学成果真实价值的具体认知有两种典型的模式：一是会评认知模式，二是引用认知模式。所谓会评认知模式，是指面对一批科学成果进行价值认知评价时，通过组织一批相关领域的所谓权威专家，以集中起来召开会议进行集体评价认知的一种认知模式。所谓引用认知模式，是指面对一批科学成果进行价值认知评价时，通过该科学成果被同行其他学者发表科学研究成果的被引情况进行评价认知的一种认知模式。

现实中，现行的评奖责任部门确定和召集专家进行同行评价的价值认知方式，实际上是一种典型的会评认知方式。根据前面第二章的分析，现实中这种会评认知方式存在有评价标准模糊不清、同行评价本质失真、责任部门定位不当等缺陷，影响了科学奖励的公信力，某种程度上实际上背离了科学共同体同行评价的本质要求，单纯依靠现行的这种会评认知模式对科学成果进行价值认知评价，已经很难适应当前科技进步和社会发展的需要。当然，这种会评认知模式如果组织得当，将在充分发挥权威专家的能动性和洞察力方面具有明显的优势。

相反，引用认知可以有效避免传统的会评认知模式的缺陷，呈现出巨大的优越性。在当前的信息时代，随着科学研究成果检索相关数据库的建设和完善，这种引用认知模式得到了更好的技术支撑，其实现性和可操作性大大提高，优势进一步得到巩固。特别地，这种认知模式对基础科学研究成果的认知评价，具有更加明显的优势（具体优势分析参见第二节）。不过，这种引用认知模式也具有一定的不足，比如有一定的机械性，有可能隔离权威专家的能动性和洞察力。

三、科学奖励同行评价模式的优选架构

根据以上有关科学成果"真实价值和认知价值"两种形态的分析，以及对科学成果价值认知的"会评认知和引用认知"两种认知模式的优劣比较，特别是"引用认知"模式在科学成果真实价值认知中的本质优势论证，可以架构一种适应当前信息时代发展要求的以科学共同体对科学成果真实价值良好认知为核

心的科学共同体同行评价的理想逻辑模式，实现科学评奖内在本质、科学成果价值形态、良好价值认知模式三者之间的有效匹配和内在一致，即基于真实价值获得认知价值，价值认知的引用认知和会评认知各有优势，将两者有机结合实现综合有效的价值认知。如图 3－2 所示。

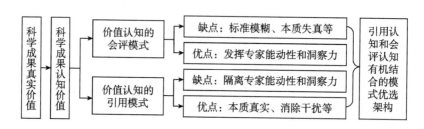

图 3－2　科学奖励同行评价的具体模式优选与架构

第三节　基于综合被引指数 cci 的同行评价模式提出[①]

科学奖励种类繁多，可以区分为基础科学研究奖励和应用开发研究奖励两大基本类型，两者奖励的科学研究成果显然具有很大的不同。其中，基础科学研究奖励应该是政府作为公共部门的重点关注对象，而应用开发研究奖励纳入政府评奖和奖励范围则是一种"政府代替市场"的"越俎代庖"行为。[②] 这样，本书的科学奖励公信力测评体系构建，将主要针对基础科学研究奖励进行。

---

① 诺贝尔奖在全球范围内具有极高的公信力。其评奖的基本流程是：首先，各学科评奖委员会每年9月至次年1月31日接受各项诺贝尔奖海量推荐的候选人，通常每年推荐的候选人有1000～2000人；其次，从2月1日起各项诺贝尔奖评委会对推荐的候选人进行筛选、审定，工作情况严加保密；最后，10月中旬公布各项诺贝尔奖获得者名单。具有推荐候选人资格的有：先前的诺贝尔奖获得者、诺贝尔奖评委会委员、特别指定的大学教授、诺贝尔奖评委会特邀教授等。特别地，所在国政府无权干涉诺贝尔奖的评选。

可知，这种评奖流程能够最大可能杜绝外界人情因素干扰，实现其所标榜的"评选的唯一标准是成就大小"的目标。进一步分析可知，在这种情况下，评委的投票将主要取决于"自己作为同行所感受到的评选对象的学术价值和学术影响力"。而评委"自己作为同行所感受到的评选对象的学术价值和学术影响力"，其核心因素显然与本文构建的学术成果综合被引指数 cci 紧密相关。很难想象，一个很少引用某位学者学术成果的人，会熟悉并高度认可推荐该学者为世界顶级奖项的理想人选。这样，从学术成果综合被引指数 cci 视角审视，历届诺贝尔奖得主获奖当年的学术成果综合被引指数 cci，虽然不一定在全部同行中位居第一，但位居前5%（即排名在95%以上）将是大概率事件。由此，本书基于学术成果综合被引指数 cci 进行的奖项公信度测评，就有了国际经验的逻辑验证。不过，精确统计分析历届诺贝尔奖得主在获奖年份其学术成果综合被引指数 cci 在全部同行中的优质度排名，是一份艰巨的工作，需要后面假以时日完成。

② 阮冰琰，杨健国. 基于科技奖励本质及功能的制度创新探析 [J]. 科技进步与对策，2010，27（12）：28－31；王大明，胡志强. 作为创新文化建设重要组成部分的中国科技奖励制度 [J]. 自然辩证法研究，2005，21（4）：109－112.

如上所述，科学奖励公信力的高低，核心地取决于获奖科学研究成果的学术价值和学术影响力。一项科学研究成果学术价值和学术影响力高低的评价，科学共同体的同行评价最为科学可行。现行的评奖责任部门确定和召集专家进行同行评价的会评认知具体方式，实际上背离了同行评价的本质要求，直接影响了所评奖励的公信力。这里基于引用认知方式，提出一种更为科学可行的基于综合被引指数的科学研究成果学术价值和学术影响力同行评价改进方式。其基本逻辑是，科学研究成果的学术价值和学术影响力高低，核心地体现于被同行其他学者发表科学研究成果的被引情况，具体包括两方面因素，一是科学研究成果被引次数，二是科学研究成果被引质量。其可以用科学研究成果综合被引指数指标予以计量，计量模型如下：

$$cci = \frac{n}{\lambda} + \sum_{i=1}^{m} cif_i \qquad (3-1)$$

式中，cci 代表某一项科学研究成果的综合被引指数；n、m 分别代表该项科学研究成果的总被引次数、被公开出版的学术期刊引用次数；cif 代表每次学术期刊引用的加权量，可用该学术期刊的综合影响因子予以衡量。特别地，由于学术期刊的影响因子往往并不大，许多小于 1 甚至小于 0.1，这里引入一个折算系数 λ，对科学研究成果被引次数的得分进行适度折算，使被引次数得分与被引质量得分相匹配。

这种基于综合被引指数 cci 的科学研究成果学术价值和学术影响力评价方式，显然是一种更加本质真实的同行评价方式。

（1）综合被引指数的核心因素是被引情况，而一项科学研究成果发表后如果被某位学者在其发表的科学研究成果中引用，基本的前提为该学者一定是同一具体小学科领域内的真正同行，从而满足了同行评价人必须是真正同行的本质要求，也能够克服现行同行会评方式的外行评议内行、后沿评议前沿的不足。

（2）一项科学研究成果发表后如果被某位学者在其发表的科学研究成果中引用，另一个基本前提是该学者阅读从而了解了该项科学研究成果的具体内容，满足了同行评价人必须真正审议的本质要求，也能够克服现行同行会评方式中评审时间过短导致的不审而决的不足。

（3）一项科学研究成果发表后如果被某位学者在其发表的科学研究成果中引用，还有一个基本前提是，该学者判断该项科学研究成果具有学术价值。而其最终在自己发表的科学研究成果中予以引用，实际上可以认为是一种对该项科学研究成果学术价值和学术影响力的一次信任投票。越是在高水平科学研究成果（比如在综合影响因子高的学术期刊上发表的论文）中引用，越可以认为对该项科学研究成果学术价值和学术影响力的信任投票分值高。这满足了同行评价人评议结果应该分级赋权的本质要求，也能够克服现行同行会评方式中同行评价人同权评议的不足。

（4）Ioannidis 和 Boyack、Anderson 和 Sun 等人就论文被引频次与价值影响关系研究表明，最重要的论文的确有较高的被引频次，但那些被引频次最高的论文不一定是最具革命性发现的论文，即论文被引频次与论文价值之间存在着"有相关关系但不是直接相关关系"的规律。这里构建的综合被引指数不是直接由被引次数决定，而由被引次数和被引质量两部分因素组成，实际上正是对论文被引频次与论文价值之间"有相关关系但不是直接相关关系"规律的尊重和考虑。

此外，这种基于综合被引指数 cci 的科学研究成果学术价值和学术影响力同行评价改进方式，还具有三个方面的独特优势。①更能消除外围因素不必要的干扰，即能够最大限度地消除评奖责任部门及其管理者的不必要干扰，也能够最大限度地消除评议专家受无孔不入的打招呼、人情礼以及自身单位人属性的干扰，保证评奖过程和结果的公平公正。②更为便利操作和更加公开透明。在当今的信息时代，综合被引指数 cci 计算模型一旦确定，就可以借助各种基于互联网的知识创新服务平台的强大功能支持，予以便利的统计，甚至实现自动化处理，从而省却传统人工处理模式的诸多麻烦。另外，由于可以借助互联网平台予以统计实现，其全部过程将会以一种公开透明的方式进行，有利于消除不必要的黑箱性争议。③会极大提高评奖结果的可重复检验性，从而促进科学奖励评奖成长为一门严谨的科学行为。

第四节　科学奖励公信力三维测评指标体系构建

就科学奖励公信力而言，其关注的核心是获奖科学研究成果相对于全部可比成果的优质度。如果获奖科学研究成果的学术价值和学术影响力在全部可比成果中居于前列，则表示获奖的是真正优质成果，奖励具有高的公信力。反之，如果居于后列，则表示获奖的不是全部可比成果中的优质成果，奖励就存在着公信力争议。

衡量获奖成果相对于全部可比成果的优质度，可以从获奖成果的总体优质度、优质离散度、排位有序度三个基本维度的视角进行。所谓总体优质度，衡量的是全部获奖成果的总体优质程度，该指标越高表示获奖成果总体质量水平越高，公信力越高。所谓优质离散度，衡量的是全部获奖成果围绕其总体优质水平的离散波动情况，在总体优质度既定的情况下，该指标越高表示获奖成果离散波动程度越大，对公信力扰动越大。所谓排位有序度，衡量的是全部获奖成果的实际等级序位与合理等级序位之间的吻合程度，实际等级序位与合理等级序位吻合程度越高，公信力越高。特别说明的是，获奖成果总体优质度、优质离散度是一种相对优质指标，其衡量需要首先选择确立一个有效的优质比较标杆。

由此，下面基于综合被引指数 cci 关键指标，构建科学奖励公信力综合测评的相关指标。

　　首先，构建获奖成果优质比较标杆指标。在一组可比科学研究成果中，学术价值和学术影响力排名第一的成果，无疑是最为优质的成果。不过，如果只选取排名第一的优质成果作为优质标杆，往往会受到随机因素的强烈扰动。为增强稳定性和可靠性，本章选取全部可比成果中学术价值和学术影响力排名前三位的成果，取其综合被引指数 cci 平均值为优质比较标杆，可得优质比较标杆指标计量模型如下：

$$QCB = \frac{\sum_{j=1}^{3}(cci-c)_j}{3} \tag{3-2}$$

　　式中，QCB 代表优质比较标杆，$(cci-c)_j$ 代表全部可比成果中按综合被引指数由高到低排序的前 j 位最优成果各自的综合被引指数，j = 3。

　　其次，构建获奖成果总体优质度指标。这里用全部获奖成果的综合被引指数平均值与优质比较标杆的比值乘以 100 来表示，具体计量模型如下：

$$OQI = \frac{\sum_{k=1}^{f}(cci-a)_k \big/ f}{QCB} \times 100 \tag{3-3}$$

　　式中，OQI 代表总体优质度，$(cci-a)_k$ 代表按获奖等级序位排列的全部获奖成果各自的综合被引指数，全部获奖成果项数为 f。

　　再次，构建获奖成果优质离散度指标。其包括最高优质度、最低优质度两个指标，分别用于衡量全部获奖成果中综合被引指数最高和最低的获奖成果各自的优质程度。方便对应起见，分别用获奖成果中综合被引指数最高的前三项成果、最低的后三项成果各自的综合被引指数平均值，与优质比较标杆的比值乘以 100 来表示，具体计量模型如下：

$$HQI = \frac{\sum_{l=1}^{3}(cci-a)_l \big/ 3}{QCB} \times 100 \tag{3-4}$$

　　式中，HQI 代表最高优质度，$(cci-a)_l$ 代表全部获奖成果中按综合被引指数由高到低次序排列的前 l 位最优成果各自的综合被引指数，l = 3。

$$LQI = \frac{\sum_{p=f-2}^{f}(cci-a)_p \big/ 3}{QCB} \times 100 \tag{3-5}$$

　　式中，LQI 代表最低优质度，$(cci-a)_p$ 代表全部获奖成果中按综合被引指数由高到低次序排列的后 p 位最低成果各自的综合被引指数，p = 3。如果全部获奖成果项数为 f，则后 3 项分别为 (f-2)、(f-1)、f。

　　最后，构建获奖成果排位有序度指标。这里规定，当全部获奖成果的实际等级序位，与按综合被引指数从高到低排列的合理等级序位，正好一一对应时，各成果实际等级序位与合理等级序位差值的绝对值之和，为最小无序值，其等于0；当全部获奖成果的实际等级序位，与按综合被引指数从低到高排列的反向等级序位，正好一一对应时，各成果实际等级序位与合理等级序位差值的绝对值之和，为最大无序值；当全部获奖成果的实际等级序位，与按综合被引指数从高到低排列的等级序位，不是一一对应时，各成果实际等级序位与合理等级序位差值的绝对值之和，为实际无序值。如表3－1所示。

表3－1　基于三个等级共六项获奖成果的排位无序值计量示例

成果	实际		最小无序值情况			最大无序值情况			一种实际无序值的示例		
	奖级	序位①	cci排列②	对应序位③	无序值	cci排列②	对应序位③	无序值	cci排列②	对应序位③	无序值
NO.1	一	1	1	1	$|1-1|=0$	6	4	$|1-4|=3$	2	2	$|1-2|=1$
NO.2	二	2	2	2	$|2-2|=0$	5	4	$|2-4|=2$	5	4	$|2-4|=2$
NO.3	二	2	3	2	$|2-2|=0$	4	4	$|2-4|=2$	1	1	$|2-1|=1$
NO.4	三	4	4	4	$|4-4|=0$	3	2	$|4-2|=2$	4	4	$|4-4|=0$
NO.5	三	4	5	4	$|4-4|=0$	2	2	$|4-2|=2$	6	4	$|4-4|=0$
NO.6	三	4	6	4	$|4-4|=0$	1	1	$|4-1|=3$	3	2	$|4-2|=2$
总无序值			—		0	—		14	—		6

注：①同等级别的奖励，其分量具有一致性，所以予以并列序位处理。②表中各种情况下的cci排列，是按从高到低的规则进行的排列。③各种情况下的获奖成果对应序位，是根据成果的cci排列情况，对应一二三等奖励数量进行的对应序位排列。比如一二三等奖数量分别为1项、2项、3项时，则cci排列第一的成果其对应序位就是1，cci排列次两位（第二和第三）的成果其对应序位均是2，cci排列再次三位（第四至第六）的成果其对应序位均是4。

由此可建立排位有序度指标计量模型如下。式（3－6）中，ROD代表排位有序度，dv代表全部获奖成果的实际无序值，max（dv）代表全部获奖成果的最大无序值。

$$ROD = \left(1 - \frac{dv}{max\ (dv)}\right) \times 100 \tag{3-6}$$

第五节　基于三维指标体系的公信力测评模型构建

根据上面分析，总体优质度、优质离散度（含最高优质度、最低优质度）是衡量获奖成果相比于优质比较标杆的优质程度及离散程度的，而排位有序度是衡量获奖成果实际等级序位与合理等级序位之间吻合程度的。由此，可以构建科学奖励公信力综合测评模型如下：

$$PCD = OQI \times w_1 + QDI \times w_2 + ROD \times w_3 \qquad (3-7)$$

式中，PCD、OQI、QDI、ROD 分别代表科学奖励的公信力综合指数、总体优质度、优质离散度、排位有序度，w_1、w_2、w_3 分别代表三个指标各自的权重。

其中，优质离散度 QDI 由最高优质度 HQI、最低优质度 LQI 两个指标组成，又可得：

$$QDI = HQI \times v_1 + LQI \times v_2 \qquad (3-8)$$

式中，v_1、v_2 分别代表两个离散度指标各自的权重。

现在运用层次分析法（AHP）对影响科学奖励公信力综合指数的两个层级的衡量指标进行赋权。首先引入判断两指标相对重要程度的判断尺度和评价规则（见表3－2），然后通过指标两两之间比较得到判断值，形成判断矩阵（见表3－3）。进而计算判断矩阵的最大特征根及对应的特征向量，并进行必要的一致性调整，求出已正则化的特征向量值就是要求的权重值。三个一级指标 OQI、QDI、ROD 各自的权重分别为 0.6、0.2、0.2，再由 QDI 权重 0.2 折算出其包含的两个二级指标 HQI、LQI 各自权重分别为 0.1、0.1。

表3－2 判断两指标相对重要性权重的判断尺度与评价规则

判断尺度	评价规则	判断尺度	评价规则
1	两指标同等重要	3	一指标比另一指标稍微重要
5	一指标比另一指标明显重要	7	一指标比另一指标强烈重要
9	一指标比另一指标极端重要	倒数	指标 i 与 j 比较得判断 a，指标 j 与 i 比较得判断 1/a

表3－3 指标间重要性判断矩阵

一级指标间重要性判断矩阵		OQI	QDI	LQI	二级指标间重要性判断矩阵		HQI	LQI
	OQI		1			HQI	1	
	OQI	1/3	1			LQI	1	1
	LQI	1/3	1	1				

则科学奖励公信力综合测评模型可以具体表达如下：

$$PCD = OQI \times 0.6 + HQI \times 0.1 + LQI \times 0.1 + ROD \times 0.2 \qquad (3-9)$$

可知，科学奖励公信力高低，直接取决于获奖成果三个维度的因素，即总体优质度（OQI）、优质离散度（HQI、LQI）、排位有序度（ROD）。深入审视会发现，决定三个维度因素高低的深层次因素有两个：一是评奖行为是否科学公正，将真正的优质成果评出，并且按各自优质程度科学排序确定合理奖励等级；二是设奖数量是否合适，没有过多过滥。即使评奖行为完全科学公正，评出的均是最优成果，且排序完全合理，如果奖励数量设置过滥，会天然下沉总体优质度

（OQI）并扩大优质离散度（HQI、LQI），从而导致奖励公信力下降。

根据式（3-9），理想情况下，如果奖励只设 3 项，且评出的 3 项获奖成果是可比成果中最优质的 3 项，且这 3 项获奖成果排序完全合理，则其公信力指数可以获得 100 的理想分值。反之，如果奖励数量过滥，且评出获奖的为最差的成果，且获奖成果排列完全反序，则公信力指数就可能会非常不理想。

进而，基于上述公信力综合测评模型，进一步可以构建科学奖励公信力测评等级划分体系。根据基本等级划分识别经验，可以将科学奖励公信力高低区分为优、良、中、低、差五个等级，分别以 A、B、C、D、E 代表，对应的公信力指数区间分别是 $90\% \leqslant PCD \leqslant 100\%$、$80\% \leqslant PCD < 90\%$、$70\% \leqslant PCD < 80\%$、$60\% \leqslant PCD < 70\%$、$PCD < 60\%$。如表 3-4 所示。

表 3-4　科学奖励公信力测评等级区间划分

公信力等级划分	公信力等级代码	公信力指数区间
优	A	$90\% \leqslant PCD \leqslant 100\%$
良	B	$80\% \leqslant PCD < 90\%$
中	C	$70\% \leqslant PCD < 80\%$
低	D	$60\% \leqslant PCD < 70\%$
差	E	$PCD < 60\%$

第六节　公信力测评结果的数据挖掘和态势判别

科学奖励公信力测评体系构建完成之后，即可以基于收集的原始数据进行科学奖励公信力各相应指标的测评分析，得出公信力各最终指标（包括总体优质度 OQI、最高优质度 HQI、最低优质度 LQI、排位有序度 ROD 等）具体测评值，以及公信力各原始指标（包括优质标杆 cci、总体优质指数、最高优质指数、最低优质指数等）具体测评值。

面对测评得出的科学奖励公信力各指标的系列测评值，可以进行进一步的数据挖掘，从三个方面开展公信力基本态势的分析判别：一是科学奖励总体公信力水平的分析判别；二是科学奖励公信力基本波动态势（波动平稳还是波动剧烈）的分析判别；三是进一步的科学奖励公信力波动是否具有明朗趋势规律的分析判别。具体到空间序列的科学奖励公信力系列测评值和时间序列的科学奖励公信力系列测评值，其进一步数据挖掘和公信力基本态势分析判别的逻辑流程和指标使用并不相同。

对于空间序列的科学奖励公信力系列测评值，其数据挖掘和公信力基本态势分析判别的逻辑流程与指标使用可以规范如下（见图3－3）。首先，面向基于原始数据得出的空间序列公信力测评值进行进一步的数据挖掘，分析得到第一个判别指标"平均值"。这个"平均值"指标的实际大小，可用以反映全部地区科学奖励总体的公信力水平高低，并可根据表3－4予以相应的公信力等级确定。其次，面向基于原始数据得出的空间序列公信力测评值及其"平均值"，进行进一步的数据挖掘，分析得到第二个判别指标"变异系数CV"。根据一般判别界线，如果变异系数CV≤15%，可以认为各地区科学奖励公信力彼此之间差异不大，呈现平稳态势，则可以判断各地区公信力彼此之间具有以平均值为中心平稳波动的趋势规律。如果变异系数CV＞15%，可以认为各地区科学奖励公信力彼此之间差异过大和波动剧烈，呈现随机性态势，则可以判断各地区公信力彼此之间没有明显的趋势性规律。

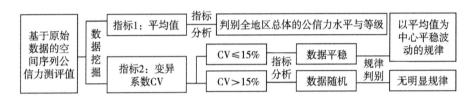

图3－3　空间序列公信力测评数据挖掘和态势判别逻辑流程与指标

对于时间序列的科学奖励公信力系列测评值，其数据挖掘和公信力基本态势分析判别的逻辑流程与指标使用可以规范如下（见图3－4）。首先，面向基于原始数据得出的时间序列公信力测评值进行进一步的数据挖掘，分析得到第一个判别指标"平均值"，可用以反映全部时期科学奖励总体的公信力水平高低，并可根据表3－4予以相应的公信力等级确定。其次，面向基于原始数据得出的时间序列公信力测评值及其"平均值"，进行进一步的数据挖掘，分析得到第二个判别指标"变异系数CV"。根据一般判别界线，如果变异系数CV≤15%，可以认为各时期科学奖励公信力彼此之间差异不大，呈现平稳态势，则可以判断各时期公信力彼此具有以平均值为中心平稳波动的趋势规律。如果变异系数CV＞15%，可以认为各时期科学奖励公信力彼此之间差异过大和波动剧烈。要判断其中是否具有明显的趋势性规律，则须进一步对基于原始数据得出的时间序列公信力测评值进行线性回归主趋势分析。假设回归得到的线性模型为$Y = \alpha X + \beta$，Y、X分别代表公信力指标值、时期值，α、β为常数参数。由此，可以初步判别这组基于原始数据得出的时间序列公信力测评值，呈现以α为单位的边际优化（$\alpha > 0$）或恶化（$\alpha < 0$）的趋势。不过，这种变化趋势是否稳定可靠，还需要第4个指标"决定系数R^2"予以判别。如果"决定系数R^2"大小比较理想，则可判别这种优化或恶化的变化趋势是稳定可靠的。如果"决定系数R^2"太小不理想，则

可判别这种优化或恶化的变化趋势是不稳定不可靠的。

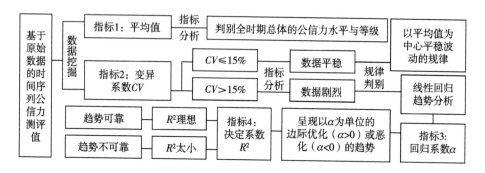

图 3 – 4　时间序列公信力测评数据挖掘和态势判别逻辑流程与指标

第四章 省级科学奖励公信力的抽样测评

第一节 省级科学奖励基本情况

新中国成立后，特别是 1978 年"文化大革命"结束之后，随着我国科学技术事业发展春天的到来和我国科学奖励制度的全面恢复，省级自然科学奖励工作也得到了快速恢复和发展。与此同时，各省份也或早或迟陆续设置了由所在省份社会科学界联合会负责评审的各省份社会科学成果奖。如江西第一次社会科学优秀成果奖于 1982 年颁布，云南第一次社会科学优秀成果奖于 1987 年颁布。

1999 年，国务院先后颁布了修订后的《国家科技奖励条例》和《科学技术奖励制度改革方案》。《条例》和《方案》直面原有科学奖励工作中存在的不足，特别是部门、地方和境内外社会力量重复设奖、奖励名目过多、数量过滥、质量不高等问题，开展了基于少而精原则的重大改革。改革之后，各省份人民政府可以设立一项省级自然科学技术奖，除此之外一律不再设奖。

在实际工作中，各省份人民政府基于可以设立一项省级自然科学技术奖的规定，比照国家自然科学五大奖项设置的基本范式，普遍形成了一类五项的省级自然科学奖励格局。在社会科学奖励领域，由所在省份社会科学界联合会负责评奖的省级社会科学成果奖，在 1999 年之后得到了进一步的规范和加强。虽然有的省份还设置有由省份科技部门负责评奖的软科学成果奖，但其影响力一般不足以和省份社会科学成果奖相比，有的省份视作省份奖励，有的省份视作地厅奖励，也有的省份先视作省份奖励后视作地厅奖励。

就目前而言，我国省份科学奖励已经形成了由 30 多个省份政府科学奖励组成的包含自然科学奖励和社会科学奖励两大基本类型及六大具体奖励的基本格局。六大省份奖励是指省级科学技术最高奖、省级自然科学奖、省级技术发明奖、省级科学技术进步奖和省级国际科学技术合作奖五个自然科学奖励和省级社会科学成果奖一个社会科学奖励。

省级自然科学奖以山东省为例进行说明。根据 2006 年颁布的《山东省科学技术奖励办法》，山东省科学技术奖分为省科学技术最高奖、省自然科学奖、省技术发明奖、省科学技术进步奖和省国际科学技术合作奖五种具体类型，每年度评奖一次。省科学技术最高奖和省国际科学技术合作奖不分等级，省自然科学奖、省技术发明奖和省科学技术进步奖设一等奖、二等奖和三等奖三个等级。省科学技术最高奖每年授奖人数不超过 2 名，省国际科学技术合作奖每年授奖数量不限，省自然科学奖、省技术发明奖和省科学技术进步奖每年授奖项目总数不超过 500 项。评奖过程包括申报、推荐、评审和授奖四个具体环节。省科学技术行政部门负责奖励评审的组织管理工作，省人民政府设立的省科学技术奖励委员会负责奖励的具体评审工作。

省份社会科学奖也以山东为例进行说明。根据 2016 年由山东省社会科学优秀成果奖评选委员会和山东省社会科学界联合会颁布的《山东省社会科学优秀成果奖评选工作实施细则》，山东省社会科学优秀成果奖奖励等次分为特等奖和一等奖、二等奖、三等奖。特等奖每年不超过 2 项（可以空缺），一等奖每年不超过 30 项，二等奖每年 100 项，三等奖每年 120 项。参评范围为正式发表的文章或者正式出版的著作等社会科学研究成果，经省部级以上党委、政府领导批示或者被省部级以上党委、政府机关采用的调研报告、决策咨询文稿，在省部级以上社科规划部门、软科学规划部门等结项或者通过鉴定的社科课题及山东省社科联人文社会科学优秀结项课题。申报成果时限要求为上隔 1～5 年未被推荐参评的成果，以及上推至党的十一届三中全会以来没有获得过省部级奖励但取得重大经济社会效益、产生重大影响并被引用 200 次以上的成果。评选程序包括客观赋分、会议评选、评委会审定、公示、公布、表彰奖励等。客观赋分是随机抽选专家，根据《山东省社会科学优秀成果奖基础理论（A）类成果客观分数评价标准》和《山东省社会科学优秀成果奖应用与普及（B）类成果客观分数评价标准》评出分值，最高 30 分，实行学科组之间轮换重新赋分和审核。评委会为评奖活动的领导机构，省社科联设置评奖办，负责评奖活动的日常组织工作。评奖委员会下设经济学组、管理学组、政治学组等专业学科评选组，负责对申报成果进行评选。

根据第二章第三节的分析，基于山东、河南、青海 3 个省 2005 年、2010 年、2015 年各年度的抽样推测表明，当前我国除港澳台之外的 31 个省份年均评选授出的省级科学技术奖励在 7739 项左右。基于山东、云南、江西、四川等 9 个省份各一个年度的抽样推测表明，当前我国除港澳台之外的 31 个省份年均评选授出的省级社会科学奖励在 4836 项左右。两者相加，当前我国除港澳台之外的 31 个省份年均评选授出的省级自然科学和社会科学全部奖励当在 12575 项左右。而据姚昆仑的统计推测，自 2000 年以来至 2015 年，省级自然科学和社会科学奖励总数当在 10 万项之上。① 显然，这是一个极其庞大的数量。

---

① 姚昆仑. 科学技术奖励综论［M］. 北京：科学出版社，2008.

第二节　抽样对象选取与实证抽样测评

从上节的分析可知，省级科学奖励设置和评选涉及30多个省级单位，包括有五项自然科学奖励和一项社会科学奖励。鉴于社会科学奖励的公信力争议相对更为突出，这里重点针对省级社会科学奖励，选择兼有自然科学和社会科学交叉性质的经济管理学中文论文成果为抽样对象，借助中国知网平台（CNKI）进行公信力抽样测评。

省级社会科学成果奖涉及了30多个省份，还有评奖届次年份之别，是一个极其庞大的数量。不过，省级社会科学成果奖评奖信息公开程度差异很大，真正能够比较充分披露相关届次评奖信息的并不多。这里根据极其有限的评奖信息披露情况，重点选择山东省2009～2016年共8届次社会科学成果奖、福建2003～2015年共7届次社会科学成果奖以及海南2012年的社会科学成果奖、云南2011年的社会科学成果奖，分别以各自的经济学和管理学获奖中文论文成果为抽样样本，进行测评分析。相关原始数据如表4－1和本章全部附表所示。

表4－1　17个抽样省份（年度）社会科学成果奖励情况及获奖经管类中文论文成果情况

省份及年度	本类奖励设奖总数				抽样经管类论文奖励数			
	一等奖数	二等奖数	三等奖数	总数	一等奖数	二等奖数	三等奖数	总数
山东2009	20	90	150	260	3	9	15	27
山东2010	19	91	148	258	1	10	15	26
山东2011	23	91	156	270	2	8	21	31
山东2012	23	102	174	299	3	12	26	41
山东2013	22	90	148	260	3	11	20	34
山东2014	21	92	147	260	3	10	15	28
山东2015	24	91	148	263	3	11	15	29
山东2016	33	101	120	254	3	14	17	34
福建2003	33	102	未公布	135	1	15	未公布	16
福建2005	32	95	未公布	127	2	9	未公布	11
福建2007	32	83	156	271	1	10	28	39
福建2009	40	111	211	362	2	11	21	34
福建2011	23	77	150	250	2	6	27	35
福建2013	22	52	176	250	2	7	20	29
福建2015	30	70	150	250	5	10	17	32
海南2012	14	37	66	117	3	3	10	16

省份及年度	本类奖励设奖总数				抽样经管类论文奖励数			
	一等奖数	二等奖数	三等奖数	总数	一等奖数	二等奖数	三等奖数	总数
云南 2011	10	36	111	157	1	4	9	14
总计	421	1411	2211	4043	40	160	276	476

注：部分省份在一等奖之上还设有特等奖或重大成果奖、荣誉奖，统一按一等奖进行了统计。另外有部分省份部分年度只公布了一二等奖获奖名单，没有公布三等奖获奖名单，则以一二等奖为代表进行了统计。

基于构建的科学奖励公信力测评模型体系，首先，对抽样省份（年度）获奖的经济学和管理学两大学科门类的中文论文成果，进行综合被引指数 cci 统计汇总，并标出各成果的实际等级序位和合理等级序位（参见附表 4-1-1 至附表 4-18-1）。其次，对抽样省份同届别（年度）评奖成果对应时间期限内本省的学者发表的所有经管类中文论文成果，进行综合被引指数 cci 统计汇总，并从高到低截取排名前三的成果，计算其综合被引指数 cci 平均值，作为优质比较标杆 QCB（参见附表 4-1-2 至附表 4-18-2）。最后，按相应算法分别计量抽样省份（年度）获奖论文成果的总体优质度 OQI 和最高优质度 HQI、最低优质度 LQI 以及排位有序度 ROD，并代入公信力测评模型，测度各抽样省级（年度）的奖励公信力。

第三节　抽样测评奖励公信力总体分析

现在，就全部统计省份（年度）获奖经管类论文成果公信力测评情况，借助表 4-2、表 4-3、表 4-4、表 4-5 和图 4-1、图 4-2、图 4-3、图 4-4 进行总体分析。

表 4-2　17 个抽样省份（年度）奖励公信力原始指标测评

序号	省份及年度	优质标杆 cci	总体优质指数	最高优质指数	最低优质指数
1	山东 2009	112.78	18.52	91.26	0.23
2	山东 2010	62.4	10.7	44.68	0.71
3	山东 2011	142.14	26.42	142.14	0.62
4	山东 2012	87.93	15.55	77.85	0.07
5	山东 2013	120.21	18.25	84.65	1.71
6	山东 2014	76.65	12.53	36.62	0.98
7	山东 2015	39.94	8.68	28.5	0.64
8	山东 2016	31.21	7.38	31.21	0.38

序号	省份及年度	优质标杆 cci	总体优质指数	最高优质指数	最低优质指数
9	福建 2003	277.02	36.83	141	2.26
10	福建 2005	102.25	25.93	56.53	2.18
11	福建 2007	212.73	23.76	143.95	0.38
12	福建 2009	129.12	26.54	125.61	0.21
13	福建 2011	315.24	73.34	315.24	1.67
14	福建 2013	174.63	50.17	174.63	0.91
15	福建 2015	112.42	24.68	112.42	0.19
16	海南 2012	34.34	8.35	26.85	0.26
17	云南 2011	79.83	14.05	47.9	0.32
18	平均	124.17	23.63	98.88	0.81
19	变异系数	63.15%	69.58%	71.83%	85.66%
20	R^2	0.031	0.095	0.047	0.001

表 4 - 3　17 个抽样省份（年度）奖励公信力原始指标年均值测评

序号	省份及年度	成果历时年限	优质标杆 cci 年均	总体优质指数年均	最高优质指数年均	最低优质指数年均
1	山东 2009	9	12.53	2.06	10.14	0.03
2	山东 2010	8	7.80	1.34	5.59	0.09
3	山东 2011	7	20.31	3.77	20.31	0.09
4	山东 2012	6	14.66	2.59	12.98	0.01
5	山东 2013	5	24.04	3.65	16.93	0.34
6	山东 2014	4	19.16	3.13	9.16	0.25
7	山东 2015	3	13.31	2.89	9.50	0.21
8	山东 2016	2	15.61	3.69	15.61	0.19
9	福建 2003	14.5	19.10	2.54	9.72	0.16
10	福建 2005	12.5	8.18	2.07	4.52	0.17
11	福建 2007	10.5	20.26	2.26	13.71	0.04
12	福建 2009	8.5	15.19	3.12	14.78	0.02
13	福建 2011	6.5	48.50	11.28	48.50	0.26
14	福建 2013	4.5	38.81	11.15	38.81	0.20
15	福建 2015	2.5	44.97	9.87	44.97	0.08
16	海南 2012	6	5.72	1.39	4.48	0.04
17	云南 2011	6	13.31	2.34	7.98	0.05
18	平均	—	20.09	4.07	16.92	0.13

续表

序号	省份及年度	成果历时年限	优质标杆 cci 年均	总体优质指数年均	最高优质指数年均	最低优质指数年均
19	变异系数	—	60.56%	78.34%	78.99%	74.06%
20	R^2	—	0.121	0.170	0.124	0.007

备注：山东省社会科学评奖，每年进行 1 次，每年评奖参评成果的主体期限范围是评奖年份之前第 2 个年份取得的成果，即山东省 2009 年、2010 年、2011 年、2012 年、2013 年、2014 年、2015 年、2016 年评奖的主体参评成果，分别是 2007 年、2008 年、2009 年、2010 年、2011 年、2012 年、2013 年、2014 年取得的成果，以 2016 统计年度为结束年度，经历年限分别为 9 年、8 年、7 年、6 年、5 年、4 年、3 年、2 年。福建省社会科学评奖，每 2 年进行 1 次，每年评奖参评成果的主体期限范围是评奖年份之前 2 个年份取得的成果，即福建省 2003 年、2005 年、2007 年、2009 年、2011 年、2013 年、2015 年评奖的主体参评成果，分别是 2001 ~ 2002 年、2003 ~ 2004 年、2005 ~ 2006 年、2007 ~ 2008 年、2009 ~ 2010 年、2011 ~ 2012 年、2013 ~ 2014 年取得的成果，以 2016 统计年度为结束年度，以各届奖励主体参评成果期限中值为起点年度，经历年限分别为 14.5 年、12.5 年、10.5 年、8.5 年、6.5 年、4.5 年、2.5 年。海南 2013 年之前的社会科学评奖，每 3 年进行 1 次，每年评奖参评成果的主体期限范围是评奖年份之前 3 个年份取得的成果，即海南 2012 年评奖的主体参评成果，是 2009 ~ 2011 年取得的成果，以 2016 统计年度为结束年度，以主体参评成果期限中值为起点年度，经历年限为 6。云南 2011 年的社会科学评奖，参评成果的主体期限范围是评奖年份之前 1 个年份取得的成果，即 2010 年取得的成果，以 2016 统计年度为结束年度，经历年限为 6。历届的优质标杆 cci 年均、总体优质指数年均、最高优质指数年均、最低优质指数年均，分别由相应指标除以对应年限而得出。

表 4 - 4　17 个抽样省份（年度）奖励公信力最终指标测评

序号	省份及年度	OQI	HQI	LQI	最大无序值	实际无序值	ROD	PCD
1	山东 2009	16.43	80.92	0.2	234	102	56.41	29.25
2	山东 2010	17.15	71.61	1.13	222	122	45.05	26.57
3	山东 2011	18.59	100	0.44	134	60	55.22	32.24
4	山东 2012	17.69	88.54	0.08	378	156	58.73	31.22
5	山东 2013	15.18	70.42	1.42	326	172	47.24	25.74
6	山东 2014	16.35	47.78	1.28	278	118	57.55	26.22
7	山东 2015	21.73	71.36	1.6	326	172	47.24	29.78
8	山东 2016	23.65	100	1.21	494	166	66.4	37.59
9	福建 2003	13.3	50.9	0.82	2	2	0	13.15
10	福建 2005	25.36	55.29	2.13	8	8	0	20.96
11	福建 2007	11.17	67.67	0.18	222	142	36.04	20.7
12	福建 2009	20.55	97.28	0.16	294	162	44.9	31.05
13	福建 2011	23.27	100	0.53	294	162	44.9	33
14	福建 2013	28.73	100	0.52	134	37	72.39	41.77
15	福建 2015	21.96	100	0.17	350	160	54.29	34.05
16	海南 2012	24.32	78.19	0.76	54	48	11.11	24.71
17	云南 2011	17.6	60	0.4	42	18	57.14	28.03
18	平均	19.59	78.82	0.77	223.06	106.29	44.39	28.59
19	变异系数	23.00%	23.10%	75.82%	—	—	46.70%	22.83%
20	R^2	0.183	0.010	0.036	—	—	0.031	0.008

表 4 - 5　17 个抽样省份（年度）奖励公信力综合指数 PCD 分析

指标	OQI	HQI	LQI	ROD	PCD
原始得分值	19.59	78.82	0.77	44.39	—
原始得分率	19.59	78.82	0.77	44.39	—
折权得分值	11.75	7.88	0.08	8.88	28.59
占比	41.10	27.56	0.28	31.06	100.00

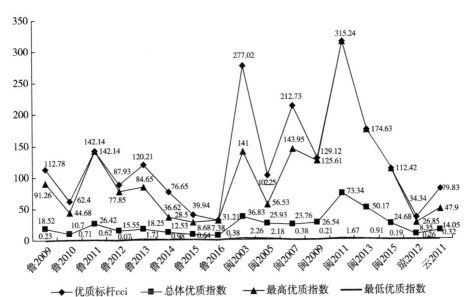

图 4 - 1　17 个抽样省份（年度）奖励公信力原始指标测评

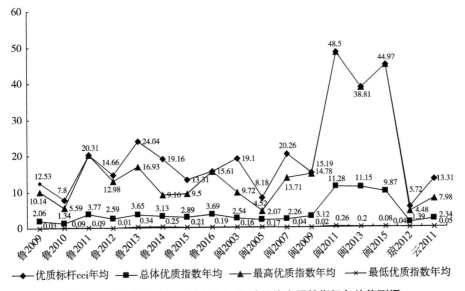

图 4 - 2　17 个抽样省份（年度）奖励公信力原始指标年均值测评

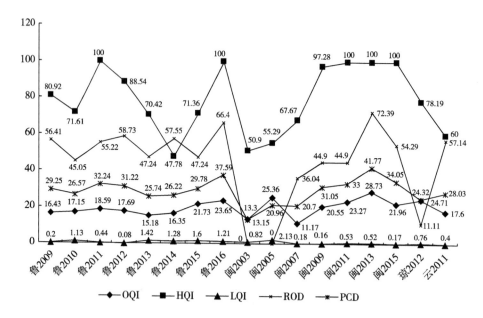

图 4-3 17 个抽样省份（年度）奖励公信力最终指标测评

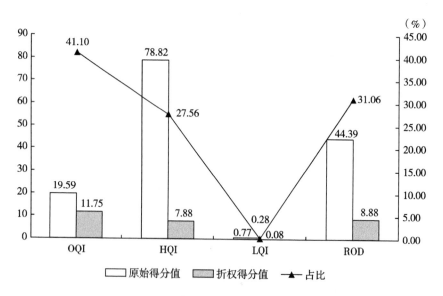

图 4-4 17 个抽样省份（年度）奖励公信力综合指数 PCD 分析

一、17 个抽样省份（年度）奖励公信力原始指标分析

从表 4-2 和图 4-1 可以看出：①就获奖经管类论文成果公信力测评的优质标杆指数 cci 情况来看，全部 17 个抽样省份（年度）中，最低为山东 2016 年的 31.21，最高为福建省 2011 年的 315.24，平均为 124.17。变异系数 CV = 63.15% >

15%，说明波动幅度相当剧烈。主体趋势线性模拟的 R^2 值只有 0.031，说明随机性过大，没有明显的趋势性规律。②就获奖经管类论文成果公信力测评的总体优质指数情况来看，全部 17 个抽样省份（年度）中，最低为山东 2016 年的 7.38，最高为福建 2011 年的 73.34，平均为 23.63。变异系数 CV = 69.58% > 15%，说明波动幅度相当剧烈。主体趋势线性模拟的 R^2 值只有 0.095，说明随机性过大，没有明显的趋势性规律。③就获奖经管类论文成果公信力测评的最高优质指数情况来看，全部 17 个抽样省份（年度）中，最低为海南 2012 年的 26.85，最高为福建 2011 年的 315.24，平均为 98.88。变异系数 CV = 71.83% > 15%，说明波动幅度相当剧烈。主体趋势线性模拟的 R^2 值只有 0.047，说明随机性过大，没有明显的趋势性规律。④就获奖经管类论文成果公信力测评的最低优质指数情况来看，全部 17 个抽样省份（年度）中，最低为山东 2012 年的 0.07，最高为福建 2003 年的 2.26，平均为 0.81。变异系数 CV = 85.66% > 15%，说明波动幅度相当剧烈。主体趋势线性模拟的 R^2 值只有 0.001，说明随机性过大，没有明显的趋势性规律。

综上所述，全部 17 个抽样省份（年度）获奖经管类中文论文成果公信力原始指标的变异系数都在 60% 以上，大于 15% 的稳定边界，主体趋势线性模拟的 R^2 值最高也只有 0.095，说明随机性波动幅度均相当剧烈，均没有稳定的趋势规律，均没有呈现出不断优化的趋势和特征。

二、17 个抽样省份（年度）奖励公信力原始指标年均值分析

由于 17 个抽样省份（年度）获奖成果到 2016 年统计测评时，历时年限各不相同。因此，将公信力各项原始指标值除以到 2016 年止历时年份数量，得出公信力各项原始指标年均值，具有更好的可比价值。

从表 4 - 3 和图 4 - 2 可以看出：①就获奖经管类论文成果公信力测评的优质标杆指数 cci 年均值来看，全部 17 个抽样省份中最低为海南 2012 年的 5.72，最高为福建 2011 年的 48.50，平均为 20.09。变异系数 CV = 60.56% > 15%，说明年均后的波动幅度仍然相当剧烈。主体趋势线性模拟的 R^2 值只有 0.121，说明年均后的随机性仍然过大，没有明显的趋势性规律。②就获奖经管类论文成果公信力测评的总体优质指数年均值来看，全部 17 个抽样省份（年度）中，最低为山东 2010 年的 1.34，最高为福建 2011 年的 11.28，平均为 4.07。变异系数 CV = 78.34% > 15%，说明年均后的波动幅度仍然相当剧烈。主体趋势线性模拟的 R^2 值只有 0.170，说明年均后的随机性仍然过大，没有明显的趋势性规律。③就获奖经管类论文成果公信力测评的最高优质指数年均值来看，全部 17 个抽样省份（年度）中最低为福建 2005 年的 4.52，最高为福建 2011 年的 48.50，平均为 16.92。变异系数 CV = 78.99% > 15%，说明年均后的波动幅度仍然相当剧烈。主体趋势线性模拟的 R^2 值只有 0.124，说明年均后的随机性仍然过大，没有明显的趋势性规律。④就获奖经管类论文成果公信力测评的最低优质指数年均值来看，全部 17 个抽样省份（年度）中最低为山东 2012 年的 0.01，最高为山东 2013 年的 0.34，平均为 0.13。变异系数 CV = 74.06% > 15%，说明年均后的波动幅度仍然相当剧烈。主体趋势线性模拟的 R^2 值只有 0.007，说明年均后的随机性仍然过大，没有明显的趋势性规律。

综上所述，全部 17 个抽样省份（年度）获奖经管类中文论文成果公信力原始指标年均后的变异系数仍然都在 60% 以上，主体趋势线性模拟的 R^2 值最高也只有 0.17，说明年均后的随机性波动幅度仍然相当剧烈，仍然没有稳定的趋势规律，仍然没有呈现出不断优化的趋势和特征。

三、17 个抽样省份（年度）奖励公信力最终指标分析

从表 4-4 和图 4-3 可以看出：①就获奖经管类论文成果公信力测评的总体优质度 OQI 情况来看，全部 17 个抽样省份（年度）中最低为福建 2007 年的 11.17，最高为福建 2013 年的 28.73，平均为 19.59。变异系数 CV = 23.00% > 15%，说明波动幅度相当剧烈。主体趋势线性模拟的 R^2 值只有 0.183，说明随机性过大，没有明显的趋势性规律。②就获奖经管类论文成果公信力测评的最高优质度 HQI 情况来看，全部 17 个抽样省份（年度）中最低为山东 2014 年的 47.78，最高为山东 2016 年和福建 2011 年、2013 年、2015 年的 100，平均为 78.82。变异系数 CV = 23.10% > 15%，说明波动幅度相当剧烈。主体趋势线性模拟的 R^2 值只有 0.010，说明随机性过大，没有明显的趋势性规律。③就获奖经管类论文成果公信力测评的最低优质度 LQI 情况来看，全部 17 个抽样统计省份（年度）中最低为山东 2012 年的 0.08，最高为福建 2005 年的 2.13，平均为 0.77。变异系数 CV = 75.82% > 15%，说明波动幅度相当剧烈。主体趋势线性模拟的 R^2 值只有 0.036，说明随机性过大，没有明显的趋势性规律。④就获奖经管类论文成果公信力测评的排位有序度 ROD 情况来看，全部 17 个抽样省份（年度）中最低为福建 2003 年、2005 年的 0，最高为福建 2013 年的 72.39，平均为 44.39。变异系数 CV = 46.70% > 15%，说明波动幅度相当剧烈。主体趋势线性模拟的 R^2 值只有 0.031，说明随机性过大，没有明显的趋势性规律。⑤就获奖经管类论文成果公信力测评的综合指数 PCD 情况来看，全部 17 个抽样统计省份（年度）中最低为福建 2003 年的 13.15，最高为福建 2013 年的 41.77，平均为 28.59，处于 E 级别的差等级区间，很不理想。变异系数 CV = 22.83% > 15%，说明波动幅度相当剧烈。主体趋势线性模拟的 R^2 值只有 0.008，说明随机性过大，没有明显的趋势性规律。

综上所述，全部 17 个抽样省份（年度）获奖经管类中文论文成果公信力最终指标的变异系数均在 22% 以上，大于 15% 的稳定边界，主体趋势线性模拟的 R^2 值最高也只有 0.183，说明随机性波动幅度均相当剧烈，均没有稳定的趋势规

律，均没有呈现出不断优化的趋势和特征。

四、17 个抽样省份（年度）奖励总体公信力综合指数 PCD 分析

就全部 17 个抽样省份（年度）获奖成果总体情况来看，总体平均的公信力综合指数 PCD 为 28.59，其中总体优质度 OQI、最高优质度 HQI、最低优质度 LQI、排位有序度 ROD 四项指标原始得分值分别为 19.59、78.82、0.77、44.39，相当于获得了各自指标满分分值的 19.59%、78.82%、0.77%、44.39%。四项指标折权后的得分值分别为 11.75、7.88、0.08、8.88，占得分总值的比重分别为 41.10%、27.56%、0.28%、31.06%。

这表明，全部 17 个抽样省份（年度）获奖成果总体的公信力综合指数 PCD 之所以不理想，所评奖励成果的总体优质水平太低导致总体优质度 OQI 得分率过低，所评奖励之中渗透了一批过于低劣的成果导致最低优质度 LQI 得分率过低，是决定性原因。所评奖励的排位有序性不科学导致排位有序度 ROD 得分率偏低，是重要原因。而最高优质度 HQI 的得分率也不尽理想，说明所评奖励对最高水平和影响成果的包含性不足，值得关注。

第四节　抽样测评奖励公信力损失分析

现在，就 17 个抽样省份（年度）获奖经管类论文成果公信力测评的损失情况，借助表 4-6、表 4-7 和图 4-5、图 4-6 进行分析。可知，就 17 个省份（年度）获奖成果综合的公信力综合指数 PCD 各自的损失情况而言，最低为福建 2013 年的 58.23，最高为福建 2003 年的 86.85，平均损失 71.41，损失率高达 71.41%，说明公信力综合指数 PCD 损失非常严重。具体各指标损失情况分析如下：

表 4-6　17 个抽样省份（年度）奖励公信力损失情况分析

省份及年度	指标	总体优质度 OQI	最高优质度 HQI	最低优质度 LQI	排位有序度 ROD	公信力指数 PCD
	理想值	60	10	10	20	100
山东 2009	原始均值	16.43	80.92	0.2	56.41	29.25
	折权均值	9.86	8.09	0.02	11.28	29.25
	损失值	50.14	1.91	9.98	8.72	70.75
山东 2010	原始均值	17.15	71.61	1.13	45.05	26.57
	折权均值	10.29	7.16	0.11	9.01	26.57
	损失值	49.71	2.84	9.89	10.99	73.43

省份及年度	指标	总体优质度 OQI	最高优质度 HQI	最低优质度 LQI	排位有序度 ROD	公信力指数 PCD
	理想值	60	10	10	20	100
山东 2011	原始均值	18.59	100	0.44	55.22	32.24
	折权均值	11.15	10.00	0.04	11.04	32.24
	损失值	48.85	0.00	9.96	8.96	67.76
山东 2012	原始均值	17.69	88.54	0.08	58.73	31.22
	折权均值	10.61	8.85	0.01	11.75	31.22
	损失值	49.39	1.15	9.99	8.25	68.78
山东 2013	原始均值	15.18	70.42	1.42	47.24	25.74
	折权均值	9.11	7.04	0.14	9.45	25.74
	损失值	50.89	2.96	9.86	10.55	74.26
山东 2014	原始均值	16.35	47.78	1.28	57.55	26.22
	折权均值	9.81	4.78	0.13	11.51	26.23
	损失值	50.19	5.22	9.87	8.49	73.77
山东 2015	原始均值	21.73	71.36	1.6	47.24	29.78
	折权均值	13.04	7.14	0.16	9.45	29.78
	损失值	46.96	2.86	9.84	10.55	70.22
山东 2016	原始均值	23.65	100	1.21	66.4	37.59
	折权均值	14.19	10	0.12	13.28	37.59
	损失值	45.81	0	9.88	6.72	62.41
福建 2003	原始均值	13.3	50.9	0.82	0	13.15
	折权均值	7.98	5.09	0.08	0	13.15
	损失值	52.02	4.91	9.92	20	86.85
福建 2005	原始均值	25.36	55.29	2.13	0	20.96
	折权均值	15.22	5.53	0.21	0	20.96
	损失值	44.78	4.47	9.79	20	79.04
福建 2007	原始均值	11.17	67.67	0.18	36.04	20.7
	折权均值	6.7	6.77	0.02	7.21	20.7
	损失值	53.3	3.23	9.98	12.79	79.31
福建 2009	原始均值	20.55	97.28	0.16	44.9	31.05
	折权均值	12.33	9.73	0.02	8.98	31.05
	损失值	47.67	0.27	9.98	11.02	68.95

续表

省份及年度	指标	总体优质度 OQI	最高优质度 HQI	最低优质度 LQI	排位有序度 ROD	公信力指数 PCD
	理想值	60	10	10	20	100
福建 2011	原始均值	23.27	100	0.53	44.9	33
	折权均值	13.96	10	0.05	8.98	33
	损失值	46.04	0	9.95	11.02	67.01
福建 2013	原始均值	28.73	100	0.52	72.39	41.77
	折权均值	17.24	10	0.05	14.48	41.77
	损失值	42.76	0	9.95	5.52	58.23
福建 2015	原始均值	21.96	100	0.17	54.29	34.05
	折权均值	13.18	10	0.02	10.86	34.05
	损失值	46.82	0	9.98	9.14	65.95
海南 2012	原始均值	24.32	78.19	0.76	11.11	24.71
	折权均值	14.59	7.82	0.08	2.22	24.71
	损失值	45.41	2.18	9.92	17.78	75.29
云南 2011	原始均值	17.6	60	0.4	57.14	28.03
	折权均值	10.56	6	0.04	11.43	28.03
	损失值	49.44	4	9.96	8.57	71.97
平均损失值		48.25	2.12	9.92	11.12	71.41

表 4-7　17 个抽样省份（年度）奖励公信力总体损失情况分析

指标	OQI	HQI	LQI	ROD	PCD
平均损失值	48.25	2.12	9.92	11.12	71.41
自身损失率（%）	80.42	21.20	99.20	55.60	71.41
占总损失比重（%）	67.57	2.97	13.89	15.57	100.00

（1）总体优质度 OQI 指标是公信力综合指数 PCD 的关键性指标。全部 17 个抽样省份（年度）获奖成果的总体优质度 OQI 损失情况，最低为福建 2013 年的 42.76，最高为福建 2007 年的 53.30，平均损失 48.25。自身损失率高达 80.42%，占总损失比重高达 67.57%，说明总体优质度 OQI 损失情况特别严重。

（2）最低优质度 LQI 指标是公信力综合指数 PCD 的一般指标。全部 17 个抽样省份（年度）获奖成果的最低优质度 LQI 损失情况，最低为福建 2005 年的 9.79，最高为山东省 2012 年的 9.99，平均损失 9.92。自身损失率高达 99.20%，占总损失比重高达 13.89%，说明最低优质度 LQI 损失情况非常严重。

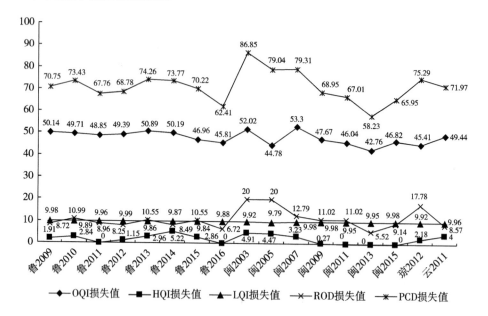

图 4-5 17 个抽样省份（年度）奖励公信力损失情况

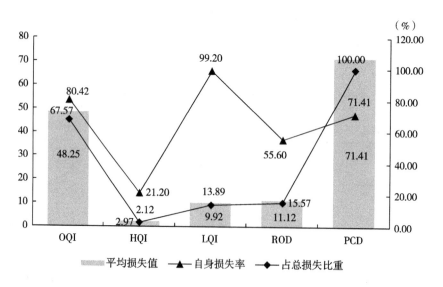

图 4-6 17 个抽样省份（年度）奖励公信力单项损失情况

（3）排位有序度 ROD 指标是公信力综合指数 PCD 的重要指标。全部 17 个抽样省份（年度）获奖成果的排位有序度 ROD 损失情况，最低为福建 2013 年的 5.52，最高为福建 2003 年和 2005 年的 20.00（全部损失），平均损失 11.12。自身损失率高达 55.60%，占总损失比重高达 15.57%，说明排位有序度 ROD 损失非常严重。

（4）最高优质度 HQI 指标是公信力综合指数 PCD 的一般指标。全部 17 个省份（年度）获奖成果的最高优质度 HQI 损失情况，最低为山东 2016 年和福建 2011 年、2013 年、2015 年共 4 个省份（年度）的 0 损失值，最高为山东 2014 年的 5.22，平均损失 2.12。自身损失率高达 21.20%，占总损失的比重为 2.97%，说明最高优质度 HQI 损失情况比较严重。

综上所述，全部 17 个省份（年度）获奖成果综合的公信力综合指数 PCD 之所以不理想，所评奖励成果的总体优质水平太低导致总体优质度 OQI 指标损失过大是决定性原因，所评奖励的排位有序性不科学和所评奖励中渗透了一批过于低劣的成果导致排位有序度 ROD 和最低优质度 LQI 损失情况非常严重，是重要原因。而所评奖励的总体优质度 OQI 损失也相当严重，说明最有价值和影响成果的获奖程度并不理想，成为另一个值得关注的原因。

第五节　抽样测评奖励公信力省际比较分析

现在，就 17 个抽样省份（年度）获奖经管类中文论文成果公信力测评情况，进行省际比较分析。

一、鲁琼云闽四省基于全部抽样数据的奖励公信力比较

（1）鲁琼云闽四省基于全部抽样数据的奖励公信力测评各原始指标比较。为更具有可比性，这里将各统计省份每一个统计评奖年度各相应公信力原始指标绝对值除以成果历时年份后的年均值进行求和，再除以统计评奖年度的个数得到。从表 4-8 和图 4-7 可以看出：①就优质标杆 cci 年平均值而言，四个省最低的是海南的 5.72，最高的是福建 27.86，平均为 15.71。变异系数 CV = 50.65% > 15%，说明波动幅度相当剧烈，随机性过大，没有明显的趋势性规律。②就总体优质指数年平均值而言，四个省最低的是海南的 1.39，最高的是福建的 6.04，平均为 3.17。变异系数 CV = 55.03% > 15%，说明波动幅度相当剧烈，随机性过大，没有明显的趋势性规律。③就最高优质指数年平均值而言，四个省最低的是海南的 4.48，最高的是福建的 25.00，平均为 12.50。变异系数 CV = 62.10% > 15%，说明波动幅度相当剧烈，随机性过大，没有明显的趋势性规律。④就最低优质指数年平均值而言，四个省最低的是海南 0.04，最高的是山东的 0.15，平均为 0.09，几乎达到了 0 的最低极限。变异系数 CV = 53.58% > 15%，说明波动幅度相当剧烈，随机性过大，没有明显的趋势性规律。

表 4-8　鲁琼云闽四省基于全部抽样数据的公信力原始指标年平均值比较

省份及年度	优质标杆 cci 年均	总体优质指数年均	最高优质指数年均	最低优质指数年均
山东平均/2009~2016	15.93	2.89	12.53	0.15
福建平均/2003~2015	27.86	6.04	25.00	0.13
海南平均/2012	5.72	1.39	4.48	0.04
云南平均/2011	13.31	2.34	7.98	0.05
总体平均	15.71	3.17	12.50	0.09
变异系数	50.65%	55.03%	62.10%	53.58%

备注：优质标杆 cci 年均、总体优质指数年均、最高优质指数年均、最低优质指数年均等各指标，由各相应指标总值除以对应届次评奖参评成果自取得年份起到 2016 统计年度时的经历年限得出。优质标杆 cci 年均、总体优质指数年均、最高优质指数年均、最低优质指数年均等各指标的各省份平均值，分别由各省份历届次相应指标值之和除以届次之和得出。原始指标数据来本章附表。

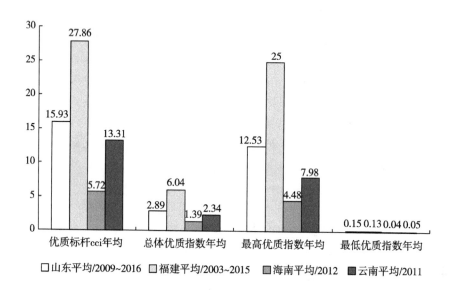

图 4-7　鲁琼云闽四省基于全部抽样数据的公信力原始指标年平均值比较

综上所述，四省公信力各原始指标年平均值的变异系数，均在 50% 以上，说明省际随机性过大，没有明显的趋势性规律。不过，四省年平均的优质标杆 cci、总体优质指数、最高优质指数比较，稳定地呈现出"福建 > 山东 > 云南 > 海南"的规律，最低优质指数年平均值除了山东略高出福建外，其他排序仍然没有差异。考虑到福建、山东、云南、海南四个省的科教水平差异（见表 4-9），可知不同省份公信力测评各原始指标的高低，明显地与其科教水平呈现正相关关系。

表 4 - 9　鲁琼云闽四省基于大学数量和质量的科教密集度比较

省份	"985" 大学	"211" 大学	大学总数
山东	山东大学、中国海洋大学	中国石油大学	143
福建	厦门大学	福州大学	88
云南		云南大学	69
海南		海南大学	17

备注：数据来源于教育部官方网站公布的 2015 年全国高校名单。

（2）鲁琼云闽四省基于全部抽样数据的公信力测评各最终指标比较。从表4 - 10 和图 4 - 8 可以看出：①就总体优质度 OQI 年平均值而言，四个省最低的是云南的 17.60，最高的是海南的 24.32，平均为 20.22。变异系数 CV = 12.93% ≤15%，说明四省之间差异不大，呈现平稳态势，具有以平均值 20.22 为中心平稳波动的趋势规律。②就最高优质度 HQI 年平均值而言，四省最低的是云南的 60.00，最高的是福建的 81.59，平均为 74.65。变异系数 CV = 11.46% ≤15%，说明四省之间差异不大，呈现平稳态势，具有以平均值 74.65 为中心平稳波动的趋势规律。③就最低优质度 LQI 年平均值而言，四省最低的是云南的 0.4，最高的是山东的 0.92，平均为 0.68。变异系数 CV = 27.87% >15%，说明四省之间差异过大，随机性过大，没有明显的趋势性规律。④就排位有序度 ROD 年平均值而言，四省最低的是海南的 11.11，最高的是云南的 57.14，平均为 39.64。变异系数 CV =46.27% >15%，说明四省之间差异过大，随机性过大，没有明显的趋势性规律。⑤就公信力综合指数 PCD 年平均值而言，四个省最低的是海南的 24.71，最高的是山东的 29.83，平均为 27.60。变异系数 CV =6.67% ≤15%，说明四省之间差异不大，呈现平稳态势，具有以平均值 27.60 为中心平稳波动的趋势规律。

表 4 - 10　鲁琼云闽四省基于全部抽样数据的公信力各最终指标平均值比较

省份及年度	OQI	HQI	LQI	ROD	PCD
山东平均/2009 ~ 2016	18.35	78.83	0.92	54.23	29.83
福建平均/2003 ~2015	20.620	81.591	0.644	36.074	27.811
海南平均/2012	24.32	78.19	0.76	11.11	24.71
云南平均/2011	17.6	60	0.4	57.14	28.03
平均	20.22	74.65	0.68	39.64	27.60
变异系数	12.93%	11.46%	27.87%	46.27%	6.67%

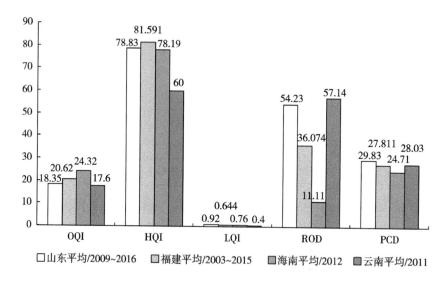

图 4-8　鲁琼云闽四省基于全部抽样数据的公信力各最终指标平均值比较

综上所述，四省公信力各最终指标年平均值的变异系数，排位有序度 ROD 和最低优质度 LQI 均大于 15% 呈现随机性过大的没有明显趋势规律的特征，总体优质度 OQI 和最高优质度 HQI 均小于 15% 呈现以平均值为中心平稳波动的趋势规律。特别地，综合公信力指数 PCD 年平均值的变异系数只有 6.67%，表明总体上波动幅度相当平稳，呈现以平均值为中心平稳波动的趋势规律。另外，四个省年平均的 OQI、HQI、LQI、ROD 以及最终的 PCD 比较，没有呈现出稳定的"福建＞山东＞云南＞海南"的规律，说明不同省份公信力测评各最终指标的高低，与其科教水平没有稳定关系。

二、鲁琼云闽四省基于同期抽样数据的奖励公信力比较

山东 2012 年、海南 2012 年、云南 2011 年评奖的参评成果范围均为 2010 年取得的成果，福建 2011 年评奖的参评成果范围是 2009～2010 年取得的成果，具有可比性。这里基于四个省 2012（2011）可比年度的数据，进行省际序列测评比较分析。

（1）鲁琼云闽四省基于 2012（2011）年度数据的公信力测评各原始指标比较。从表 4-11 和图 4-9 可以看出：①就优质标杆 cci 而言，四省中最低的是海南的 34.34，最高的是福建的 315.24，平均为 124.34。变异系数 CV＝84.47%＞15%，说明四省之间随机性差异过大，没有明显的趋势性规律。②就总体优质指数而言，四省最低的是海南的 8.35，最高的是福建的 73.34，平均为 27.82。变异系数 CV＝94.85%＞15%，说明四省之间随机性差异过大，没有明显的趋势性规律。③就最高优质指数而言，四省最低的是海南的 26.85，最高的是福建的 315.24，平均为 116.96。变异系数 CV＝99.10%＞15%，说明四省之间随机性差

异过大，没有明显的趋势性规律。④就最低优质指数而言，四省最低的是山东的
0.07，最高的是福建的1.67，平均为0.58。变异系数 CV = 109.66% > 15%，说
明四省之间随机性差异过大，没有明显的趋势性规律。

表4-11 鲁琼云闽四省基于2012（2011）年度数据的公信力各原始指标比较

省	优质标杆cci	总体优质指数	最高优质指数	最低优质指数
山东	87.93	15.55	77.85	0.07
福建	315.24	73.34	315.24	1.67
海南	34.34	8.35	26.85	0.26
云南	79.83	14.05	47.9	0.32
平均	129.34	27.82	116.96	0.58
变异系数（%）	84.47	94.85	99.10	109.66

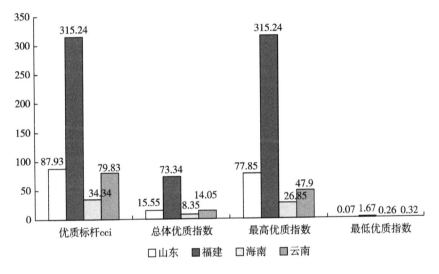

图4-9 鲁琼云闽四省基于2012（2011）年度数据的公信力各原始指标比较

综上所述，鲁琼云闽四省2012（2011）年度公信力各原始指标的变异系数
均在84%以上，远远超过15%的临界点，说明省际随机性过大，没有明显的趋
势性规律。不过，四个省年均的优质标杆cci、总体优质指数、最高优质指数比
较，仍然稳定地呈现出"福建 > 山东 > 云南 > 海南"的规律，明显地与其科教
水平呈现正相关关系。

（2）鲁琼云闽四省基于2012（2011）年度数据的公信力测评各最终指标比较。
从表4-12和图4-10可以看出：①就总体优质度OQI而言，四个省最低的是云南
的17.60，最高的是海南的24.32，平均为20.72。变异系数 CV = 14.95% ≤ 15%，

说明四省之间差异不大，呈现平稳态势，具有以平均值 20.72 为中心平稳波动的趋势规律。②就最高优质度 HQI 而言，四省最低的是云南的 60.00，最高的是福建的 100，平均为 81.68。变异系数 CV = 18.00% > 15%，说明四省之间随机性差异过大，没有明显的趋势性规律。③就最低优质度 LQI 而言，四省最低的是山东的 0.08，最高的是海南的 0.76，平均为 0.44。变异系数 CV = 55.87% > 15%，说明四省之间随机性差异过大，没有明显的趋势性规律。④就排位有序度 ROD 而言，四省最低的是海南的 11.11，最高的是山东的 58.73，平均为 42.97。变异系数 CV = 44.58% > 15%，说明四省之间随机性差异过大，没有明显的趋势性规律。⑤就公信力综合指数 PCD 而言，四个省最低的是海南的 24.71，最高的是福建的 33.00，平均为 29.24。变异系数 CV = 10.82% ≤ 15%，说明四省之间差异不大，呈现平稳态势，具有以平均值 29.24 为中心平稳波动的趋势规律。

表 4 – 12　鲁琼云闽四省基于 2012（2011）年度数据的公信力各最终指标比较

省份	OQI	HQI	LQI	ROD	PCD
山东	17.69	88.54	0.08	58.73	31.22
海南	24.32	78.19	0.76	11.11	24.71
云南	17.6	60	0.4	57.14	28.03
福建	23.27	100	0.53	44.9	33
平均	20.72	81.68	0.44	42.97	29.24
变异系数	14.95	18.00	55.87	44.58	10.82

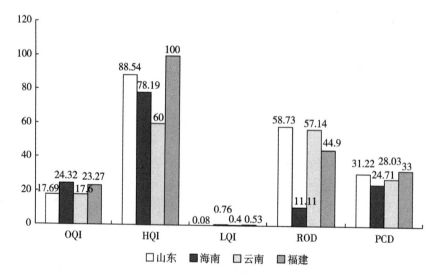

图 4 – 10　鲁琼云闽四省基于 2012（2011）年度数据的公信力各最终指标比较

综上所述，鲁琼云闽四省基于 2012（2011）年数据的公信力测评各最终指标的变异系数，LQI、ROD 远远超过 15% 的临界点，HQI 在 15% 临界点的附近，而 OQI 在 15% 临界点以下。最终的公信力综合指数 PCD 的变异系数只有 10.82%，在 15% 临界点以下。说明就总体而言，四省之间的公信力综合指数 PCD 呈现平稳态势，具有以平均值 29.24 为中心平稳波动的趋势规律。特别地，四个省 2012（2011）年最终的 PCD 比较，呈现出稳定的"福建 > 山东 > 云南 > 海南"的规律，说明不同省份公信力测评各最终指标的高低，明显地与其科教水平呈现正相关关系。

三、鲁闽两省基于同期抽样数据的奖励公信力比较

山东省社会科学评奖每年进行 1 次，每年评奖参评成果的主体期限范围是评奖年份之前第 2 个年份取得的成果，即山东省 2009 年、2010 年、2011 年、2012 年、2013 年、2014 年、2015 年、2016 年评奖的主体参评成果，分别是 2007 年、2008 年、2009 年、2010 年、2011 年、2012 年、2013 年、2014 年取得的成果。福建省社会科学评奖，每 2 年进行 1 次，每年评奖参评成果的主体期限范围是评奖年份之前 2 个年份取得的成果，即福建省 2009 年、2011 年、2013 年、2015 年评奖的主体参评成果，分别是 2007～2008 年、2009～2010 年、2011～2012 年、2013～2014 年取得的成果。这样，山东省 2009～2010 年、2011～2012 年、2013～2015 年、2015～2016 年每两年评奖的参评成果主体期限范围，大致与福建省 2009 年、2011 年、2013 年、2015 年评奖的参评成果主体期限范围相当。由此，下面即进行基于参评成果主体期限范围对应的鲁闽两省 2009～2016 年评奖成果公信力比较分析。如表 4 - 13 所示。

表 4 - 13　基于参评成果主体期限范围的鲁闽两省 2009～2016 年评奖对应

山东		福建	
评奖年份	参评成果主体期限	评奖年份	参评成果主体期限
2009	2007	2009	2007～2008
2010	2008		
2011	2009	2011	2009～2010
2012	2010		
2013	2011	2013	2011～2012
2014	2012		
2015	2013	2015	2013～2014
2016	2014		

（1）鲁闽两省基于 2009～2016 年数据的公信力测评各原始指标比较。从表 4 - 14、表 4 - 15 和图 4 - 11 可以看出：①就优质标杆 cci 年平均值而言，福建省

值相当于山东省值的倍数，第一期（即山东 2009～2010 年和福建 2009 年）为 1.49 倍，第二期（即山东 2011～2012 年和福建 2011 年）为 2.77 倍，第三期（即山东 2013～2014 年和福建 2013 年）为 1.80 倍，第四期（即山东 2015～2016 年和福建 2015 年）为 3.11 倍，四期平均为 2.31 倍，福建省的优质标杆 cci 年平均值稳定地高于山东省。②就总体优质指数年平均值而言，福建省值相当于山东省值的倍数，第一期为 1.84 倍，第二期为 3.55 倍，第三期为 3.29 倍，第四期为 3.00 倍，四期平均为 3.07 倍，福建省的总体优质指数年平均值稳定地高于山东省。③就最高优质指数年平均值而言，福建省值相当于山东省值的倍数，第一期为 1.88 倍，第二期为 2.91 倍，第三期为 2.97 倍，第四期为 3.58 倍，四期平均为 2.93 倍，福建省的最高优质指数年平均值稳定地高于山东省。④就最低优质指数年平均值而言，福建省值相当于山东省值的倍数，第一期为 0.33 倍，第二期为 5.20 倍，第三期为 0.67 倍，第四期为 0.40 倍，四期平均为 0.93 倍，福建省的最低优质指数稳定地低于山东省。

表 4 – 14　山东省 2009～2016 有关年度奖励公信力测评各原始指标平均

年度		优质标杆 cci 年均	总体优质指数年均	最高优质指数年均	最低优质指数年均
2009～2010	2009	12.53	2.06	10.14	0.03
	2010	7.80	1.34	5.59	0.09
	平均	10.17	1.70	7.87	0.06
2011～2012	2011	20.31	3.77	20.31	0.09
	2012	14.66	2.59	12.98	0.01
	平均	17.49	3.18	16.65	0.05
2013～2014	2013	24.04	3.65	16.93	0.34
	2014	19.16	3.13	9.16	0.25
	平均	21.60	3.39	13.05	0.30
2015～2016	2015	13.31	2.89	9.50	0.21
	2016	15.61	3.69	15.61	0.19
	平均	14.46	3.29	12.56	0.20

　　注：为更具可比性，这里各年份的优质标杆 cci、总体优质指数、最高优质指数、最低优质指数均取年均后的值，原始指标数据来自本章附表。

表 4 – 15　鲁闽两省基于 2009～2016 年数据的奖励公信力各原始指标比较

时期	省份及年度	优质标杆 cci	总体优质指数	最高优质指数	最低优质指数
第一时期	鲁 2009～2010	10.17	1.7	7.87	0.06
	闽 2009	15.19	3.12	14.78	0.02
	闽值/鲁值	1.49	1.84	1.88	0.33

续表

省份及时期	省份及年度	优质标杆 cci	总体优质指数	最高优质指数	最低优质指数
第二时期	鲁 2011~2012	17.49	3.18	16.65	0.05
	闽 2011	48.5	11.28	48.5	0.26
	闽值/鲁值	2.77	3.55	2.91	5.20
第三时期	鲁 2013~2014	21.6	3.39	13.05	0.3
	闽 2013	38.81	11.15	38.81	0.2
	闽值/鲁值	1.80	3.29	2.97	0.67
第四时期	鲁 2015~2016	14.46	3.29	12.56	0.2
	闽 2015	44.97	9.87	44.97	0.08
	闽值/鲁值	3.11	3.00	3.58	0.40
四期平均	鲁 4 期平均	15.93	2.89	12.53	0.15
	闽 4 期平均	36.87	8.86	36.77	0.14
	闽值/鲁值	2.31	3.07	2.93	0.93

　　注：为更具可比性，这里各年份的优质标杆 cci、总体优质指数、最高优质指数、最低优质指数均取年均后的值，原始数据来本章附表。

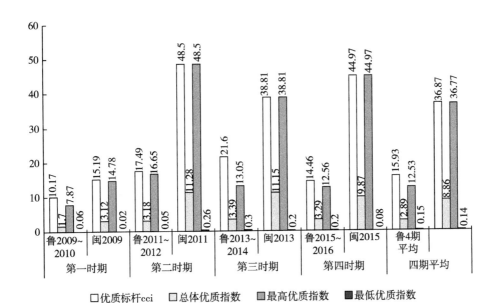

图 4-11　鲁闽两省基于 2009~2016 年数据的奖励公信力各原始指标比较

　　综上所述，鲁闽两省 2009~2016 年公信力各原始指标比较，优质标杆优质标杆 cci 年平均值、总体优质指数年平均值、最高优质指数年平均值三个指标均是福建明显地优越于山东，最低优质指数年平均值则相反，山东明显优越于福建。

（2）鲁闽两省基于2009～2016年数据的公信力测评各最终指标比较。从表4-16、表4-17和图4-12可以看出：①就总体优质度OQI而言，福建省值相当于山东省值的倍数，第一期为1.22倍，第二期为1.28倍，第三期为1.82倍，第四期为0.97倍，四期平均为1.29倍，福建的总体优质度OQI明显高于山东。②就最高优质度HQI而言，福建省值相当于山东省值的倍数，第一期为1.28倍，第二期为1.06倍，第三期为1.69倍，第四期为1.17倍，四期平均为1.26倍，福建的最高优质度HQI明显高于山东。③就最低优质度LQI而言，福建值相当于山东省值的倍数，第一期为0.24倍，第二期为2.04倍，第三期为0.39倍，第四期为0.12倍，三期平均为0.37倍，福建的最低优质度LQI明显低于山东。④就排位有序度ROD而言，福建省值相当于山东省值的倍数，第一期为0.89倍，第二期为0.79倍，第三期为1.38倍，第四期为0.96倍，四期平均为1.00倍，福建的排位有序度ROD与山东并无太大差别。⑤就公信力综合指数PCD而言，第一期福建和山东分别为31.05、27.91，福建相当于山东的1.11倍。第二期福建和山东分别为33.00、31.73，福建相当于山东的1.04倍。第三期福建和山东分别为41.77、25.98，福建相当于山东省的1.61倍。第四期福建和山东分别为34.05、33.69，福建相当于山东的1.01倍。四期平均，福建和山东分别为34.97、29.83，福建相当于山东的1.17倍，说明福建的公信力综合指数PCD明显高于山东。

表4-16 山东2009～2016年有关年度奖励公信力各最终指标平均

年份		总体优质度 OQI	最高优质度 HQI	最低优质度 LQI	排位有序度 ROD	公信力综合指数 PCD
2009～2010	2009	16.43	80.92	0.2	56.41	29.25
	2010	17.15	71.61	1.13	45.05	26.57
	平均	16.79	76.27	0.67	50.73	27.91
2011～2012	2011	18.59	100	0.44	55.22	32.24
	2012	17.69	88.54	0.08	58.73	31.22
	平均	18.14	94.27	0.26	56.975	31.73
2013～2014	2013	15.18	70.42	1.42	47.24	25.74
	2014	16.35	47.78	1.28	57.55	26.22
	平均	15.77	59.1	1.35	52.4	25.98
2015～2016	2015	21.73	71.36	1.6	47.24	29.78
	2016	23.65	100	1.21	66.4	37.59
	平均	22.69	85.68	1.405	56.82	33.69

表4-17　鲁闽两省基于2009~2016年数据的奖励公信力各最终指标比较

时期	省份及年度	总体优质度 OQI	最高优质度 HQI	最低优质度 LQI	排位有序度 ROD	公信力综合指数 PCD
第一期	鲁2009~2010	16.79	76.27	0.67	50.73	27.91
	闽2009	20.55	97.28	0.16	44.9	31.05
	闽值/鲁值	1.22	1.28	0.24	0.89	1.11
第二期	鲁2011~2012	18.14	94.27	0.26	56.975	31.73
	闽2011	23.27	100	0.53	44.9	33
	闽值/鲁值	1.28	1.06	2.04	0.79	1.04
第三期	鲁2013~2014	15.77	59.1	1.35	52.4	25.98
	闽2013	28.73	100	0.52	72.39	41.77
	闽值/鲁值	1.82	1.69	0.39	1.38	1.61
第四期	鲁2015~2016	22.69	85.68	1.405	56.82	33.69
	闽2015	21.96	100	0.17	54.29	34.05
	闽值/鲁值	0.97	1.17	0.12	0.96	1.01
四期平均	鲁4期平均	18.35	78.83	0.92	54.23	29.83
	闽4期平均	23.63	99.32	0.35	54.12	34.97
	闽值/鲁值	1.29	1.26	0.37	1.00	1.17

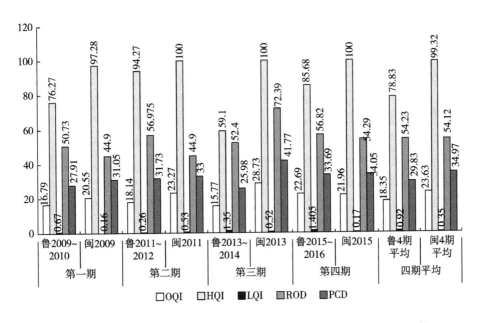

图4-12　鲁闽两省基于2009~2016年数据的奖励公信力各最终指标比较

四、抽样测评奖励公信力省际比较的基本结论

综合以上分析，可以得出以下几点基本结论：①不同省份之间的优质标杆 cci、总体优质指数、最高优质指数、最低优质指数四个原始指标，以及不同省份之间的公信力综合指数 PCD 及其构成的总体优质度 OQI、最高优质度 HQI、最低优质度 LQI、排位有序度 ROD 五个最终指标，总体均呈现出各省份之间比较明显的异别。②从公信力各原始指标来看，省际随机性过大，没有明显的趋势性规律，但明显与各自的科教水平呈现正相关关系。③从公信力各最终指标来看，省际随机性过大，没有明显的趋势性规律。各省份公信力测评各最终指标的高低与各自科教水平之间，基于全部抽样数据的测评分析没有发现有明显的稳定相关关系，但基于同期年份数据的测评分析发现两者之间具有明显的正相关关系。

第六节　抽样测评奖励公信力时序比较分析

现在，就部分可比抽样统计省份（年度）获奖经管类中文论文成果公信力测评情况，进行时序比较分析。

一、山东 2009~2016 年奖励公信力时序比较

（1）山东 2009~2016 年公信力测评各原始指标的时序比较。为增强可比性，这里取年平均值进行比较分析。从表 4-18、图 4-13 可以看出：①就优质标杆 cci 而言，8 个年份中年均值最低的是 2010 年的 7.8，最高的是 2013 年的 24.04，平均为 15.93。变异系数 CV = 29.91% > 15%，说明波动幅度相对剧烈。主体趋势线性模拟的 R^2 值为 0.099，说明随机性过大，没有明显的趋势性规律。②就总体优质指数而言，8 个年份中年均值最低的是 2010 年的 1.34，最高的是 2016 年的 3.69，平均为 2.89。变异系数 CV = 27.98% > 15%，说明波动幅度相对剧烈。主体趋势线性模拟的 R^2 值为 0.381，说明随机性过大，没有明显的趋势性规律。③就最高优质指数而言，8 个年份中年均值最低的是 2010 年的 5.59，最高的是 2013 年的 16.93，平均为 12.53。变异系数 CV = 36.13% > 15%，说明波动幅度相对剧烈。主体趋势线性模拟的 R^2 值为 0.029，说明随机性过大，没有明显的趋势性规律。④就最低优质指数而言，8 个年份中年均值最低的是 2012 年的 0.01，最高的是 2013 年的 0.34，平均为 0.15。变异系数 CV = 71.69% > 15%，说明波动幅度相当剧烈。主体趋势线性模拟的 R^2 值为 0.412，说明随机性过大，没有明显的趋势性规律。

综上所述，山东 2009~2016 共 8 个年度获奖成果公信力测评各原始指标的年均值，变异系数均在 27% 以上，主体趋势线性模拟的 R^2 值均在 0.42 以下，说明不同年份之间随机性波动幅度比较剧烈，没有明显的趋势性规律，没有呈现出不断优化的趋势和特征。

表 4 - 18 山东 2009 ~ 2016 年奖励公信力各原始指标时序比较

年度	优质标杆 cci 年均	总体优质指数年均	最高优质指数年均	最低优质指数年均
2009	12.53	2.06	10.14	0.03
2010	7.80	1.34	5.59	0.09
2011	20.31	3.77	20.31	0.09
2012	14.66	2.59	12.98	0.01
2013	24.04	3.65	16.93	0.34
2014	19.16	3.13	9.16	0.25
2015	13.31	2.89	9.50	0.21
2016	15.61	3.69	15.61	0.19
平均	15.93	2.89	12.53	0.15
变异系数	29.91%	27.98	36.13	71.69
R^2	0.099	0.381	0.029	0.412

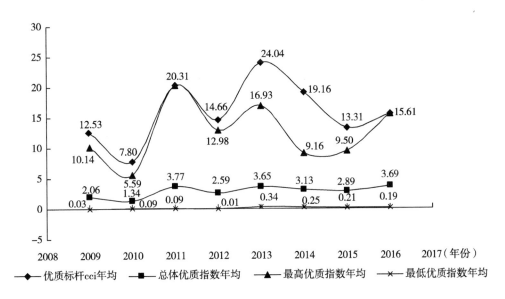

图 4 - 13 山东 2009 ~ 2016 年奖励公信力各原始指标时序比较

（2）山东 2009 ~ 2016 年公信力测评各最终指标的时序比较。从表 4 - 19 和图 4 - 14 可以看出：①就总体优质度 OQI 而言，8 个年份中最低的是 2013 年的 15.18，最高的是 2016 年的 23.65，平均为 18.35。变异系数 CV = 14.82% < 15%，可知各届别（年度）彼此之间差异不大，呈现平稳态势。同时，线性回归主趋势分析得到的决定系数 R^2 = 0.415，并不理想。这表明，各届别（年度）

彼此之间具有以平均值18.35为中心平稳波动的趋势规律，但没有呈现出不断优化的趋势。②就最高优质度 HQI 而言，8个年份中最低的是2014年的47.78，最高的是2016年的100.00，平均为78.83。变异系数 CV = 20.74% > 15%，说明波动幅度相对剧烈。同时，线性回归主趋势分析得到的决定系数 $R^2 = 0.005$，并不理想。这表明，各届别（年度）彼此之间随机性波动过大，没有呈现明显的趋势性规律。③就最低优质度 LQI 而言，8个年份中最低的是2012年的0.08，最高的是2015年的1.6，平均为0.92。变异系数 CV = 59.84% > 15%，说明波动幅度相对剧烈。同时，线性回归主趋势分析得到的决定系数 $R^2 = 0.433$，并不理想。这表明，各届别（年度）彼此之间随机性波动过大，没有呈现明显的趋势性规律。④就排位有序度 ROD 而言，8个年份中最低的是2010年的45.05，最高的是2016年的66.40，平均为54.23。变异系数 CV = 12.49% < 15%，可知各届别（年度）彼此之间差异不大，呈现平稳态势。同时，线性回归主趋势分析得到的决定系数 $R^2 = 0.095$，并不理想。这表明，各届别（年度）彼此之间具有以平均值54.23为中心平稳波动的趋势规律，没有呈现出不断优化的趋势。⑤就公信力综合指数 PCD 而言，8个年份中最低的是2013年的25.74，最高是的2016年的37.59，平均为29.83，处于 E 级别的差等级区间，很不理想。变异系数 CV = 12.36% < 15%，可知各届别（年度）彼此之间差异不大，呈现平稳态势。同时，线性回归主趋势分析得到的决定系数 $R^2 = 0.142$，并不理想。这表明，各届别（年度）彼此之间具有以平均值29.83为中心平稳波动的趋势规律，没有呈现出不断优化的趋势。

表4-19 山东2009~2016年奖励公信力各最终指标时序比较

年度	OQI	HQI	LQI	ROD	PCD
2009	16.43	80.92	0.2	56.41	29.25
2010	17.15	71.61	1.13	45.05	26.57
2011	18.59	100	0.44	55.22	32.24
2012	17.69	88.54	0.08	58.73	31.22
2013	15.18	70.42	1.42	47.24	25.74
2014	16.35	47.78	1.28	57.55	26.22
2015	21.73	71.36	1.6	47.24	29.78
2016	23.65	100	1.21	66.4	37.59
平均	18.35	78.83	0.92	54.23	29.83
变异系数	14.82%	20.74%	59.84%	12.49%	12.36%
R^2	0.415	0.005	0.433	0.095	0.142

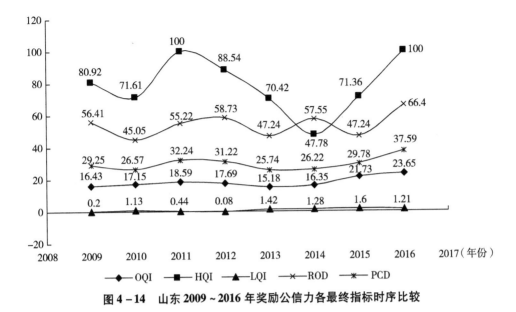

图 4-14　山东 2009~2016 年奖励公信力各最终指标时序比较

　　综上所述，山东 2009~2016 年公信力测评各最终指标的变异系数，除最低优质度 LQI 和最高优质度 HQI 外均在 15% 以下。特别地，公信力综合指数 PCD 的变异系数只有 12.36%，呈现以平均值为中心平稳波动的趋势规律，但没有呈现出不断优化的趋势和特征。

二、福建 2003~2015 年奖励公信力时序比较

　　(1) 福建 2003~2015 年公信力测评各原始指标的时序比较。为增强可比性，这里取年平均值进行比较分析。从表 4-20、图 4-15 可以看出：①就优质标杆 cci 而言，7 个年份中年均值最低的是 2005 年的 8.18，最高的是 2011 年的 48.50，平均为 27.86。变异系数 CV = 52.91% > 15%，说明波动幅度相对剧烈。主体趋势线性模拟的 R^2 值为 0.656，呈现出明显的趋势性规律，而且是斜率为 5.97 的不断优化的趋势特征。②就总体优质指数而言，7 个年份中年均值最低的是 2005 年的 2.07，最高的是 2011 年的 11.28，平均为 6.04。变异系数 CV = 68.28% > 15%，说明波动幅度相当剧烈。主体趋势线性模拟的 R^2 值为 0.725，呈现出明显的趋势性规律，而且是斜率为 1.76 的不断优化的趋势特征。③就最高优质指数而言，7 个年份中年均值最低的是 2005 年的 4.52，最高的是 2011 年的 48.50，平均为 25.00。变异系数 CV = 68.06% > 15%，说明波动幅度相当剧烈。主体趋势线性模拟的 R^2 值为 0.771，呈现出明显的趋势性规律，而且是斜率为 7.47 的不断优化的趋势特征。④就最低优质指数而言，7 个年份中年均值最低的是 2009 年的 0.02，最高的是 2011 年的 0.26，平均为 0.13。变异系数 CV = 63.03% > 15%，说明波动幅度相当剧烈。主体趋势线性模拟的 R^2 值为 0.001，说明随机性过大，没有明显的趋势性规律。

表 4 - 20　福建 2003 ~ 2015 年奖励公信力各原始指标时序比较

年度	优质标杆 cci 年均	总体优质指数年均	最高优质指数年均	最低优质指数年均
2003	19.10	2.54	9.72	0.16
2005	8.18	2.07	4.52	0.17
2007	20.26	2.26	13.71	0.04
2009	15.19	3.12	14.78	0.02
2011	48.50	11.28	48.50	0.26
2013	38.81	11.15	38.81	0.20
2015	44.97	9.87	44.97	0.08
平均	27.86	6.04	25.00	0.13
变异系数	52.91%	68.28%	68.06%	63.03%
R^2	0.656	0.725	0.771	0.001
斜率	5.97	1.76	7.47	—

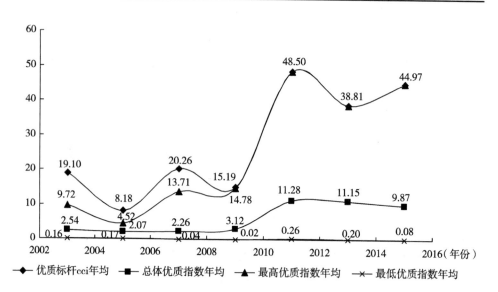

图 4 - 15　福建 2003 ~ 2015 年奖励公信力各原始指标时序比较

综上所述，福建 2003 ~ 2015 年共 7 个年度获奖成果公信力测评各原始指标的年均值，变异系数均在 52% 以上，波动幅度相当剧烈。优质标杆 cci 年均值、总体优质指数年均值、最高优质指数年均值三个主要指标的主体趋势线性模拟的 R^2 值均在 0.65 以上，斜率则介于 1.76 ~ 7.47，呈现出明显不断优化的趋势性规律特征。不过，最低优质指数年均值的主体趋势线性模拟 R^2 值均只有 0.001，说明不同年份之间随机性过大，没有明显的趋势性规律。

（2）福建 2003～2015 年公信力测评各最终指标的时序比较。从表 4 - 21 和图 4 - 16 可以看出：①就总体优质度 OQI 而言，7 个年份中最低为 2007 年的 11.17，最高为 2013 年的 28.73，平均为 20.62。变异系数 CV = 28.39% > 15%，主体趋势线性模拟的 R^2 值为 0.299，说明波动幅度相对剧烈，随机性过大，没有明显的趋势性规律。②就最高优质度 HQI 而言，7 个年份中最低为 2003 年的 50.90，最高为 2011 年、2013 年、2015 年的 100，平均为 81.59。变异系数 CV = 25.75% > 15%，波动幅度相对剧烈。主体趋势线性模拟的 R^2 值为 0.837，呈现出明显的趋势性规律，而且是斜率为 9.61 的不断优化的趋势特征。③就最低优质度 LQI 而言，7 个年份中最低为 2009 年的 0.16，最高为 2005 年的 2.13，平均为 0.64。变异系数 CV = 101.29% > 15%，主体趋势线性模拟的 R^2 值为 0.282，说明波动幅度相当剧烈，随机性过大，没有明显的趋势性规律。④就排位有序度 ROD 而言，7 个年份中如果不算因数据空缺出现特殊情况的 2003 年、2005 年，则最低为 2007 年的 36.04，最高为 2013 年的 72.39，平均为 36.07。变异系数 CV = 69.58% > 15%，说明波动幅度相当剧烈。主体趋势线性模拟的 R^2 值为 0.812，呈现出明显的趋势性规律，而且是斜率为 11.30 的不断优化的趋势特征。⑤就公信力综合指数 PCD 而言，7 个年份中最低为 2003 年的 13.15，最高为 2013 年的 41.77，平均为 27.81，并不理想。变异系数 CV = 32.83% > 15%，说明波动幅度相对剧烈。主体趋势线性模拟的 R^2 值为 0.832，呈现出明显的趋势性规律，而且是斜率为 4.17 的不断优化的趋势特征。

表 4 - 21　福建 2003～2015 年奖励公信力各最终指标时序比较

年度	OQI	HQI	LQI	ROD	PCD
2003	13.3	50.9	0.82	0	13.15
2005	25.36	55.29	2.13	0	20.96
2007	11.17	67.67	0.18	36.04	20.7
2009	20.55	97.28	0.16	44.9	31.05
2011	23.27	100	0.53	44.9	33
2013	28.73	100	0.52	72.39	41.77
2015	21.96	100	0.17	54.29	34.05
平均	20.62	81.59	0.64	36.07	27.81
变异系数（%）	28.39	25.75	101.29	69.58	32.83
R^2	0.299	0.837	0.282	0.812	0.832
斜率	—	9.61	—	11.30	4.17

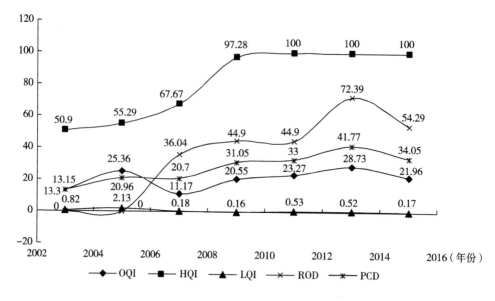

图 4 - 16 福建 2003 ~ 2015 年奖励公信力各最终指标时序比较

综上所述，福建 2003 ~ 2015 年公信力测评各最终指标的变异系数均 15% 以上，波动幅度相当剧烈。OQI、LQI 两指标主体趋势线性模拟的 R^2 值均在 0.30 以下，说明不同年份之间随机性过大，没有明显的趋势性规律，但 HQI、ROD 两指标主体趋势线性模拟的 R^2 值均在 0.80 以上，呈现出斜率为 9.6 ~ 11.3 的明显不断优化的趋势特征。特别地，公信力综合指数 PCD 的主体趋势线性模拟 R^2 值高达 0.832，呈现出斜率为 4.17 的明显不断优化的趋势特征。

三、抽样测评奖励公信力时序比较的基本结论

综合以上分析，可以得出以下几点基本结论：①不同年份之间的优质标杆 cci、总体优质指数、最高优质指数、最低优质指数四个原始指标，以及不同年份之间的公信力综合指数 PCD 及其构成的总体优质度 OQI、最高优质度 HQI、最低优质度 LQI、排位有序度 ROD 五个最终指标，总体均呈现出比较明显的时序差异。②从公信力各原始指标来看，山东不同年份之间的变异系数均超过 15%，主体趋势线性模拟 R^2 值均在 0.42 以下，表明随机性过大，没有明显的趋势性规律。福建不同年份之间的变异系数也均超过 15%，但优质标杆 cci 年均值、总体优质指数年均值、最高优质指数年均值三个主要指标的主体趋势线性模拟 R^2 值均在 0.65 以上，呈现出斜率介于 1.76 ~ 7.47 的明显不断优化的趋势性特征。③从公信力各最终指标来看，山东不同年份之间既有超过 15% 临界点的指标，也有低于 15% 临界点的指标，但公信力综合指数 PCD 变异系数只有 12.36%，且各指标的主体趋势线性模拟 R^2 值最高也只有 0.43，呈现以平均值为中心平稳波动但并非不断优化的趋势和特征。福建各指标不同年份之间均超过 15% 临界点，

各指标的主体趋势线性模拟 R^2 值也表现不一，但公信力综合指数 PCD 的主体趋势线性模拟 R^2 值为 0.832，呈现出斜率等于 4.17 的不断优化的趋势性特征。

第七节　不同测评时点奖励公信力比较分析

为验证同一批获奖成果公信力的测评分析，是否会因测评时间节点选择的不同而发生测评结果的重大变异，这里选择山东 2012 年获奖的经济学和管理学中文论文成果，分别于 2015 年 12 月和 2016 年 12 月两个不同时点，进行了相互独立的公信力统计测评，以进行验证。

一、山东省 2012 年公信力奖励原始指标两个时点测评比较

为增强可比性，两个统计测评时点各原始指标取年平均值进行比较分析。从表 4-22 和图 4-17 可以看出：①就优质标杆 cci 年均值而言，2015 年和 2016 年两个时点的统计值分别为 14.06、14.66，一年间增加了 0.60，增加率为 4.26%。②就总体优质指数年均值而言，两个时点的统计值分别为 2.38、2.59，一年间增加了 0.21，增加率为 8.80%。③就最高优质指数年均值而言，两个时点的统计值分别为 12.61、12.98，一年间增加了 0.37，增加率为 2.93%。④就最低优质指数年均值而言，两个时点的统计值分别为 0.006、0.012，一年间增加了 0.006，增加率为 100%。⑤就排位实际无序情况而言，两个时点的统计值分别为 150、156，一年间增加了 6，增加率为 4.00%。

表 4-22　山东省 2012 年奖励公信力各原始指标年均值的两个时点测评比较

统计时点		2015 年 12 月	2016 年 12 月	变化值	变化率（%）
历时年限		5	6		
优质标杆 cci	总值	70.28	87.93	—	—
	年均值	14.06	14.66	+0.60	+4.26
总体优质指数	总值	11.91	15.55	—	—
	年均值	2.38	2.59	+0.21	+8.80
最高优质指数	总值	63.03	77.85	—	—
	年均值	12.61	12.98	+0.37	+2.93
最低优质指数	总值	0.03	0.07	—	—
	年均值	0.006	0.012	+0.006	+100
排位有序情况	最大无序值	378	378	—	—
	实际无序值	150	156	+6	+4.00

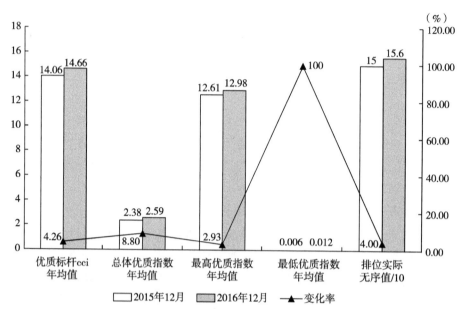

图4-17　山东2012年奖励公信力各原始指标年均值的两个时点测评比较

二、山东2012年奖励公信力最终指标两个时点测评比较

从表4-23和图4-18可以看出：①就总体优质度OQI而言，2015年和2016年两个时点的统计值分别为16.95、17.69，一年间增加了0.74，增加率为4.37%。②就最高优质度HQI而言，两个时点的统计值分别为89.68、88.54，一年间增加了-1.14，增加率为-1.27%。③就最低优质度LQI而言，两个时点的统计值分别为0.05、0.08，一年间增加了0.03，增加率为60.00%。④就排位有序度ROD而言，两个时点的统计值分别为60.32、58.73，一年间增加了-1.59，增加率为-2.64%。⑤就公信力综合指数PCD而言，两个时点的统计值分别为31.21、31.22，一年间增加了0.01，增加率为0.03%。

表4-23　山东2012年奖励公信力各最终指标的两个时点测评比较

统计时点	2015年12月	2016年12月	变化值	变化率（%）
总体优质度OQI	16.95	17.69	+0.74	+4.37
最高优质度HQI	89.68	88.54	-1.14	-1.27
最低优质度LQI	0.05	0.08	+0.03	+60.00
排位有序度ROD	60.32	58.73	-1.59	-2.64
公信力综合指数PCD	31.21	31.22	+0.01	+0.03

注：表中统计分析原始数据来源于附录各表。特别地，山东省社会科学评奖，每年进行1次，每年评奖参评成果的主体期限范围是评奖年份之前第2个年份取得的成果，即山东省2012年评奖的主体参评成果是2010年取得的成果，以2015年12月为统计时点，历时年限为5年。以2016年12月为统计时点，历时年限为6年。山东省2012年评奖成果的优质标杆cci年均、总体优质指数年均、最高优质指数年均、最低优质指数年均，分别由相应指标除以对应年限而得出。

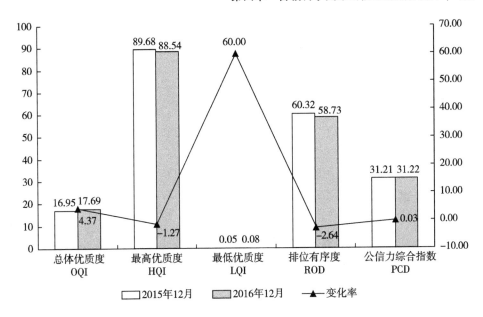

图 4-18 山东 2012 年奖励公信力的两个统计时点测评比较

三、山东 2012 年奖励公信力两个时点测评比较结论

综合以上分析，就山东 2012 年获奖成果而言，2015 年和 2016 年两个时点统计测评的公信力综合指数 PCD 的四类具体指标（总体优质情况、总体优质情况、总体优质情况、排位有序情况）年均值呈现出明显的变化趋势。不过，公信力综合指数 PCD 变化不大，呈现异常稳定的不随时间变化而变化的态势。考虑到两个时点的时间间隔并不足够长期，再考虑到统计的样本仅仅只有一个，显然这个结论是否成立还需要更多数据的验证支持。

第八节 省级奖励公信力抽样测评的综合结论

一、抽样测评总体分析结论

综合以上分析，17 个抽样省份（年度）社会科学优秀成果奖，其总体的公信力综合指数 PCD 只有 28.59，处于 E 级别的差等级区间，很不理想。

变异系数 $CV = 22.83\% > 15\%$，各省份（年度）彼此之间差异过大波动剧烈。线性回归主趋势分析得到的决定系数 $R^2 = 0.008$，线性回归主趋势并不理想。这样，全部 17 个抽样省份（年度）社会科学优秀成果奖抽样测评得到的公信力综合指数 PCD 彼此之间呈现随机性波动态势，没有稳定的趋势规律，没有呈现出不断优化的趋势和特征。

从得分角度说，在 17 个抽样省份（年度）总体 28.59 的公信力综合指数

PCD 得分值中，总体优质度 OQI、最高优质度 HQI、最低优质度 LQI、排位有序度 ROD 四项指标原始得分值分别为 19.59、78.82、0.77、44.39，相当于获得了各自指标满分分值的 19.59%、78.82%、0.77%、44.39%。四项指标折权后的得分值分别为 11.75、7.88、0.08、8.88，占得分总值的比重分别为 41.10%、27.56%、0.28%、31.06%。

反过来从损失角度说，在 17 个抽样省份（年度）总体 71.41 的公信力综合指数 PCD 损失值中，总体优质度 OQI 指标损失 48.25，损失率高达 80.42%，占总损失比重高达 67.29%；最低优质度 LQI 指标损失 9.92，损失率高达 99.20%，占总损失比重高达 13.85%；排位有序度 ROD 指标损失 11.12，损失率高达 55.60%，占总损失比重高达 15.72%；最高优质度 HQI 指标损失 2.12，损失率为 21.20%，占总损失比重为 3.14%。

这说明，17 个抽样省份（年度）获奖成果总体的公信力综合指数 PCD 之所以不理想，所评奖励成果的总体优质水平太低导致总体优质度 OQI 得分率过低，所评奖励的排位有序性不科学导致排位有序度 ROD 得分率过低，以及所评奖励之中渗透了一批过于低劣的成果导致最低优质度 LQI 得分率过低，是决定性原因。而最高优质度 HQI 的得分率也不尽理想，说明所评奖励对最高水平和影响成果的包含性不足，值得予以关注。

二、抽样测评省际比较结论

从鲁琼云闽四省以及鲁闽两省有关年度获奖成果公信力的测评比较看，不同省份之间的优质标杆 cci、总体优质指数、最高优质指数、最低优质指数四个原始指标，以及不同省份之间的公信力综合指数 PCD 及其构成的总体优质度 OQI、最高优质度 HQI、最低优质度 LQI、排位有序度 ROD 五个最终指标，总体均呈现出各省份之间比较明显的差别，且省际随机性过大，没有明显的趋势性规律。各省份公信力测评各原始指标的高低，以及基于同期年份数据测评得出的各省份公信力测评各最终指标的高低，明显与各自科教水平具有正相关关系。

三、抽样测评时序比较结论

从山东 2009～2016 年以及福建 2003～2015 年获奖成果公信力测评时序的比较看，不同年份之间的优质标杆 cci、总体优质指数、最高优质指数、最低优质指数四个原始指标，以及不同年份之间的公信力综合指数 PCD 及其构成的总体优质度 OQI、最高优质度 HQI、最低优质度 LQI、排位有序度 ROD 五个最终指标，总体均呈现出比较明显的时序差异。其中，山东省公信力各原始指标在不同年份之间随机性波动过大，没有明显的趋势性规律，但公信力综合指数 PCD 呈现以平均值 29.83 为中心平稳波动但并非不断优化的趋势和特征。而福建省各原始指标中的优质标杆 cci 年均值、总体优质指数年均值、最高优质指数年均值三个主要指标呈现出斜率介于 1.76～7.47 的明显不断优化的趋势性特征，公信力综合指数 PCD 也呈现出斜率等于 4.17 的不断优化的趋势性特征。

四、抽样测评时点比较结论

从山东 2012 年获奖成果的 2015 年和 2016 年两个时点统计测评比较看，公信力综合指数 PCD 变化不大，呈现异常稳定的不随时间变化而变化的态势，但构成公信力综合指数 PCD 的四类具体指标（总体优质情况、总体优质情况、总体优质情况、排位有序情况）却在这两个时点上呈现出比较明显的变化趋势。

本章附表①

附表 4 − 1 − 1　海南 2012 年获奖的 16 篇经管类论文成果综合被引指数等指标统计
（2016 年 12 月统计）

奖级	实际序位	cci 排列	合理序位	最差序位	论文名称代码	被引次数得分	被引质量得分	综合被引指数
一	1	9	7	7	GQFZGS	3.9	4.78	8.68
一	1	15	7	7	JGYLCD	0.1	0	0.1
一	1	12	7	7	DBLZTM	1.5	2.487	3.987
二	4	6	4	7	LYJQMP	2.1	9.809	11.909
二	4	10	7	7	RKLLHD	1.9	4.361	6.261
二	4	13	7	7	RMBSLT	0.4	2.112	2.512
三	7	2	1	7	WGCSSR	3.4	19.827	23.227
三	7	14	7	7	DBLKLG	0.2	0.468	0.668
三	7	1	1	7	ZGSHXG	4.5	34.356	38.856
三	7	8	7	7	ZGLYGH	0.6	3.486	4.086
三	7	11	7	4	GJSDXS	0.4	0.599	0.999
三	7	3	1	4	YDLJZZ	2.7	15.781	18.481
三	7	4	4	4	HWJSDK	1.6	4.613	6.213
三	7	7	7	1	HNSZRL	0.8	2.391	3.191

① 附录表中海南 2012 年、云南 2011 年、山东 2012～2016 年省级获奖经管类论文成果名单分别来自各省相关评奖责任部门网站。被引次数和被引用期刊的综合影响因子数据基于中国知网统计得出，被引次数得分、被引质量得分、综合被引指数得分计量方法参见第三章第 3～5 节内容。特别说明的是，被引次数的折算倍数 λ 这里取值为 10。②海南 2012 年、云南 2011 年省级获奖经管类论文成果发表时间分别在 2010～2011 年、2010 年，山东 2012～2016 年省级获奖经管类论文成果发表时间分别在 2010～2014 年，因此各自优质标杆分别从本省对应年度全部可比论文成果中遴选统计。具体过程是，首先基于中国知网，对同年本省内学者发表的全部经管类论文成果，进行综合被引指数统计排序，然后截取排名前三者进行平均。其中，对第一署名非本省作者和非本省单位的成果，以及论文自划归经管学科但实际不属于经管学科的论文，予以了排除。③部分省份在一二三等奖外，还设有特等奖或重大成果奖，这里统一按一等奖类型进行归类统计。

续表

奖级	实际序位	cci 排列	合理序位	最差序位	论文名称代码	被引次数得分	被引质量得分	综合被引指数
三	7	16	7	1	ZQRSMK	0	0	0
三	7	5	4	1	GGCPDQ	1.5	2.853	4.353
—	平均	—	—	—				8.35

附表 4－1－2 海南 2012 年获奖经管类论文成果之优质比较标杆遴选统计
(2016 年 12 月统计)

序号	论文名称	被引次数得分	被引质量得分	综合被引指数
1	中国社会性公共服务区域差异分析	4.5	34.356	38.856
2	地方官员的企业背景与经济增长——来自中国省委书记、省长的证据	3.3	33.869	37.169
3	权责发生制在我国政府财务会计中的应用——基于海南政府会计改革试点的案例分析	6.6	20.39	26.99
	优质标杆指数 QCB			34.34

附表 4－2－1 云南 2011 年获奖的 14 篇经管类论文成果综合被引指数等指标统计
(2016 年 12 月统计)

奖级	实际序位	cci 排列	合理序位	最差序位	论文名称代码	被引次数得分	被引质量得分	综合被引指数
一	1	3	2	6	WGDQJG	6.0	28.113	34.113
二	2	1	1	6	WSMDBC	8.6	55.376	63.976
二	2	4	2	6	XXNCHZ	2.8	7.963	10.763
二	2	10	6	6	KLDSFW	0.9	2.449	3.349
二	2	8	6	6	ZGCZZC	1.7	3.56	5.26
三	6	7	6	6	DJJDGK	2.5	4.699	7.199
三	6	5	2	6	ZGQYJR	2.4	7.684	10.084
三	6	13	6	6	MGBTJJ	0.3	0.175	0.475
三	6	11	6	6	NHCXYS	0.8	1.751	2.551
三	6	14	6	2	STYXJS	0	0	0
三	6	2	2	2	NBKZYY	17.5	28.123	45.623
三	6	12	6	2	ZGXNDQ	0.4	0.097	0.497
三	6	9	6	2	BJMZSF	0.7	4.379	5.079
三	6	6	6	1	ZGJJMS	1.3	6.437	7.737
—	平均	—	—	—				14.05

附表 4 – 2 – 2　云南 2011 年获奖经管类论文成果之优质比较标杆遴选统计
(2016 年 12 月统计)

序号	论文名称	被引次数得分	被引质量得分	综合被引指数
1	中国企业走出去的制度障碍研究——以海外收购为例	15.0	91.86	106.86
2	决定中国企业海外收购成败的因素分析	12.3	56.361	68.661
3	为什么东部产业不向西部转移：基于空间经济理论的解释	8.6	55.376	63.976
优质标杆指数 QCB				79.83

附表 4 – 3 – 1　山东 2009 年获奖的 27 篇经管类论文成果综合被引指数等指标统计
(2016 年 12 月统计)

奖级	实际序位	cci 排列	合理序位	最差序位	论文名称代码	被引次数得分	被引质量得分	综合被引指数
一	1	17	13	13	JSJBCJ	0.3	3.277	3.577
一	1	1	1	13	ZGZZCX	27.3	159.534	186.834
一	1	11	4	13	QYCJXT	2.5	9.345	11.845
二	4	5	4	13	GQJGYG	9.2	22.19	31.39
二	4	20	13	13	SDXSHG	0.6	0.757	1.357
二	4	25	13	13	JJFZYS	0.1	0.27	0.37
二	4	18	13	13	SHQLJG	0.6	1.705	2.305
二	4	6	4	13	ZGHBZC	7.9	23.481	31.381
二	4	23	13	13	FXWLXT	0.5	0.326	0.826
二	4	4	4	13	CYLZXG	11	25.646	36.646
二	4	2	1	13	ZGSSGS	18.1	31.488	49.488
二	4	12	4	13	GYGJCX	0.8	6.214	7.014
三	13	22	13	13	CXRSKJ	0.5	0.389	0.889
三	13	9	4	13	QQJSLD	3.2	15.002	18.202
三	13	24	13	13	DWMYDZ	0.1	0.702	0.802
三	13	7	4	13	RMBHLD	6.5	17.719	24.219
三	13	19	13	4	XHJJJC	0.4	1.49	1.89
三	13	21	13	4	SPSXSJ	0.7	0.321	1.021
三	13	16	13	4	YSJGNQ	0.3	3.37	3.67
三	13	26	13	4	KGGSZY	0.3	0	0.3
三	13	3	1	4	ZGSSGS	10.2	27.257	37.457
三	13	27	13	4	QQJZTJ	0	0	0
三	13	10	4	4	JYDQSY	4.6	10.747	15.347
三	13	8	4	4	ZSXTDD	4.4	15.732	20.132

续表

奖级	实际序位	cci 排列	合理序位	最差序位	论文名称代码	被引次数得分	被引质量得分	综合被引指数
三	13	14	13	1	JYGYLS	2	2.478	4.478
三	13	15	13	1	DDGNYX	1	3.211	4.211
三	13	13	13	1	XQHZCX	2.2	2.3	4.5
—	平均	—	—	—	—	—	—	18.52

附表 4-3-2　山东 2009 年获奖的经管类论文成果之优质比较标杆遴选统计
(2016 年 12 月统计)

序号	论文名称	被引次数得分	被引质量得分	综合被引指数
1	中国自主创新中研发资本投入产出绩效分析——兼论人力资本和知识产权保护的影响	27.3	159.534	186.834
2	全球生产网络效应、集群封闭性及其"升级悖论"——基于大陆台商笔记本电脑产业集群的分析	11.5	66.593	78.093
3	高管人员报酬激励与公司治理绩效研究——意向基于深、沪 A 股上市公司的实证研究	31.6	41.8	73.4
	优质标杆指数 QCB			112.78

附表 4-4-1　山东 2010 年获奖的 26 篇经管类论文成果综合被引指数等指标统计
(2016 年 12 月统计)

奖级	实际序位	cci 排列	合理序位	最差序位	论文名称代码	被引次数得分	被引质量得分	综合被引指数
一	1	15	12	12	WLJSJB	0.4	2.362	2.762
二	2	4	2	12	NCTDGX	4.1	26.281	30.381
二	2	20	12	12	CEXQBL	0.4	1.341	1.741
二	2	6	2	12	QYRZXW	4.4	11.365	15.765
二	2	22	12	12	HJBHTR	0.9	0.326	1.226
二	2	3	2	12	RZLXYG	3.7	28.317	32.017
二	2	2	2	12	ZWRLZB	9.1	30.267	39.367
二	2	7	2	12	FGZLOO	2.1	12.538	14.638
二	2	23	12	12	WGCZZZ	0.6	0.493	1.093
二	2	16	12	12	PPYCGO	0.3	2.289	2.589
二	2	13	12	12	LSHBXF	1.8	2.129	3.929
三	12	11	2	12	DMQQQQ	1.4	4.658	6.058

续表

奖级	实际序位	cci 排列	合理序位	最差序位	论文名称代码	被引次数得分	被引质量得分	综合被引指数
三	12	19	12	12	SLGCST	0.8	1.103	1.903
三	12	5	2	12	WGJRFZ	8	12.838	20.838
三	12	1	1	12	YHZLBW	20.3	42.365	62.665
三	12	17	12	2	MDHWMY	0.6	1.764	2.364
三	12	26	12	2	HXCYFG	0.4	0.13	0.53
三	12	14	12	2	ZGNXZD	1.2	1.677	2.877
三	12	25	12	2	LRCCNS	0.4	0.384	0.784
三	12	10	2	2	XXBDCG	2.2	5.102	7.302
三	12	9	2	2	SWZCZZ	3.3	5.138	8.438
三	12	8	2	2	CXSJJB	3.7	6.744	10.444
三	12	12	12	2	YXSSCH	2	2.105	4.105
三	12	18	12	2	WSWGDX	0.4	1.891	2.291
三	12	21	12	2	ZGZBSC	0.8	0.489	1.289
三	12	24	12	1	DJZXMS	0.8	0	0.8
—	平均	—	—	—	—	—	—	10.70

附表 4-4-2 山东 2010 年获奖的经管类论文成果之优质比较标杆遴选统计
(2016 年 12 月统计)

序号	论文名称	被引次数得分	被引质量得分	综合被引指数
1	环境规制与中国工业生产率增长	12	52.387	64.387
2	以互助联保为基础构建中小企业信用担保体系	20.3	42.365	62.665
3	上市公司股权结构与公司价值关系研究——一个分组检验的结果	19.1	41.043	60.143
	优质标杆指数 QCB			62.40

注：《以互助联保为基础构建中小企业信用担保体系》经查询为山东省外学者成果，但参加了山东省该年度评奖，原因应该是该学者在该年度之前调入了山东省内工作。鉴于其 cci 指数排名居前，选择作为优质标杆。

附表 4-5-1 山东 2011 年获奖的 30 篇经管类论文成果综合被引指数等指标统计
(2016 年 12 月统计)

奖级	实际序位	cci 排列	合理序位	最差序位	论文名称代码	被引次数得分	被引质量得分	综合被引指数
一	1	4	3	10	ZGDQXX	12.1	68.703	80.803
一	1	1	1	10	HJBHYJ	29	143.293	172.293

奖级	实际序位	cci 排列	合理序位	最差序位	论文名称代码	被引次数得分	被引质量得分	综合被引指数
二	3	29	10	10	WLTJXF	0.1	0.513	0.613
二	3	3	3	10	YHBYYY	21.2	83.193	104.393
二	3	14	10	10	LSJLXW	2.7	10.035	12.735
二	3	8	3	10	ZQCFNL	3.3	22.043	25.343
二	3	2	1	10	YSRXGD	19.5	130.247	149.747
二	3	26	10	10	CZTZPS	1.4	0.059	1.459
二	3	10	10	10	FWMYJS	4.2	13.994	18.194
三	10	7	3	10	WGNCPP	9.1	17.018	26.118
三	10	16	10	10	ZSMXXY	1.7	4.274	5.974
三	10	25	10	10	XDKXLD	0.7	0.936	1.636
三	10	6	3	10	DDGQWY	6.9	33.626	40.526
三	10	23	10	10	GSZLPJ	0.7	2.222	2.922
三	10	20	10	10	XZLDYX	1	3.698	4.698
三	10	9	3	10	JYXXDL	3.2	15.845	19.045
三	10	12	10	10	LYXGZM	4.8	10.382	15.182
三	10	28	10	10	JJZQBD	0.1	0.548	0.648
三	10	27	10	10	ZGZXQJ	0.3	0.572	0.872
三	10	17	10	10	JYHXQY	2.6	3.226	5.826
三	10	22	10	10	SJPDXX	0.8	3.013	3.813
三	10	15	10	3	CSYSZY	2.3	7.209	9.509
三	10	29	10	3	JYFZWL	0.1	0.513	0.613
三	10	19	10	3	JYCPSM	1.6	3.238	4.838
三	10	11	10	3	WGZZYJ	4.8	10.504	15.304
三	10	5	3	3	ZGSSGS	14.8	29.24	44.04
三	10	13	10	3	JNLZGT	1.5	11.316	12.816
三	10	24	10	3	QYCZXZ	1.1	1.338	2.438
三	10	21	10	1	BJYSYQ	2.1	2.462	4.562
三	10	18	10	1	GTSCKJ	1	4.491	5.491
—	平均	—	—	—				26.42

注: 本研究重点针对获奖的国内中文期刊发表的论文, 对于其中 1 篇外文类获奖论文成果予以了回避。

附表 4 - 5 - 2 山东 2011 年获奖的经管类论文成果之优质比较标杆遴选统计
(2016 年 12 月统计)

序号	论文名称	被引次数得分	被引质量得分	综合被引指数
1	环境保护与经济发展双赢的规制绩效实证分析	29	143.293	172.293
2	与收入相关的健康及医疗服务利用不平等研究	19.5	130.247	149.747

续表

序号	论文名称	被引次数得分	被引质量得分	综合被引指数
3	演化博弈与演化经济学	21.2	83.193	104.393
	优质标杆指数 QCB			142.14

注：《环境保护与经济发展双赢的规制绩效实证分析》《与收入相关的健康及医疗服务利用不平等研究》在标杆条件查询中未被查出，但该论文属于山东省学者同期成果，且 cci 指数排名居前，选择作为优质标杆成果。

附表 4-6-1　山东 2012 年获奖的 41 篇经管类论文成果综合被引指数等指标统计
（2015 年 12 月统计）

奖级	实际序位	cci 排列	合理序位	最差序位	论文名称代码	被引次数得分	被引质量得分	综合被引指数
一	1	1	1	16	ZGHYXX	13.3	75.295	88.595
一	1	3	1	16	GJSCFG	7.9	39.538	47.438
一	1	36	16	16	CQJGGS	0.3	0	0.3
二	4	6	4	16	ZGBYLY	7.0	27.516	34.516
二	4	10	4	16	NRGPPH	2.3	10.459	12.759
二	4	38	16	16	SQDKQK	0.1	0	0.1
二	4	37	16	16	DLDMJX	0.2	0	0.2
二	4	21	16	16	DTJJMS	1.7	1.679	3.379
二	4	14	4	16	MDZXGX	2.7	8.582	11.282
二	4	11	4	16	WGZCXN	4.5	8.053	12.553
二	4	4	4	16	QYJSHZ	7.7	29.707	37.407
二	4	13	4	16	QYZSWL	2.6	9.495	12.095
二	4	19	16	16	QLJGXR	1.1	4.023	5.123
二	4	40	16	16	JYFZSY	0	0	0
二	4	12	4	16	LQFLDY	4.9	7.396	12.296
三	16	28	16	16	ZGZGJJ	0.8	1.294	2.094
三	16	23	16	16	ZGXYKJ	1.3	1.855	3.155
三	16	15	4	16	NMXFZH	1.6	8.339	9.939
三	16	2	1	16	ZGCKMY	12.2	40.859	53.059
三	16	31	16	16	ZGJJFZ	0.9	0.094	0.994
三	16	26	16	16	ELELNZ	0.6	1.535	2.135
三	16	35	16	16	WGGHFJ	0.2	0.101	0.301
三	16	5	4	16	NHXDXQ	6.9	30.018	36.918
三	16	24	16	16	XZLLDF	0.6	1.943	2.543
三	16	25	16	16	WYSGYJ	1.1	1.43	2.53
三	16	16	16	16	SXPPLL	2.4	3.755	6.155
三	16	18	16	4	MKSJJF	1.2	4.314	5.514

续表

奖级	实际序位	cci排列	合理序位	最差序位	论文名称代码	被引次数得分	被引质量得分	综合被引指数
三	16	40	16	4	WGCSFJ	0	0	0
三	16	8	4	4	KJTRYJ	3.8	17.609	21.409
三	16	20	16	4	JRCJJN	1.3	2.137	3.437
三	16	22	16	4	QQLLSJ	2.0	1.353	3.353
三	16	9	4	4	ZTXZFU	7.1	10.323	17.423
三	16	7	4	4	WGZFKJ	6.4	19.805	26.205
三	16	34	16	4	GFXZLF	0.1	0.207	0.307
三	16	30	16	4	XMGXRY	0.6	0.628	1.228
三	16	33	16	4	JYLCDQ	0.4	0.472	0.872
三	16	17	16	4	QYWHRL	3.8	2.336	6.136
三	16	29	16	4	RMBSZD	0.6	0.907	1.507
三	16	32	16	1	QYKYTD	0.2	0.781	0.981
三	16	38	16	1	WLZFYX	0.1	0	0.1
三	16	27	16	1	JYCWSJ	1.7	0.434	2.134
—	平均	—	—	—	—	—	—	11.91

附表4－6－2 山东2012年获奖经管类论文成果之优质比较标杆遴选统计
(2015年12月统计)

序号	论文名称	被引次数得分	被引质量得分	综合被引指数
1	中国行业性行政垄断的强度与效率损失研究	13.3	75.295	88.595
2	中国经济增长与能源消耗脱钩分析	13.8	55.397	69.197
3	中国出口贸易中的CO^2排放问题研究	12.2	40.859	53.059
优质标杆指数 QCB				70.284

附表4－7－1 山东2012年获奖的41篇经管类论文成果综合被引指数等指标统计
(2016年12月统计)

奖级	实际序位	cci排列	合理序位	最差序位	论文名称代码	被引次数得分	被引质量得分	综合被引指数
—	1	1	1	16	ZGHYXX	16.2	94.943	111.143
—	1	4	4	16	GJSCFG	9.3	45.692	54.992
—	1	33	16	16	CQJGGS	0.7	0.332	1.032
二	4	5	4	16	ZGBYLY	7.8	39.58	47.38
二	4	9	4	16	NRGPPH	3.3	20.409	23.709
二	4	38	16	16	SQDKQK	0.1	0	0.1
二	4	37	16	16	DLDMJX	0.2	0	0.2

续表

奖级	实际序位	cci 排列	合理序位	最差序位	论文名称代码	被引次数得分	被引质量得分	综合被引指数
二	4	23	16	16	DTJJMS	1.9	1.913	3.813
二	4	14	4	16	MDZXGX	3	11.202	14.202
二	4	12	4	16	WGZCXN	5.2	9.404	14.604
二	4	3	1	16	QYJSHZ	10.2	49.234	59.434
二	4	13	4	16	QYZSWL	2.8	11.587	14.387
二	4	19	16	16	QLJGXR	1.1	4.593	5.693
二	4	41	16	16	JYFZSY	0	0	0
二	4	11	4	16	LQFLDY	6.2	14.049	20.249
三	16	28	16	16	ZGZGJJ	0.9	1.712	2.612
三	16	22	16	16	ZGXYKJ	1.6	2.541	4.141
三	16	15	4	16	NMXFZH	1.6	11.137	12.737
三	16	2	1	16	ZGCKMY	14.2	48.786	62.986
三	16	32	16	16	ZGJJFZ	1	0.069	1.069
三	16	21	16	16	ELELNZ	0.6	3.886	4.466
三	16	36	16	16	WGGHFJ	0.2	0.066	0.266
三	16	6	4	16	NHXDXQ	8.7	34.769	43.469
三	16	25	16	16	XZLLDF	0.8	2.635	3.435
三	16	26	16	16	WYSGYJ	1.1	2.09	3.19
三	16	17	16	16	SXPPLL	3.2	4.816	8.016
三	16	18	16	4	MKSJJF	1.2	4.574	5.774
三	16	38	16	4	WGCSFJ	0.1	0	0.1
三	16	8	4	4	KJTRYJ	5	21.941	26.941
三	16	20	16	4	JRCJJN	1.7	2.947	4.647
三	16	24	16	4	QQLLSJ	2.1	1.616	3.716
三	16	10	4	4	ZTXZFY	8.1	13.229	21.329
三	16	7	4	4	WGZFKJ	7.9	29.055	36.955
三	16	35	16	4	GFXZLF	0.2	0.357	0.557
三	16	31	16	4	XMGXRY	0.8	0.409	1.209
三	16	34	16	4	JYLCDQ	0.5	0.444	0.944
三	16	16	16	4	QYWHRL	4.9	6.246	11.146
三	16	27	16	4	RMBSZD	0.8	1.958	2.758
三	16	30	16	1	QYKYTD	0.5	1.207	1.707
三	16	38	16	1	WLZFYX	0.1	0	0.1
三	16	29	16	1	JYCWSJ	1.9	0.593	2.493
—	平均	—	—	—	—	—	—	15.55

附表 4 - 7 - 2　山东 2012 年获奖的经管类论文成果之优质比较标杆遴选统计

(2016 年 12 月统计)

序号	论文名称	被引次数得分	被引质量得分	综合被引指数
1	中国行业性行政垄断的强度与效率损失研究	16.2	94.943	111.143
2	中国经济增长与能源消耗脱钩分析	17.1	72.439	89.539
3	中国出口贸易中的 CO_2 排放问题研究	14.2	48.9	63.1
	优质标杆指数 QCB			87.93

附表 4 - 8 - 1　山东 2013 年获奖的 34 篇经管类论文成果综合被引指数等指标统计

(2016 年 12 月统计)

奖级	实际序位	cci 排列	合理序位	最差序位	论文名称代码	被引次数得分	被引质量得分	综合被引指数
一	1	6	4	15	GZJJXY	4.2	29.673	33.873
一	1	32	15	15	JYQJLL	0.4	1.86	2.26
一	1	10	4	15	DFZFTZ	4.9	19.483	24.383
二	4	1	1	15	JSYLGY	13.6	145.4	159
二	4	4	4	15	CZGLYS	5.1	29.575	34.675
二	4	11	4	15	SYSQDJ	1.4	10.496	11.896
二	4	31	15	15	HZXJZX	0.7	1.679	2.379
二	4	8	4	15	CZZYHF	4.9	20.492	25.392
二	4	15	15	15	FGSCYC	2.5	7.076	9.576
二	4	12	4	15	JYDDBT	2.3	9.238	11.538
二	4	17	15	15	XFGLZC	4.4	4.215	8.615
二	4	29	15	15	STZBKG	0.9	2.963	3.863
二	4	16	15	15	CPYZYQ	1.2	8.224	9.424
二	4	27	15	15	ZGSJWH	1.7	2.969	4.669
三	15	13	4	15	ZGYCCY	3.1	8.134	11.234
三	15	9	4	15	WGNCPP	8.9	15.56	24.46
三	15	20	15	15	GNYGXY	1.9	6.21	8.11
三	15	25	15	15	ZGCYJG	1	5.125	6.125
三	15	22	15	15	ZGWMFZ	1.9	5.286	7.186
三	15	28	15	15	CZZYHF	1.6	2.395	3.995
三	15	2	1	4	MYKFDY	8.3	42.475	50.775
三	15	33	15	4	NCGGCP	1	0.732	1.732
三	15	26	15	4	FZZGJL	1.2	3.668	4.868
三	15	18	15	4	CJYLDL	0.6	7.774	8.374
三	15	3	1	4	ZGTDYT	7	37.173	44.173
三	15	19	15	4	GXCXXK	2.6	5.753	8.353
三	15	34	15	4	ZGQCZZ	0.1	1.028	1.128

续表

奖级	实际序位	cci 排列	合理序位	最差序位	论文名称代码	被引次数得分	被引质量得分	综合被引指数
三	15	30	15	4	LYFZQW	0.8	3	3.8
三	15	5	4	4	NYFYLD	5.3	29.111	34.411
三	15	23	15	4	FWBJZG	1.9	4.337	6.237
三	15	7	4	4	GPQQJL	9.9	19.53	29.43
三	15	24	15	1	QYSHZR	3.2	3.021	6.221
三	15	21	15	1	YZZRGY	2.7	5.359	8.059
三	15	14	4	1	TDFWDT	4	6.13	10.13
一	平均	—	—	—	—	—	—	18.25

附表 4-8-2　山东 2013 年获奖经管类论文成果之优质比较标杆遴选统计

(2016 年 12 月统计)

序号	论文名称	被引次数得分	被引质量得分	综合被引指数
1	晋升压力、官员任期与城市商业银行的贷款行为	13.6	145.4	159
2	中国城镇化进程与经济增长关系的实证研究	20.9	83.549	104.449
3	劳动力市场分割、职业流动与城市劳动者经济地位获得的二元路径模式	13.1	84.079	97.179
	优质标杆指数 QCB			120.21

附表 4-9-1　山东 2014 年获奖的 28 篇经管类论文成果综合被引指数等指标统计

(2016 年 12 月统计)

奖级	实际序位	cci 排列	合理序位	最差序位	论文名称代码	被引次数得分	被引质量得分	综合被引指数
一	1	16	14	14	ZLXYFB	0.7	5.631	6.331
一	1	12	4	14	ZGFNZG	1	9.164	10.164
一	1	6	4	14	SSGSGG	6	19.092	25.092
二	4	15	14	14	BWQHTL	1.9	5.09	6.99
二	4	13	4	14	HXBGXL	1.3	7.217	8.517
二	4	26	14	14	LXZBYZ	0.6	1.149	1.749
二	4	9	4	14	ZGCYFW	2.6	10.057	12.657
二	4	1	1	14	WDTKJG	11.7	31.85	43.55
二	4	7	4	14	YJJEEL	8.4	15.073	23.473
二	4	22	14	14	GWGGWJ	0.6	2.701	3.301
二	4	5	4	14	KZQJLS	4.3	22.214	26.514
二	4	20	14	14	SPAQGZ	1.8	3.644	5.444

续表

奖级	实际序位	cci 排列	合理序位	最差序位	论文名称代码	被引次数得分	被引质量得分	综合被引指数
二	4	2	1	14	JZGLYG	4.5	30.258	34.758
三	14	25	14	14	ZGJJZH	0.6	1.696	2.296
三	14	8	4	14	ZGEYHT	11	9.804	20.804
三	14	19	14	4	QQJZLQ	1.2	4.408	5.608
三	14	21	14	4	ZGPGCK	1	3.026	4.026
三	14	27	14	4	WHCYDY	0.3	0.878	1.178
三	14	17	14	4	YCDDYZ	0.9	5.327	6.227
三	14	18	14	4	FWJCZY	2.3	3.68	5.98
三	14	3	1	4	FCGTFS	5	26.558	31.558
三	14	24	14	4	RLZYGL	0.2	2.101	2.301
三	14	11	4	4	DTSWLJ	1.8	9.822	11.622
三	14	4	4	4	XSDNMG	9.3	17.78	27.08
三	14	23	14	4	JRWHZG	0.4	2.369	2.769
三	14	10	4	1	MZGSWH	3.9	8.327	12.227
三	14	28	14	1	JYHJDB	0	0	0
三	14	14	14	1	WGFYLZ	1.9	6.61	8.51
一	平均	—	—	—	—	—	—	12.53

附表 4 – 9 – 2　山东 2014 年获奖经管类论文成果之优质比较标杆遴选统计
（2016 年 12 月统计）

序号	论文名称	被引次数得分	被引质量得分	综合被引指数
1	融资约束限制中国企业出口参与吗?	11	96.601	107.601
2	灵活互动智能用电的技术内涵及发展方向	7.5	67.64	75.14
3	"租税替代"、财政收入与政府的房地产政策	5.2	41.996	47.196
	优质标杆指数 QCB			76.65

附表 4 – 10 – 1　山东 2015 年获奖的 29 篇经管类论文成果综合被引指数等指标统计
（2016 年 12 月统计）

奖级	实际序位	cci 排列	合理序位	最差序位	论文名称代码	被引次数得分	被引质量得分	综合被引指数
一	1	18	15	15	SHHZZX	1	4.378	5.378
一	1	17	15	15	WGQYDJ	0.6	4.966	5.566
一	1	14	4	15	JRZXDB	1.5	4.392	5.892
二	4	4	4	15	SPAQZL	2.4	11.537	13.937
二	4	21	15	15	ZFGZDN	1.2	3.795	4.995

续表

奖级	实际序位	cci 排列	合理序位	最差序位	论文名称代码	被引次数得分	被引质量得分	综合被引指数
二	4	7	4	15	ZGSYRL	1.9	10.335	12.235
二	4	15	15	15	ZGYHYG	1.5	4.182	5.682
二	4	12	4	15	KFQTDJ	3.5	3.621	7.121
二	4	10	4	15	XNYXLB	0.5	9.616	10.116
二	4	19	15	15	ZGXXCY	1.1	3.99	5.09
二	4	9	4	15	FSSGYQ	1.5	8.863	10.363
二	4	22	15	15	NXCYXL	1.1	2.716	3.816
二	4	1	1	15	JYDSJD	8.5	39.999	48.499
二	4	29	15	15	GXXSCX	0.2	0	0.2
三	15	24	15	15	ZGQCCY	1.2	1.128	2.328
三	15	27	15	4	WGGRSD	0.7	0.518	1.218
三	15	2	1	4	XWLJFH	2.4	17.677	20.077
三	15	26	15	4	JJWJXY	0.4	1.164	1.564
三	15	16	15	4	ZGCJFW	1.9	3.75	5.65
三	15	23	15	4	TZXLYJ	0.3	3.237	3.537
三	15	13	4	4	FLDFZX	0.9	5.842	6.742
三	15	25	15	4	WGDQXL	0.2	1.42	1.62
三	15	5	4	4	JYBZSJ	4.7	8.973	13.673
三	15	11	4	4	RLZBZY	1.9	7.814	9.714
三	15	6	4	4	LYMDDP	3.5	10.078	13.578
三	15	28	15	4	WHQYSH	0.5	0	0.5
三	15	3	1	1	ZGGJSC	2.5	14.423	16.923
三	15	8	4	1	FLCJSJ	3	7.65	10.65
三	15	20	15	1	JYCXLD	1.7	3.307	5.007
一	平均	—	—	—	—	—	—	8.68

附表 4 – 10 – 2　山东 2015 年获奖经管类论文成果之优质比较标杆遴选统计
(2016 年 12 月统计)

序号	论文名称	被引次数得分	被引质量得分	综合被引指数
1	基于"大数据"的商业模式创新	8.5	39.999	48.499
2	我国城市人口城镇化与土地城镇化失调特征及差异研究	8.5	33.947	42.447
3	近 10 年来山东省区域经济发展差异时空演变及驱动力分析	4.3	24.564	28.864
	优质标杆指数 QCB			39.937

附表 4 – 11 – 1　山东 2016 年获奖的 34 篇经管类论文成果综合被引指数等指标统计
（2016 年 12 月统计）

奖级	实际序位	cci 排列	合理序位	最差序位	论文名称代码	被引次数得分	被引质量得分	综合被引指数
一	1	2	1	18	WDQYFX	3.2	29.644	32.844
一	1	17	4	18	WLXYSJ	0.9	4.276	5.176
一	1	14	4	18	ZZGLDK	0.5	5.503	6.003
二	4	28	18	18	HHGTCS	0.2	0.972	1.172
二	4	12	4	18	JRFZYJ	1.2	5.784	6.984
二	4	23	18	18	ZGYHDQ	0.6	2.774	3.374
二	4	27	18	18	ZGGTGY	0.7	0.707	1.407
二	4	11	4	18	ZGOLYD	0.8	6.606	7.406
二	4	8	4	18	ZGWMZX	0.9	8.399	9.299
二	4	1	1	18	ZGZZYZ	5.3	33.161	38.461
二	4	18	4	18	HJSHYZ	0.2	4.919	5.119
二	4	16	4	18	GYHFWY	1.3	4.449	5.749
二	4	30	18	18	ZGNCPS	0.2	0.726	0.926
二	4	10	4	18	GYGTZZ	1.1	6.603	7.703
二	4	21	18	18	DSSCGJ	1.1	2.863	3.963
二	4	6	4	18	NCLDLJ	2.4	7.721	10.121
二	4	15	4	18	ZGSDTJ	0.8	5.091	5.891
三	18	20	18	4	FBYZGS	0.7	3.353	4.053
三	18	34	18	4	JYHMXD	0.2	0	0.2
三	18	29	18	4	MYCBCZ	0.2	0.899	1.099
三	18	13	4	4	JCXMSH	1.2	4.991	6.191
三	18	22	18	4	JRCPZC	1.5	1.944	3.444
三	18	26	18	4	YHHGCZ	0.5	1.255	1.755
三	18	5	4	4	TQTXMS	1.4	9.545	10.945
三	18	33	18	4	LDZFZP	0.3	0.111	0.411
三	18	19	18	4	TJDYWS	0.7	4.332	5.032
三	18	4	4	4	KXKCXT	2.1	9.621	11.721
三	18	9	4	4	JSCXDX	1.5	7.688	9.188
三	18	7	4	4	ZXQYCZ	3.5	5.962	9.462
三	18	31	18	4	QYSHZR	0.3	0.3	0.6
三	18	32	18	4	RGPPDL	0.4	0.121	0.521
三	18	24	18	1	XMLYXG	1.2	1.661	2.861
三	18	25	18	1	CZZNZC	0.3	1.759	2.059
三	18	3	1	1	XQYCBS	4.3	18.038	22.338
一	平均	—	—	—	—	—	—	7.38

注："WDQYFX""XQYCBS"分别为 2012 年和 2013 年成果，为合理比对起见，只统计各自 2014 年之后的 cci 指数。

附表 4 – 11 – 2　山东 2016 年获奖的经管类论文成果之优质比较标杆遴选统计

（2016 年 12 月统计）

序号	论文名称	被引次数得分	被引质量得分	综合被引指数
1	中国制造业在全球价值链国际分工地位再考察——基于 Koopman 等的 "GVC 地位指数"	5.3	33.161	38.461
2	未定权益分析方法与中国宏观金融风险的测度分析	3.2	29.644	32.844
3	需求与成本双扰动时闭环供应链的生产策略和协调策略	4.3	18.038	22.338
优质标杆指数 QCB				31.21

附表 4 – 12 – 1　福建 2003 年获奖的 16 篇经管类论文成果综合被引指数等指标统计

（2016 年 12 月统计）

奖级	实际序位	cci 排列	合理序位	最差序位	论文名称代码	被引次数得分	被引质量得分	综合被引指数
一	1	6	2	2	HLWSDG	9	16.838	25.838
二	2	15	2	2	DTZCSD	0.8	1.229	2.029
二	2	9	2	2	JJNMSR	2.7	3.877	6.577
二	2	13	2	2	GYZZJJ	0.3	2.504	2.804
二	2	8	2	2	JRZDJG	5.5	7.366	12.866
二	2	7	2	2	GZHXYO	4	11.178	15.178
二	2	5	2	2	ZGRKCS	8	33.604	41.604
二	2	14	2	2	GFNYHZ	2.2	0.594	2.794
二	2	10	2	2	JMCQZT	0.6	4.343	4.943
二	2	11	2	2	LLSCHD	1.7	2.471	4.171
二	2	16	2	2	EHXWTD	0.8	1.165	1.965
二	2	1	1	2	WGZQTZ	78.3	140.973	219.273
二	2	12	2	2	RLZYKJ	2.8	0.178	2.978
二	2	3	2	2	SCZFYK	29.5	43.166	72.666
二	2	2	2	2	ZGGPSC	34.7	96.355	131.055
二	2	4	2	1	JZBQDX	10	32.581	42.581
一	平均	—	—	—	—	—	—	36.83

注：该省本年度评奖只公布了一二等奖名单，没有公布三等奖名单。

附表 4 – 12 – 2　福建 2003 年获奖的经管类论文成果之优质比较标杆遴选统计
(2016 年 12 月统计)

序号	论文名称	被引次数得分	被引质量得分	综合被引指数
1	我国上市公司资本结构影响因素的实证分析	181.3	226.499	407.799
2	我国证券投资基金业绩的实证研究与评价	78.3	140.973	219.273
3	关于社区参与旅游发展的若干理论思考	64.7	139.274	203.974
	优质标杆指数 QCB			277.02

注:《我国证券投资基金业绩的实证研究与评价》在标杆条件查询中未被查出,但该论文属于福建省学者同期成果,且 cci 指数排名居前,选择作为优质标杆成果。

附表 4 – 13 – 1　福建 2005 年获奖的 11 篇经管类论文成果综合被引指数等指标统计
(2016 年 12 月统计)

奖级	实际序位	cci 排列	合理序位	最差序位	论文名称代码	被引次数得分	被引质量得分	综合被引指数
一	1	8	3	3	XDKXLD	2	3.713	5.713
一	1	9	3	3	YKXFZG	0.5	4.086	4.586
二	3	10	3	3	WGGYJS	0.5	1.235	1.735
二	3	4	3	3	CBSYSX	15.6	23.155	38.755
二	3	11	3	3	HHJJZZ	0.2	0	0.2
二	3	1	1	3	JYFFJD	24.8	60.79	85.59
二	3	6	3	3	BWQHYL	4.7	19.132	23.832
二	3	7	3	3	LRSHYJ	1.8	4.041	5.841
二	3	5	3	3	GSZLST	12.9	22.03	34.93
二	3	2	1	1	QYHBKJ	20.8	22.474	43.274
二	3	3	3	1	JDQYXX	14.6	26.154	40.754
一	平均	—	—	—	—	—	—	25.93

注:该省本年度评奖只公布了一二等奖名单,没有公布三等奖名单。

附表 4 – 13 – 2　福建 2005 年获奖的经管类论文成果之优质比较标杆遴选统计
(2016 年 12 月统计)

序号	论文名称	被引次数得分	被引质量得分	综合被引指数
1	我国农业保险市场失灵与制度供给	34.7	89.241	123.941
2	我国股票市场"价格惯性策略"和"盈余惯性策略"的实证研究	30.1	67.122	97.222
3	基于方法集的综合评价方法集化研究	24.8	60.79	85.59
	优质标杆指数 QCB			102.25

附表 4 – 14 – 1　福建 2007 年获奖的 39 篇经管类论文成果综合被引指数等指标统计
（2016 年 12 月统计）

奖级	实际序位	cci 排列	合理序位	最差序位	论文名称代码	被引次数得分	被引质量得分	综合被引指数
一	1	15	12	12	ZHPJSL	2.7	10.058	12.758
二	2	11	2	12	WGDZXC	4.3	21.143	25.443
二	2	21	12	12	RLZBGN	1	6.259	7.259
二	2	8	2	12	XXBDCZ	8.6	23.028	31.628
二	2	5	2	12	JYJZCZ	24.5	30.334	54.834
二	2	30	12	12	JSHXJJ	0.4	1.143	1.543
二	2	14	12	12	CYQQRX	4.5	10.603	15.103
二	2	16	12	12	XZJQBY	2.9	8.64	11.54
二	2	3	2	12	WGGQFZ	9.7	65.668	75.368
二	2	22	12	12	DXFZYS	1.7	4.547	6.247
二	2	23	12	12	YXZQSC	2.1	3.859	5.959
三	12	29	12	12	JYSHZB	0.8	0.751	1.551
三	12	28	12	12	ZDBQDL	1.3	0.596	1.896
三	12	31	12	12	HGJJZC	0.2	1.219	1.419
三	12	33	12	12	XSQGJJ	0.6	0.244	0.844
三	12	26	12	12	JYJCLD	0.6	2.2	2.8
三	12	38	12	12	CCXQXD	0.1	0.369	0.469
三	12	35	12	12	SDLZZJ	0.3	0.457	0.757
三	12	39	12	12	CYGMZJ	0.2	0	0.2
三	12	13	12	12	WGDSCY	5.7	9.492	15.192
三	12	34	12	12	WGLYWZ	0.8	0	0.8
三	12	9	2	12	CYRHOO	9.7	21.124	30.824
三	12	20	12	12	FJSLYJ	3.2	7.266	10.466
三	12	19	12	12	ZGFDCJ	5.1	5.563	10.663
三	12	17	12	12	BJZXRZ	2.4	8.891	11.291
三	12	7	2	12	WGZXTZ	8	33.373	41.373
三	12	32	12	12	FJSZTX	0.6	0.768	1.368
三	12	12	12	12	STWMJS	10.1	7.859	17.959
三	12	1	1	2	ZXTZZF	48.4	165.145	213.545
三	12	25	12	2	JMMDYD	1	3.138	4.138
三	12	37	12	2	JLLAGT	0.5	0	0.5
三	12	36	12	2	QYGLYS	0.6	0.051	0.651
三	12	4	2	2	RMBSJH	12.8	62.523	75.323
三	12	18	12	2	CCXYZD	3.6	7.573	11.173

续表

奖级	实际序位	cci 排列	合理序位	最差序位	论文名称代码	被引次数得分	被引质量得分	综合被引指数
三	12	2	2	2	RMBSZD	33.9	109.043	142.943
三	12	24	12	2	HQGGPX	1.5	4.135	5.635
三	12	10	2	2	WGKJZZ	7.7	19.089	26.789
三	12	6	2	2	MJJRDL	9.4	36.779	46.179
三	12	27	12	1	GYWGTJ	1.1	1.113	2.213
—	平均	—	—	—	—	—	—	23.76

附表 4 - 14 - 2 福建 2007 年获奖的经管类论文成果之优质比较标杆遴选统计
(2016 年 12 月统计)

序号	论文名称	被引次数得分	被引质量得分	综合被引指数
1	企业社会责任与企业价值的相关性研究——来自沪市上市公司的经验证据	112.5	169.187	281.687
2	中小投资者法律保护与公司权益资本成本	48.4	165.145	213.545
3	人民币升值的宏观经济影响评价	33.9	109.043	142.943
	优质标杆指数 QCB			212.73

注:《中小投资者法律保护与公司权益资本成本》《人民币升值的宏观经济影响评价》在标杆条件查询中未被查出,但该论文属于福建省学者同期成果,且 cci 指数排名居前,选择作为优质标杆成果。

附表 4 - 15 - 1 福建 2009 年获奖的 34 篇经管类论文成果综合被引指数等指标统计
(2016 年 12 月统计)

奖级	实际序位	cci 排列	合理序位	最差序位	论文名称代码	被引次数得分	被引质量得分	综合被引指数
—	1	10	3	14	SCHZFG	5.5	24.4	29.9
—	1	11	3	14	GSBGMS	12.3	8.18	20.48
二	3	12	3	14	ZSJYDD	2.8	15.036	17.836
二	3	4	3	14	ZGJJBD	8.5	66.233	74.733
二	3	8	3	14	ZGHBZC	6.5	38.57	45.07
二	3	14	14	14	EYJJDJ	3.7	12.112	15.812
二	3	27	14	14	MYJJJR	1.4	1.113	2.513
二	3	26	14	14	SMZZKJ	1.4	1.139	2.539
二	3	33	14	14	XYLLGL	0	0	0
二	3	13	3	14	ZGTHPZ	3.7	13.702	17.402
二	3	32	14	14	JYHSSL	0.5	0.121	0.621

续表

奖级	实际序位	cci 排列	合理序位	最差序位	论文名称代码	被引次数得分	被引质量得分	综合被引指数
二	3	16	14	14	THPZMB	3	10.642	13.642
二	3	33	14	14	LKSFCJ	0	0	0
三	14	7	3	14	NCTDSY	17.7	29.83	47.53
三	14	18	14	14	MKSZYD	2.9	7.903	10.803
三	14	31	14	14	CKFZXS	0.3	0.727	1.027
三	14	15	14	14	ZZJGWD	1.8	13.031	14.831
三	14	25	14	14	CTZZJD	0.9	2.231	3.131
三	14	29	14	14	WKTSSQ	0.6	1.104	1.704
三	14	17	14	14	JYYBZD	1.5	9.306	10.806
三	14	20	14	14	ZGCPNM	2.8	2.599	5.399
三	14	3	3	3	GLZXWY	26.8	61.397	88.197
三	14	21	14	3	GSJSCX	1.2	4.086	5.286
三	14	1	1	3	NYJGDH	26.4	147.025	173.425
三	14	30	14	3	QYYTHG	1.2	0.444	1.644
三	14	28	14	3	ZWRZJS	1	1.483	2.483
三	14	23	14	3	BZHZLY	1.8	3.057	4.857
三	14	24	14	3	GJFJYH	1.2	2.274	3.474
三	14	6	3	3	ZGQYZB	11.6	42.864	54.464
三	14	22	14	3	DTBWQS	0.3	4.593	4.893
三	14	2	1	3	QZXZDB	32.5	82.695	115.195
三	14	9	3	3	YYGLXX	20.2	24.333	44.533
三	14	19	14	1	CZGGHB	3.3	6.917	10.217
三	14	5	3	1	MBSJDJ	15.1	42.963	58.063
—	平均	—	—	—	—	—	—	26.54

附表 4 - 15 - 2　福建 2009 年获奖的经管类论文成果之优质比较标杆遴选统计
(2016 年 12 月统计)

序号	论文名称	被引次数得分	被引质量得分	综合被引指数
1	能源价格对宏观经济的影响——基于可算计一般均衡（CGE）的分析	26.4	147.025	173.425
2	强制性制度变迁与盈余稳健性——来自深沪证券市场的经验证据	32.5	82.695	115.195

续表

序号	论文名称	被引次数得分	被引质量得分	综合被引指数
3	中国省际入境旅游发展影响因素研究—— 基于分省面板数据分析	14.5	84.235	98.735
	优质标杆指数 QCB			129.12

注：《能源价格对宏观经济的影响——基于可算计一般均衡（CGE）的分析》《强制性制度变迁与盈余稳健性——来自深沪证券市场的经验证据》在标杆条件查询中未被查出，但该论文属于福建省学者同期成果，且 cci 指数排名居前，选择作为优质标杆成果。

附表 4-16-1 福建 2011 年获奖的 35 篇经管类论文成果综合被引指数等指标统计
（2016 年 12 月统计）

奖级	实际序位	cci 排列	合理序位	最差序位	论文名称代码	被引次数得分	被引质量得分	综合被引指数
一	1	4	3	9	JNHTPF	32.2	170.056	202.256
一	1	23	9	9	RMBHLB	3.8	16.89	20.69
二	3	16	9	9	ZSQQTZ	6.1	48.527	54.627
二	3	1	1	9	ZGJJFZ	62.6	310.114	372.714
二	3	30	9	9	RKLDXK	0.3	4.164	4.464
二	3	6	9	9	BQZFHZ	21.8	93.919	115.719
二	3	2	1	9	MTDGSZ	45.5	294.92	340.42
二	3	35	9	9	BCSJLJ	0.5	0.798	1.298
三	9	5	3	9	JCSSRH	18	127.975	145.975
三	9	28	9	9	XYPHYZ	3	5.662	8.662
三	9	18	9	9	XYDTJS	5.7	31.203	36.903
三	9	17	9	9	WGFZSC	9.6	30.571	40.171
三	9	8	3	9	ZGCSHJ	15.8	95.544	111.344
三	9	9	9	9	ZGDWMY	14	92.89	106.89
三	9	11	9	9	JYZZSJ	14.1	81.963	96.063
三	9	29	9	9	WGCXEY	2	5.745	7.745
三	9	14	9	9	ZGCCQK	6.8	54.843	61.643
三	9	15	9	9	ZGZWDF	4.7	55.999	60.699
三	9	12	9	9	FDCJGY	19.1	52.725	71.825
三	9	10	9	9	CCGFZD	15.8	87.19	102.99
三	9	27	9	9	JYSJYZ	2.5	6.9	9.4
三	9	22	9	9	TGHSGM	5.3	26.454	31.754

续表

奖级	实际序位	cci 排列	合理序位	最差序位	论文名称代码	被引次数得分	被引质量得分	综合被引指数
三	9	19	9	9	SHZBYQ	7	28.446	35.446
三	9	3	3	9	ZZGLZN	49.6	182.971	232.571
三	9	31	9	9	SLTPXG	0.6	2.14	2.74
三	9	26	9	9	WGXXNC	2.1	10.68	12.78
三	9	20	9	9	JYYZXZ	5.5	27.723	33.223
三	9	32	9	3	JYWLQS	1.1	1.579	2.679
三	9	24	9	3	JQGYLL	3.6	13.637	17.237
三	9	33	9	3	WGMYQY	1.5	0.592	2.092
三	9	21	9	3	YYZLDZ	8.3	24.281	32.581
三	9	34	9	3	HXXACY	0.3	1.281	1.581
三	9	7	3	3	QYGGZL	28.7	85.316	114.016
三	9	13	9	1	ZGSSGS	15.5	47.459	62.959
三	9	25	9	1	XDXXBD	3.8	9.027	12.827
—	平均	—	—	—	—	—	—	73.34

附表 4 – 16 – 2 福建 2011 年获奖的经管类论文成果之优质比较标杆遴选统计
(2016 年 12 月统计)

序号	论文名称	被引次数得分	被引质量得分	综合被引指数
1	中国经济发展中碳排放增长的驱动因素研究	62.6	310.114	372.714
2	媒体的公司治理作用：中国的经验证据	45.5	294.92	340.42
3	政治关联职能改善民营企业的经营绩效吗	49.6	182.971	232.571
	优质标杆指数 QCB			315.24

注：表中 3 篇论文在标杆条件查询中未被查出，但该论文属于福建省学者同期成果，且 cci 指数排名居前，选择作为优质标杆成果。

附表 4 – 17 – 1 福建 2013 年获奖的 29 篇经管类论文成果综合被引指数等指标统计
(2016 年 12 月统计)

奖级	实际序位	cci 排列	合理序位	最差序位	论文名称代码	被引次数得分	被引质量得分	综合被引指数
—	1	10	10	10	CMDLXO	8.5	64.627	73.127
—	1	1	1	10	FXTZDS	30.8	162.111	192.911
二	3	4	3	10	RHZBZZ	15.5	123.326	138.826

奖级	实际序位	cci排列	合理序位	最差序位	论文名称代码	被引次数得分	被引质量得分	综合被引指数
二	3	18	10	10	SHGFZB	1.2	9.14	10.34
二	3	20	10	10	CKTSMY	1.2	5.767	6.967
二	3	9	3	10	XZZZLX	13	64.162	77.162
二	3	2	1	10	NBKZZG	37.3	144.324	181.624
二	3	3	3	10	XXBDCR	28.7	120.66	149.36
二	3	14	10	10	SSGSCW	6.1	25.647	31.747
三	10	19	10	10	CJJXZD	2	5.575	7.575
三	10	22	10	10	GYJJDJ	0.5	3.939	4.439
三	10	6	3	10	QQJZLM	17.4	67.673	85.073
三	10	13	10	10	GJCZZY	6.9	26.268	33.168
三	10	17	10	10	ZLXXXC	2.4	10.68	13.08
三	10	11	10	10	XZZDDG	6	64.869	70.869
三	10	8	3	10	QZZYXS	11.5	71.325	82.825
三	10	12	10	10	WGCXSL	8.9	50.56	59.46
三	10	21	10	10	ZGTHPZ	1.1	3.992	5.092
三	10	26	10	10	CZXGXF	0.7	2.251	2.951
三	10	15	10	10	ZLGKXZ	3	18.182	21.182
三	10	27	10	3	JZXBLE	0.5	2.013	2.513
三	10	5	3	3	MTJDZF	17.5	78.948	96.448
三	10	28	10	3	JYZHCB	0.2	0.023	0.223
三	10	7	3	3	JRGLNF	13.9	69.872	83.772
三	10	25	10	3	ZZCXJC	0.4	2.787	3.187
三	10	29	10	3	GZSCLL	0	0	0
三	10	24	10	3	DZCGPG	2.1	1.685	3.785
三	10	23	10	1	JYPYDD	1	3.15	4.15
三	10	16	10	1	JYFZGG	4.6	8.508	13.108
—	平均	—	—	—	—	—	—	50.17

附表 4 - 17 - 2 福建 2013 年获奖的经管类论文成果之优质比较标杆遴选统计
(2016 年 12 月统计)

序号	论文名称	被引次数得分	被引质量得分	综合被引指数
1	风险投资对上市公司投融资行为影响的实证研究	30.8	162.111	192.911
2	内部控制在公司投资中的角色： 效率促进还是抑制？	37.3	144.324	181.624

续表

序号	论文名称	被引次数得分	被引质量得分	综合被引指数
3	信息不对称、融资约束与投资—现金流敏感性——基于市场微观结构理论的实证研究	28.7	120.66	149.36
	优质标杆指数 QCB			174.63

注：表中 3 篇论文在标杆条件查询中未被查出，但该论文属于福建省学者同期成果，且 cci 指数排名居前，选择作为优质标杆成果。

附表 4-18-1　福建 2015 年获奖的 32 篇经管类论文成果综合被引指数等指标统计（2016 年 12 月统计）

奖级	实际序位	cci 排列	合理序位	最差序位	论文名称代码	被引次数得分	被引质量得分	综合被引指数
一	1	10	6	16	FZJDBQ	2.6	23.221	25.821
一	1	29	16	16	GMYSJG	0.4	0.318	0.718
一	1	1	1	16	GGZCZX	25.8	131.53	157.33
一	1	15	6	16	XXGJJQ	1.9	15.891	17.791
一	1	25	16	16	CZSQCQ	2.5	4.985	7.485
二	6	5	1	16	ZDSRXJ	5.1	29.829	34.929
二	6	6	6	16	ZGQYDW	3.9	30.148	34.048
二	6	20	16	16	RKNLJG	1.2	9.969	11.169
二	6	7	6	16	THPZSS	4.2	28.027	32.227
二	6	26	16	16	GJCYZC	0.6	6.597	7.197
二	6	12	6	16	HZSDBZ	3.2	19.67	22.87
二	6	3	1	16	ZGQYDC	5.3	56.614	61.914
二	6	31	16	16	XXNCHZ	0.1	0	0.1
二	6	14	6	16	BQZFHZ	2.4	16.576	18.976
二	6	28	16	16	FCSKJZ	0.2	1.416	1.616
三	16	32	16	16	WGJMXF	0	0	0
三	16	22	16	16	HJZNFX	1.2	7.428	8.628
三	16	16	16	6	ZGDQJJ	2.4	15.294	17.694
三	16	17	16	6	FJSZNG	1.9	14.098	15.998
三	16	8	6	6	ZGLDYS	3	26.299	29.299
三	16	23	16	6	ZGJMXF	1	7.076	8.076
三	16	21	16	6	RMBHLD	1.7	7.013	8.713
三	16	2	1	6	ZZLXGD	20.7	97.303	118.003

续表

奖级	实际序位	cci 排列	合理序位	最差序位	论文名称代码	被引次数得分	被引质量得分	综合被引指数
三	16	18	16	6	TZJNXS	1.5	11.188	12.688
三	16	13	6	6	CPLGPJ	1.8	17.41	19.21
三	16	4	1	6	ZHJJXY	7.2	32.841	40.041
三	16	11	6	6	WZGXYG	2.5	21.621	24.121
三	16	19	16	1	ZCFZBS	3	9.023	12.023
三	16	27	16	1	JYWGSJ	1.3	3.819	5.119
三	16	9	6	1	MTBDZD	3.4	24.502	27.902
三	16	24	16	1	JYFFJH	1.2	6.424	7.624
三	16	30	16	1	JYLTSX	0.2	0.279	0.479
一	平均	—	—	—	—	—	—	24.68

附表 4 - 18 - 2　福建 2015 年获奖的经管类论文成果之优质比较标杆遴选统计
(2016 年 12 月统计)

序号	论文名称	被引次数得分	被引质量得分	综合被引指数
1	公共政策执行的中国经验	25.8	131.53	157.33
2	政治联系、过度投资与公司价值——基于国有上市公司的经验证据	20.7	97.303	118.003
3	中国企业的慈善捐赠是一种"政治献金"吗——来自市委书记更替的证据	5.3	56.614	61.914
	优质标杆指数 QCB			112.42

注：表中 3 篇论文在标杆条件查询中未被查出，但该论文属于福建省学者同期成果，且 cci 指数排名居前，选择作为优质标杆成果。

第五章 地市级科学奖励公信力的抽样测评

第一节 地市级科学奖励基本情况

新中国成立后，特别是改革开放以来，随着我国科学技术事业发展春天的到来和我国科学奖励制度的全面恢复，地市级科学技术奖励工作也得到了快速恢复和发展，如宝鸡市科学技术进步奖于 1986 年正式设立。与此同时，各地市也陆续设置了由所在地市社会科学界联合会负责评奖的地市社会科学成果奖，如烟台市社会科学优秀成果奖于 1984 年正式设立，当年即开展了烟台第一次社会科学优秀成果奖评奖活动，共评选出优秀成果 49 项，其中一等奖 1 项，二等奖 13 项，三等奖 35 项。

1999 年，随着国家《国家科技奖励条例》和《科学技术奖励制度改革方案》的颁布，地市级科学奖励评奖工作也面对存在的重复设奖、奖励名目过多、数量过滥、质量不足等问题，开始了基于少而精原则的改革。改革之后，地市级科学奖励的设置，一般规范为两类六种的基本模式。一类是地市级科学技术奖励，一般比照国家自然科学五大奖项设置的基本范式，包括有地市级科学技术最高奖、自然科学奖、技术发明奖、科学技术进步奖和科学技术合作奖五种具体奖项；另一类是地市级社会科学奖励，一般比照省级社会科学奖励设置的基本范式，确定为地市社会科学优秀成果奖。

地市级科学技术奖以烟台市为例进行说明。根据 2014 年颁布的《烟台市科学技术奖励办法》，烟台市科学技术奖每年度评奖 1 次，分为科学技术最高奖、科学技术创新奖、科学技术合作奖、自然科学奖、技术发明奖和科学技术进步奖六种具体类型。科学技术最高奖、科学技术创新奖和科学技术合作奖不分等级，科学技术最高奖每年授予人数不超过 2 名，科学技术创新奖每年授奖数不超过 1 项，科学技术合作奖每年授奖数不超过 2 项。自然科学奖、技术发明奖和科学技术进步奖设一等奖、二等奖和三等奖，每年奖励总数不超过 120 项。评奖过程包括申报、推荐、资格审查、初评、审核、公示、颁奖等具体环节。烟台市科学技术行政部门负责奖励评审的组织管理工作，烟台市人民政府设立科学技术奖励委员会及其下设办公室，负责奖励的具体评审工作。科学技术最高奖、科学技术创新奖、科学技术合作奖奖金均每人（项）30 万元，自然科学奖、技术发明奖和科学技术进步奖一等奖、二等奖、三等奖奖金分别为 7 万元、4 万元、1 万元。

当然,不同地市级科学技术奖励的设置和评选并不完全相同,在奖励类型设置、奖励数量规定等方面有一定的差别,具体可以如表5-1所示。

表5-1 5个抽样地市科学技术奖基本情况

地市	科技奖类型设置	奖励数量规定	评奖频度	年授奖数
烟台	科学技术最高奖、科学技术创新奖、科学技术合作奖、自然科学奖、技术发明奖和科学技术进步奖。	最高奖每年不超过2名,创新奖每年不超过1项,合作奖每年不超过2项,自然科学奖、技术发明奖和科学技术进步奖每年不超过120项	每年1次	125
大连	科学技术功勋奖、技术发明奖、科学技术进步奖	功勋奖每次不超过2人,技术发明奖、科技进步奖分别不超过60项和120项	功勋奖每2年评奖1次,技术发明奖、科学技术进步奖每年评奖1次	181
安阳	科学技术杰出贡献奖,科学技术进步奖,科学技术合作奖	杰出贡献奖每次不超过3名,合作奖每次不超过5个,进步奖每次不超过70项	杰出贡献奖和合作奖每2年各评奖1次,进步奖每年评奖1次	74
南宁	科学技术重大贡献奖,科学技术进步奖	重大贡献奖每次不超过1项,进步奖每次不超过30项	每年评奖1次	31
宝鸡	科学技术最高奖、一二三等奖、荣誉奖	总共50项	每年评奖1次	50
五地市年市均授奖数				92.2

资料来源:《烟台市科学技术奖励办法(2014)》《大连市科学技术奖励办法(2009)》《安阳市科学技术奖励办法(2009)》《南宁市科学技术进步奖励办法(2005)》《宝鸡市科学技术奖励办法(2012)》。

地市级社会科学奖以南宁市为例进行说明。根据2008年颁布的《南宁市社会科学研究优秀成果评选奖励办法》,南宁市社会科学研究优秀成果奖奖励每两年举行一次,等次按著作、论文、调研报告三大类,分别设一、二、三等奖和优秀奖、荣誉奖。参评范围为公开发表的社会科学论文、调查研究报告,正式出版(含电子出版)的专著、编著、译著、教材、科普读物、古籍整理、通俗读物、工具书;通过专家组鉴定的调研报告、决策咨询报告或其他应用课题研究成果;被县(区)以上党政部门采纳使用并产生明显社会效益或经济效益,且有证明材料的调研报告、决策咨询报告;作者不是南宁的,但其研究的内容是南宁问题的项目。南宁市社会科学界联合会负责南宁市社会科学研究优秀成果评奖的组织实施工作,南宁市社会科学研究优秀成果评选委员会负责评议参评成果、审定获奖成果及奖励等级、决定评奖工作中的其他重要事项。评委会下设若干学科评审组,由相关学科的专家学者组成,负责对相关学科的参评成果进行评审,提出获奖成果及等级建议，提交评委会审定。评奖向为地方经济社会发展服务的应用对策研究成果适当倾斜，应用对策研究成果获奖比例不低于获奖成果总数的60%。评奖具体程序为申报、资格审查、评审、公示、颁奖。

基于烟台、大连、安阳、南宁、宝鸡5个抽样地市科学技术奖的基本情况分析表明，平均每个地市每年评授的科学技术奖励为92.2项（见表5-1）。基于烟台、大连、安阳、襄阳、宝鸡5个抽样地市社会科学成果奖的基本情况分析表明，平均每个地市每年评授的社会科学成果奖励为84.93项（见表5-2）。以此作为抽样代表，则全国平均每个地市每年评授奖励总数在177.1项左右。2015年，全国共有地级区划334个，则可估算全国每年评授全部地市级科学奖励数量大约为59000项，即使按2/3地市量保守估算，也在39000项左右（见表5-3）。显然，这是一个更加庞大的数量，远远超出全国省级科学奖励每年评授12575项的数量。

表5-2　5个抽样地市社会科学成果奖基本情况

地市及年度	授奖总数	地市及年度	授奖总数	地市及年度	授奖总数
烟台2006	129	**烟台年均**	**137.64**	**安阳年均**	**91**
烟台2007	122	大连2006	140	襄阳2012	78
烟台2008	130	大连2008	140	襄阳2014	70
烟台2009	128	大连2010	158	襄阳2016	106
烟台2010	143	大连2012	162	**襄阳年均**	**42.33**
烟台2011	150	**大连年均**	**75**	宝鸡2011	130
烟台2012	153	安阳2012	79	宝鸡2013	217
烟台2013	134	安阳2013	105	宝鸡2015	125
烟台2014	125	安阳2014	78	**宝鸡年均**	**78.67**
烟台2015	137	安阳2015	96	**五地市年市均**	**84.9**
烟台2016	163	安阳2016	97		

资料来源：各地市各相应届次评奖公告。

表5-3　全国每年评授的地市级科学奖励总数估算

每年每地市评授社科奖数估算	每年每地市评授科技奖数估算	每年每地市评授全部奖励数估算	全国地级区划数	全国每年评授全部地市奖励数量估算	按2/3地市量保守估算
84.9	92.2	177.1	334	59151	39434

资料来源：《中国统计年鉴2016》。

第二节　抽样对象选取与实证抽样测评

从上节的分析可知，地市级科学奖励设置和评选涉及 300 多个地市级单位，包括有五项科学技术奖励和一项社会科学奖励。鉴于社会科学奖励的公信力争议相对更为突出，这里重点针对地市级社会科学成果奖，选择兼有自然科学和社会科学交叉性质的经济管理学中文论文成果为抽样对象，借助中国知网平台（CNKI）进行公信力抽样测评。

地市级社会科学成果奖涉及了 300 多个地市级单位，还有评奖届次年份之别，是一个极其庞大的数量。不过，地市级社会科学成果奖评奖信息公开程度非常不理想，真正能够比较充分披露相关届次评奖信息的并不多。这里根据极其有限的评奖信息披露情况，重点选择烟台 2006 ~ 2016 年共 11 届次社会科学成果奖、大连 2006 ~ 2012 年共 4 届次社会科学成果奖、安阳 2012 ~ 2016 年共 5 届次社会科学成果奖、襄阳 2012 ~ 2016 年共 3 届次社会科学成果奖、南宁 2011 ~ 2015 年共 2 届次社会科学成果奖、宝鸡市 2011 ~ 2015 年共 3 届次社会科学成果奖，分别以各自的经济学和管理学获奖中文论文成果为抽样样本，进行测评分析。相关原始数据见表 5 - 4 和本章全部附表。

表 5 - 4　6 个抽样地市相关届次社会科学成果奖励情况及获奖经管类中文论文成果抽样样本情况

地市及年度	本类奖励设奖总数					抽样经管类论文奖励数				
	一等奖	二等奖	三等奖	其他奖	总数	一等奖	二等奖	三等奖	其他奖	总数
烟台 2006	13	40	76	0	129	2	7	22	0	31
烟台 2007	13	40	68	1①	122	2	6	12	0	20
烟台 2008	16	40	74	0	130	3	7	14	0	24
烟台 2009	13	41	71	3①	128	1	4	14	0	19
烟台 2010	16	45	78	1② + 3①	143	4	8	14	0	26
烟台 2011	19	44	84	3②	150	1	9	15	0	25
烟台 2012	18	45	88	2②	153	1	4	13	0	18
烟台 2013	13	40	78	3②	134	2	6	7	0	15
烟台 2014	12	40	71	2②	125	1	7	5	0	13
烟台 2015	20	48	69	0	137	4	8	9	0	21
烟台 2016	22	55	86	0	163	0	7	6	0	13
大连 2006	10	30	100	0	140	1	2	12	0	15
大连 2008	10	31	99	0	140	1	6	21	0	28
大连 2010	11	25	122	0	158	2	1	19	0	22

续表

地市及年度	本类奖励设奖总数					抽样经管类论文奖励数				
	一等奖	二等奖	三等奖	其他奖	总数	一等奖	二等奖	三等奖	其他奖	总数
大连 2012	10	30	103	19[3]	162	0	0	11	1[3]	12
安阳 2012	13	24	38	4[4]+13[5]	79	2	5	4	1[5]	12
安阳 2013	15	23	34	33[5]	105	1	2	8	3[5]	14
安阳 2014	18	25	35	0	78	2	6	3	0	11
安阳 2015	27	31	38	0	96	3	7	1	0	11
安阳 2016	23	31	43	0	97	3	5	7	0	15
襄阳 2012	10	22	46	0	78	2	3	12	0	17
襄阳 2014	11	22	37	0	70	1	2	8	0	11
襄阳 2016	14	28	63	1[2]	106	1	3	6	0	10
南宁 2011	7	21	27	30[5]	85	0	1	3	4[#]	8
南宁 2015	6	49	48	48[5]+1[6]	152	0	2	5	9[#]	16
宝鸡 2011	10	30	90	0	130	0	0	7	0	7
宝鸡 2013	16	30	107	64[5]	217	0	6	10	7[#]	23
宝鸡 2015	12	26	87	0	125	0	2	6	0	8
总计	398	956	1960	218	3532	41	126	273	25	465

注：上标①、②、③、④、⑤、⑥者，分别表示重大成果奖、特别奖、特殊贡献奖、特等奖、优秀奖、荣誉奖。

基于构建的科学奖励公信力测评模型体系，首先，对抽样地市和届次获奖的经济学和管理学两大学科门类的中文论文成果，进行综合被引指数 cci 统计汇总，并标出各成果的实际等级序位和合理等级序位（见附表 5 - 1 - 1 至附表 5 - 28 - 1）。其次，对抽样地市同届别（年度）评奖成果对应时间期限内本地市学者发表的所有经管类中文论文成果，进行综合被引指数 cci 统计汇总，并从高到低截取排名前三的成果，计算其综合被引指数 cci 平均值，作为优质比较标杆 QCB（见附表 5 - 1 - 2 至附表 5 - 28 - 2）。最后，按相应算法分别计量抽样地市和届别（年度）获奖中文论文成果的总体优质度 OQI 和最高优质度 HQI、最低优质度 LQI 以及排位有序度 ROD，并代入公信力测评模型，测度各抽样地市各届别（年度）的奖励公信力。

第三节　抽样测评奖励公信力总体分析

现在，就全部抽样地市（年度）获奖经管类论文成果公信力的测评情况，借助表 5 - 5、表 5 - 6、表 5 - 7、表 5 - 8 和图 5 - 1、图 5 - 2、图 5 - 3、图 5 - 4 进行总体分析。

表 5 – 5   统计 28 个抽样地市（年度）奖励公信力原始指标测评

序号	地市及年度	优质标杆 cci	总体优质指数	最高优质指数	最低优质指数
1	烟台 2006	21.899	3.728	21.755	0
2	烟台 2007	31.404	6.509	25.69	0.167
3	烟台 2008	38.749	4.847	23.251	0
4	烟台 2009	20.569	3.119	12.701	0
5	烟台 2010	20.347	2.452	15.106	0
6	烟台 2011	23.831	4.74	23.831	0
7	烟台 2012	7.426	1.179	5.83	0
8	烟台 2013	7.642	1.683	6.24	0
9	烟台 2014	7.224	2.551	7.224	0.119
10	烟台 2015	5.37	1.283	4.991	0
11	烟台 2016	4.795	1.248	4.795	0
12	大连 2006	166.05	28.77	135.68	0.033
13	大连 2008	143.78	13.37	97.145	0
14	大连 2010	91.564	6.852	20.372	0.278
15	大连 2012	64.545	7.866	16.939	1.73
16	安阳 2012	11.387	0.071	0.25	0
17	安阳 2013	2.655	0.177	0.549	0
18	安阳 2014	7.388	0.483	1.601	0
19	安阳 2015	2.03	0.326	1.078	0
20	安阳 2016	4.326	0.445	2.15	0
21	襄阳 2012	18.994	3.832	18.994	0
22	襄阳 2014	3.58	0.656	1.783	0.043
23	襄阳 2016	2.139	0.295	0.983	0
24	南宁 2011	9.059	0.855	2.046	0.033
25	南宁 2015	4.258	0.964	3.981	0
26	宝鸡 2011	6.754	0.514	1.167	0
27	宝鸡 2013	6.563	0.978	4.782	0
28	宝鸡 2015	3.681	0.327	0.795	0
29	平均	26.36	3.58	16.49	0.09
30	变异系数	154.98%	159.06%	178.13%	358.23%
31	R^2	0.046	0.070	0.065	0.000

表 5 – 6 28 个抽样地市（年度）奖励公信力原始指标年均值测评

序号	地市及年度	成果历时年限	优质标杆 cci 年均	总体优质指数 年均	最高优质指数 年均	最低优质指数 年均
1	烟台 2006	11	1.99	0.34	1.98	0.00
2	烟台 2007	10	3.14	0.65	2.57	0.02
3	烟台 2008	9	4.31	0.54	2.58	0.00
4	烟台 2009	8	2.57	0.39	1.59	0.00
5	烟台 2010	7	2.91	0.35	2.16	0.00
6	烟台 2011	6	3.97	0.79	3.97	0.00
7	烟台 2012	5	1.49	0.24	1.17	0.00
8	烟台 2013	4	1.91	0.42	1.56	0.00
9	烟台 2014	3	2.41	0.85	2.41	0.04
10	烟台 2015	2	2.69	0.64	2.50	0.00
11	烟台 2016	1	4.80	1.25	4.80	0.00
12	大连 2006	10.5	15.81	2.74	12.92	0.00
13	大连 2008	8.5	16.92	1.57	11.43	0.00
14	大连 2010	6.5	14.09	1.05	3.13	0.04
15	大连 2012	4.5	14.34	1.75	3.76	0.38
16	安阳 2012	5	2.28	0.01	0.05	0.00
17	安阳 2013	4	0.66	0.04	0.14	0.00
18	安阳 2014	3	2.46	0.16	0.53	0.00
19	安阳 2015	2	1.02	0.16	0.54	0.00
20	安阳 2016	1	4.33	0.45	2.15	0.00
21	襄阳 2012	6	3.17	0.64	3.17	0.00
22	襄阳 2014	4	0.90	0.16	0.45	0.01
23	襄阳 2016	2	1.07	0.15	0.49	0.00
24	南宁 2011	7	1.29	0.12	0.29	0.00
25	南宁 2015	3	1.42	0.32	1.33	0.00
26	宝鸡 2011	7	0.96	0.07	0.17	0.00
27	宝鸡 2013	5	1.31	0.20	0.96	0.00
28	宝鸡 2015	3	1.23	0.11	0.27	0.00

续表

序号	地市及年度	成果历时年限	优质标杆 cci 年均	总体优质指数 年均	最高优质指数 年均	最低优质指数 年均
29	平均	—	4.12	0.58	2.47	0.02
30	变异系数	—	114.29%	104.85%	120.67%	353.17%
31	R^2	—	0.030	0.079	0.079	0.000

注：烟台市社会科学评奖，每年进行 1 次，每年评奖参评成果的主体期限范围是评奖年份之前第 1 个年份取得的成果，即烟台市 2006~2016 年共 11 届次评奖的主体参评成果，分别是 2005~2015 年取得的成果，以 2016 统计年度为结束年度，经历年限分别为 11 年、10 年、9 年、8 年、7 年、6 年、5 年、4 年、3 年、2 年、1 年。大连市社会科学评奖，每偶数年 8 月进行 1 次，每年评奖参评成果的主体期限范围是评奖年份之前第 2 个年份 8 月至评奖年 7 月期间取得的成果，即大连市 2006 年、2008 年、2010 年、2012 年评奖的主体参评成果，分别是 2004 年 8 月~2006 年 7 月、2006 年 8 月~2008 年 7 月、2008 年 8 月~2010 年 7 月、2010 年 8 月~2012 年 7 月取得的成果，以 2016 统计年度为结束年度，以各届奖励主体参评成果期限中值为起点年度，经历年限分别为 10.5 年、8.5 年、6.5 年、4.5 年。安阳市社会科学评奖，每年进行 1 次，每年评奖参评成果的主体期限范围是评奖当年取得的成果，即安阳市 2012~2016 年共 5 届次评奖的评奖时间分别为 2013~2017 年，主体参评成果分别是 2012~2016 年取得的成果，以 2016 统计年度为结束年度，经历年限分别为 5 年、4 年、3 年、2 年、1 年。襄阳市社会科学评奖，每 2 年进行 1 次，每年评奖参评成果的主体期限范围是评奖年份之前 2 个年份期间取得的成果，即襄阳市 2012 年、2014 年、2016 年评奖的主体参评成果，分别是 2010~2011 年、2012~2013 年、2014~2015 年取得的成果，以 2016 统计年度为结束年度，以各届奖励主体参评成果期限中值为起点年度，经历年限分别为 6 年、4 年、2 年。南宁市社会科学评奖，每 2 年进行 1 次，每年评奖参评成果的主体期限范围是评奖年份之前 2 个年份期间取得的成果，即南宁市 2011 年、2015 年评奖的主体参评成果，分别是 2009~2010 年、2013~2014 年取得的成果，以 2016 统计年度为结束年度，以各届奖励主体参评成果期限中值为起点年度，经历年限分别为 7 年、3 年。宝鸡市社会科学评奖，每 2 年进行 1 次，每年评奖参评成果的主体期限范围是评奖年份之前 2 个年份取得的成果，即宝鸡市 2011 年、2013 年、2015 年评奖的主体参评成果，分别是 2009~2010 年、2011~2012 年、2013~2014 年取得的成果，以 2016 统计年度为结束年度，以各届奖励主体参评成果期限中值为起点年度，经历年限分别为 7 年、5 年、3 年。历届的优质标杆 cci 年均、总体优质指数年均、最高优质指数年均、最低优质指数年均，分别由相应指标除以对应年限而得出。

表 5-7　28 个抽样地市（年度）奖励公信力最终指标测评

序号	地市及年度	OQI	HQI	LQI	最大无序值	实际无序值	ROD	PCD
1	烟台 2006	17.02	99.34	0	134	46	65.67	33.28
2	烟台 2007	20.73	81.81	0.531	104	40	61.54	32.98
3	烟台 2008	12.51	60	0	158	82	48.1	23.13
4	烟台 2009	15.16	61.75	0	42	26	38.1	22.89
5	烟台 2010	12.05	74.24	0	224	96	57.14	26.08
6	烟台 2011	19.89	100	0	182	103	43.41	30.62
7	烟台 2012	15.88	78.53	0	42	16	61.9	29.76

续表

序号	地市及年度	OQI	HQI	LQI	最大无序值	实际无序值	ROD	PCD
8	烟台2013	22.02	81.7	0	92	40	56.52	32.69
9	烟台2014	35.31	100	1.652	72	25	65.28	44.41
10	烟台2015	23.89	92.94	0	176	88	50	33.63
11	烟台2016	26.03	100	0	84	49	41.67	33.95
12	大连2006	17.32	81.71	0.02	14	6	57.14	29.99
13	大连2008	9.3	67.56	0	86	50	41.86	20.71
14	大连2010	7.48	22.25	0.3	14	12	14.29	9.601
15	大连2012	12.19	26.24	2.68	2	2	0	10.21
16	安阳2012	0.62	2.2	0	66	66	0	0.592
17	安阳2013	6.67	20.68	0	62	50	19.35	9.94
18	安阳2014	6.54	21.67	0	44	38	13.64	8.82
19	安阳2015	16.06	53.1	0	32	40	0	14.95
20	安阳2016	10.29	49.7	0	88	63	28.41	16.83
21	襄阳2012	20.17	100	0	38	16	57.89	33.68
22	襄阳2014	18.32	49.8	1.2	14	8	42.86	24.66
23	襄阳2016	13.79	45.96	0	26	18	30.77	19.02
24	南宁2011	9.44	22.59	0.36	26	14	46.15	17.19
25	南宁2015	22.64	93.49	0	78	37	52.56	33.45
26	宝鸡2011	7.61	17.28	0	2	0	100	26.29
27	宝鸡2013	14.9	72.86	0	212	86	59.43	28.11
28	宝鸡2015	8.88	21.6	0	8	8	100	27.45
29	平均	15.1	60.68	0.24	75.79	40.18	44.77	24.1
30	变异系数	47.37%	50.61%	251.85%	—	—	55.93%	41.31%
31	R^2	0.099	0.232	0.000			0.001	0.074

表5-8　28个抽样地市（年度）奖励公信力综合指数PCD分析

指标	OQI	HQI	LQI	ROD	PCD
原始得分值	15.10	60.68	0.24	47.77	24.1
原始得分率	15.10%	60.68%	0.24%	47.77%	24.1%
折权得分值	9.06	6.07	0.024	9.55	24.1
占比（%）	37.59	25.19	0.10	39.63	100.00

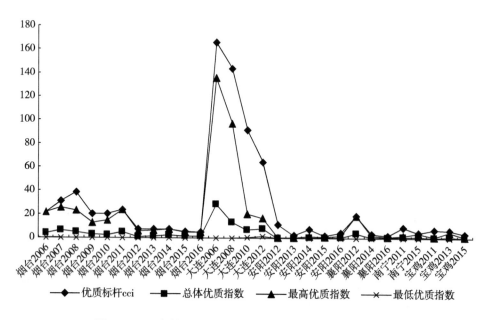

图 5 - 1 28 个抽样地市（年度）奖励公信力原始指标测评

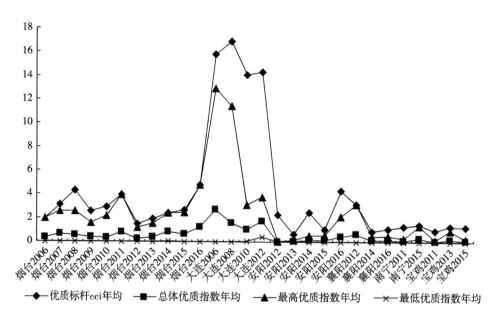

图 5 - 2 28 个抽样地市（年度）获奖经管类论文成果
公信力原始指标年均值测评

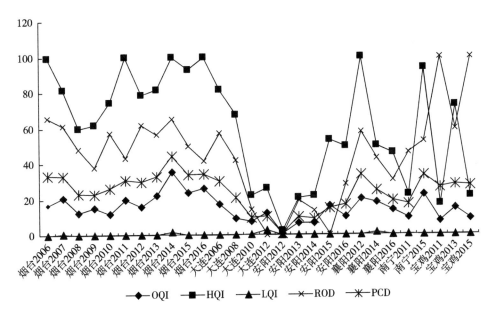

图 5-3　28 个抽样地市（年度）获奖经管类中文论文成果公信力最终指标测评

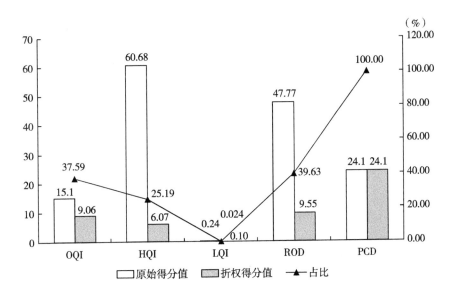

图 5-4　28 个抽样地市（年度）获奖经管类论文成果公信力综合指数 PCD 分析

一、28 个抽样地市（年度）奖励公信力原始指标分析

（1）就获奖经管类论文成果公信力测评的优质标杆指数 cci 情况来看，28 个抽样地市（年度）中，最低为安阳 2015 年的 2.03，最高为大连 2006 年的 166.05，平均为 26.36。变异系数 CV = 154.98% > 15%，说明波动幅度相当剧烈。

主体趋势线性模拟的 R^2 值只有 0.046，说明随机性过大，没有明显的趋势性规律。

（2）就获奖经管类论文成果公信力测评的总体优质指数情况来看，28 个抽样地市（年度）中，最低为安阳 2012 年的 0.071，最高为大连 2006 年的 28.77，平均为 3.58。变异系数 CV = 159.06% > 15%，说明波动幅度相当剧烈。主体趋势线性模拟的 R^2 值只有 0.070，说明随机性过大，没有明显的趋势性规律。

（3）就获奖经管类论文成果公信力测评的最高优质指数情况来看，28 个抽样地市（年度）中，最低为安阳 2012 年的 0.25，最高为大连 2006 年的 135.68，平均为 16.49。变异系数 CV = 178.13% > 15%，说明波动幅度相当剧烈。主体趋势线性模拟的 R^2 值只有 0.065，说明随机性过大，没有明显的趋势性规律。

（4）就获奖经管类论文成果公信力测评的最低优质指数情况来看，28 个抽样地市（年度）中，最低为烟台 2006 年等 21 个地市（年度）的 0，最高为大连 2012 年的 1.73，平均为 0.09。变异系数 CV = 358.23% > 15%，说明波动幅度相当剧烈。主体趋势线性模拟的 R^2 值不到 0.001，说明随机性过大，没有明显的趋势性规律。

综上所述，28 个抽样地市（年度）获奖经管类中文论文成果公信力原始指标的变异系数都在 150% 以上，远远超过 15% 的稳定边界，主体趋势线性模拟的 R^2 值最高也只有 0.070，说明随机性波动幅度相当剧烈，均没有明显的趋势性规律，也没有呈现出不断优化的趋势和特征。

二、28 个抽样地市（年度）奖励公信力原始指标年均值分析

由于 28 个抽样地市（年度）获奖成果到 2016 年统计测评时，历时年限各不相同。因此，将公信力各项原始指标值除以到 2016 年止历时年份数量，得出公信力各项原始指标年均值，具有更好的可比价值。

（1）就获奖经管类论文成果公信力测评的优质标杆指数 cci 年均值来看，28 个抽样地市（年度）中最低为安阳 2013 年的 0.66，最高为大连 2008 年的 16.92，平均为 4.12。变异系数 CV = 114.29% > 15%，说明年均后的波动幅度仍然相当剧烈。主体趋势线性模拟的 R^2 值只有 0.030，说明年均后的随机性仍然过大，没有明显的趋势性规律。

（2）就获奖经管类论文成果公信力测评的总体优质指数年均值来看，28 个抽样地市（年度）中，最低为安阳 2012 年的 0.01，最高为大连 2006 年的 2.74，平均为 0.58。变异系数 CV = 104.85% > 15%，说明年均后的波动幅度仍然剧烈。主体趋势线性模拟的 R^2 值只有 0.079，说明年均后的随机性过大，仍然没有明显的趋势性规律。

（3）就获奖经管类论文成果公信力测评的最高优质指数年均值来看，28 个抽样地市（年度）中最低为安阳 2012 年的 0.05，最高为大连 2006 年的 12.92，平均为 2.47。变异系数 CV = 120.67% > 15%，说明年均后的波动幅度仍然剧烈。

主体趋势线性模拟的 R^2 值只有 0.079，说明年均后的随机性仍然过大，没有明显的趋势性规律。

（4）就获奖经管类论文成果公信力测评的最低优质指数年均值来看，28 个抽样地市（年度）中最低为烟台 2006 年等 21 个地市（年度）的 0，最高为大连 2012 年的 0.38，平均为 0.02。变异系数 CV = 353.17% >15%，说明年均后的波动幅度仍然相当剧烈。主体趋势线性模拟的 R^2 值仍然不到 0.001，说明年均后的随机性仍然过大，没有明显的趋势性规律。

综上所述，28 个抽样地市（年度）获奖经管类中文论文成果公信力原始指标年均后的变异系数都在 100% 以上，主体趋势线性模拟的 R^2 值最高也只有 0.079，说明年均后的随机性波动幅度仍然相当剧烈，没有稳定的趋势规律，没有呈现不断优化的趋势和特征。

三、28 个抽样地市（年度）奖励公信力最终指标分析

（1）就获奖经管类论文成果公信力测评的总体优质度 OQI 情况来看，28 个抽样地市（年度）中最低为安阳 2012 年的 0.62，最高为烟台 2014 年的 35.31，平均为 15.10。变异系数 CV = 47.37% >15%，说明波动幅度相当剧烈。主体趋势线性模拟的 R^2 值只有 0.099，说明随机性过大，没有明显的趋势性规律。

（2）就获奖经管类论文成果公信力测评的最高优质度 HQI 情况来看，28 个抽样地市（年度）中，最低为安阳 2012 年的 2.2，最高为烟台 2011 年、2014 年、2016 年和襄阳 2012 年的 100，平均为 60.68。变异系数 CV = 50.61% >15%，说明波动幅度相当剧烈。主体趋势线性模拟的 R^2 值只有 0.232，说明随机性过大，没有明显的趋势性规律。

（3）就获奖经管类论文成果公信力测评的最低优质度 LQI 情况来看，28 个抽样地市（年度）中，最低为烟台 2006 年等 21 个地市（年度）的 0，最高为大连 2012 年的 2.68，平均为 0.24。变异系数 CV = 251.85% >15%，说明波动幅度相当剧烈。主体趋势线性模拟的 R^2 值不到 0.001，说明随机性过大，没有明显的趋势性规律。

（4）就获奖经管类论文成果公信力测评的排位有序度 ROD 情况来看，28 个抽样地市（年度）中，最低为大连 2012 年和安阳 2012 年的 0，最高为宝鸡 2009 年和宝鸡 2015 年的 100，平均为 44.77。变异系数 CV = 55.93% >15%，说明波动幅度相当剧烈。主体趋势线性模拟的 R^2 值只有 0.001，说明随机性过大，没有明显的趋势性规律。

（5）就获奖经管类论文成果公信力测评的综合指数 PCD 情况来看，28 个抽样地市（年度）中，最低为安阳 2012 年的 0.592，最高为烟台 2014 年的 44.41，平均为 24.10，处于 E 级别的差等级区间，很不理想。变异系数 CV = 41.31% >15%，说明波动幅度相当剧烈。主体趋势线性模拟的 R^2 值只有 0.074，说明随机性过大，没有明显的趋势性规律。

综上所述，28 个抽样地市（年度）获奖经管类中文论文成果公信力平均只有 24.10，很不理想。各最终指标的变异系数均在 41% 以上，大于 15% 的稳定边界，主体趋势线性模拟的 R^2 值最高也只有 0.232，说明随机性波动幅度相当剧烈，没有明显的趋势性规律，也没有呈现出不断优化的趋势和特征。

四、28 个抽样地市（年度）奖励总体公信力综合指数 PCD 分析

就全部 28 个抽样地市（年度）获奖成果总体情况来看，总体平均的公信力综合指数 PCD 为 24.10，其中总体优质度 OQI、最高优质度 HQI、最低优质度 LQI、排位有序度 ROD 四项指标原始得分值分别为 15.10、60.68、0.24、47.77，相当于获得了各自指标满分分值的 15.10%、60.68%、0.24%、47.77%。四项具体指标折权后的得分值分别为 9.06、6.07、0.024、9.55，占得分总值的比重分别为 37.59%、25.19%、0.10%、39.63%。

这表明，28 个抽样地市（年度）获奖成果总体的公信力综合指数 PCD 之所以不理想，所评奖励成果的总体优质水平太低导致总体优质度 OQI 得分率过低，以及所评奖励之中渗透了一批过于低劣的成果导致最低优质度 LQI 得分率过低，是决定性原因。所评奖励的排位有序性不科学导致排位有序度 ROD 得分率偏低，是重要原因。而最高优质度 HQI 的得分率也不尽理想，说明所评奖励对最高水平和影响成果的包含性不足，值得关注。

第四节 抽样测评奖励公信力损失分析

现在，就 28 个抽样地市（年度）获奖经管类论文成果公信力测评的损失情况，借助表 5-9、表 5-10 和图 5-5、图 5-6 进行分析。可知，就 28 个抽样地市（年度）获奖成果综合的公信力综合指数 PCD 各自的损失情况而言，最低为烟台 2014 年的 55.59，最高为安阳 2012 年的 99.41，平均损失 75.90，损失率高达 75.90%，说明公信力综合指数 PCD 损失非常严重。具体各指标损失情况分析如下：

表 5-9 28 个抽样地市（年度）奖励公信力损失情况分析

地市及年度	指标	总体优质度 OQI	最高优质度 HQI	最低优质度 LQI	排位有序度 ROD	公信力指数 PCD
	理想值	60	10	10	20	100
烟台 2006	原始均值	17.02	99.34	0	65.67	33.28
	折权均值	10.212	9.934	0	13.134	33.28
	损失值	49.788	0.066	10	6.866	66.72

续表

地市及年度	指标	总体优质度 OQI	最高优质度 HQI	最低优质度 LQI	排位有序度 ROD	公信力指数 PCD
	理想值	60	10	10	20	100
烟台 2007	原始均值	20.73	81.81	0.531	61.54	32.98
	折权均值	12.438	8.181	0.0531	12.308	32.98
	损失值	47.562	1.819	9.9469	7.692	67.02
烟台 2008	原始均值	12.51	60.00	0	48.10	23.13
	折权均值	7.506	6	0	9.62	23.13
	损失值	52.494	4	10	10.38	76.87
烟台 2009	原始均值	15.16	61.75	0	38.10	22.89
	折权均值	9.096	6.175	0	7.62	22.89
	损失值	50.904	3.825	10	12.38	77.11
烟台 2010	原始均值	12.05	74.24	0	57.14	26.08
	折权均值	7.23	7.424	0	11.428	26.08
	损失值	52.77	2.576	10	8.572	73.92
烟台 2011	原始均值	19.89	100	0	43.41	30.62
	折权均值	11.934	10	0	8.682	30.62
	损失值	48.066	0	10	11.318	69.38
烟台 2012	原始均值	15.88	78.53	0	61.90	29.76
	折权均值	9.528	7.853	0	12.38	29.76
	损失值	50.472	2.147	10	7.62	70.24
烟台 2013	原始均值	22.02	81.70	0	56.52	32.69
	折权均值	13.212	8.17	0	11.304	32.69
	损失值	46.788	1.83	10	8.696	67.31
烟台 2014	原始均值	35.31	100	1.652	65.28	44.41
	折权均值	21.186	10	0.1652	13.056	44.41
	损失值	38.814	0	9.8348	6.944	55.59
烟台 2015	原始均值	23.89	92.94	0	50.00	33.63
	折权均值	14.334	9.294	0	10	33.63
	损失值	45.666	0.706	10	10	66.37
烟台 2016	原始均值	26.03	100	0	41.67	33.95
	折权均值	15.618	10	0	8.334	33.95
	损失值	44.382	0	10	11.666	66.05

地市及年度	指标	总体优质度 OQI	最高优质度 HQI	最低优质度 LQI	排位有序度 ROD	公信力指数 PCD
	理想值	60	10	10	20	100
大连 2006	原始均值	17.32	81.71	0.02	57.14	29.99
	折权均值	10.392	8.171	0.002	11.428	29.99
	损失值	49.608	1.829	9.998	8.572	70.01
大连 2008	原始均值	9.30	67.56	0	41.86	20.71
	折权均值	5.58	6.756	0	8.372	20.71
	损失值	54.42	3.244	10	11.628	79.29
大连 2010	原始均值	7.48	22.25	0.30	14.29	9.601
	折权均值	4.488	2.225	0.03	2.858	9.601
	损失值	55.512	7.775	9.97	17.142	90.399
大连 2012	原始均值	12.19	26.24	2.68	0	10.21
	折权均值	7.314	2.624	0.268	0	10.21
	损失值	52.686	7.376	9.732	20	89.79
安阳 2012	原始均值	0.62	2.20	0	0	0.592
	折权均值	0.372	0.22	0	0	0.592
	损失值	59.628	9.78	10	20	99.408
安阳 2013	原始均值	6.67	20.68	0	19.35	9.94
	折权均值	4.002	2.068	0	3.87	9.94
	损失值	55.998	7.932	10	16.13	90.06
安阳 2014	原始均值	6.54	21.67	0	13.64	8.82
	折权均值	3.924	2.167	0	2.728	8.82
	损失值	56.076	7.833	10	17.272	91.18
安阳 2015	原始均值	16.06	53.10	0	0	14.95
	折权均值	9.636	5.31	0	0	14.95
	损失值	50.364	4.69	10	20	85.05
安阳 2016	原始均值	10.29	49.70	0	28.41	16.83
	折权均值	6.174	4.97	0	5.682	16.83
	损失值	53.826	5.03	10	14.318	83.17
襄阳 2012	原始均值	20.17	100	0	57.89	33.68
	折权均值	12.102	10	0	11.578	33.68
	损失值	47.898	0	10	8.422	66.32

续表

地市及年度	指标	总体优质度 OQI	最高优质度 HQI	最低优质度 LQI	排位有序度 ROD	公信力指数 PCD
	理想值	60	10	10	20	100
襄阳2014	原始均值	18.32	49.80	1.20	42.86	24.66
	折权均值	10.992	4.98	0.12	8.572	24.66
	损失值	49.008	5.02	9.88	11.428	75.34
襄阳2016	原始均值	13.79	45.96	0	30.77	19.02
	折权均值	8.274	4.596	0	6.154	19.02
	损失值	51.726	5.404	10	13.846	80.98
南宁2011	原始均值	9.44	22.59	0.36	46.15	17.19
	折权均值	5.664	2.259	0.036	9.23	17.19
	损失值	54.336	7.741	9.964	10.77	82.81
南宁2015	原始均值	22.64	93.49	0	52.56	33.45
	折权均值	13.584	9.349	0	10.512	33.45
	损失值	46.416	0.651	10	9.488	66.55
宝鸡2011	原始均值	7.61	17.28	0	100	26.29
	折权均值	4.566	1.728	0	20	26.29
	损失值	55.434	8.272	10	0	73.71
宝鸡2013	原始均值	14.90	72.86	0	59.43	28.11
	折权均值	8.94	7.286	0	11.886	28.11
	损失值	51.06	2.714	10	8.114	71.89
宝鸡2013	原始均值	8.88	21.60	0	100	27.45
	折权均值	5.328	2.16	0	20	27.45
	损失值	54.672	7.84	10	0	72.55
平均损失值		50.94	3.93	9.98	11.05	75.90

表5-10　28个抽样地市（年度）奖励公信力总体损失情况分析

指标	OQI	HQI	LQI	ROD	PCD
损失具体值	50.94	3.93	9.98	11.05	75.90
占比（%）	67.11	5.18	13.15	14.56	100.00

（1）总体优质度OQI指标是公信力综合指数PCD的关键性指标。全部28个抽样地市（年度）获奖成果的总体优质度OQI损失情况，最低为烟台2014年的38.814，最高为安阳2012年的59.628，平均损失50.94。自身损失率高达84.90%，占总损失比重高达67.11%，说明总体优质度OQI损失情况特别严重。

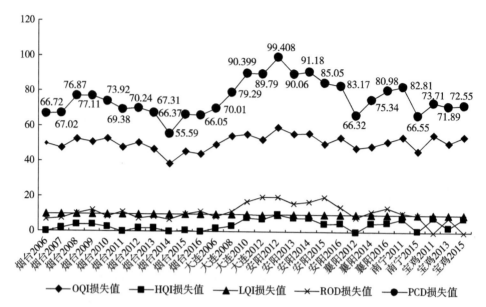

图5-5 28个抽样地市（年度）获奖经管类中文论文成果公信力损失情况

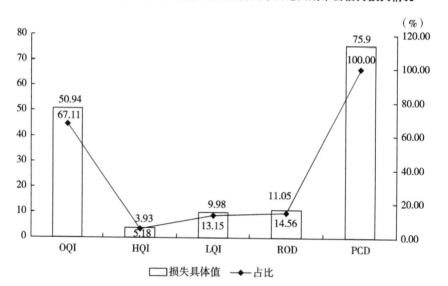

图5-6 28个抽样地市（年度）获奖经管类论文成果公信力单项损失情况

（2）最低优质度 LQI 指标是公信力综合指数 PCD 的一般指标。28 个抽样地市（年度）获奖成果的最低优质度 LQI 损失情况，最低为大连 2012 年的 9.732，最高为烟台 2006 年等 21 个抽样地市（年度）的 10，平均损失高达 9.98。自身损失率高达 99.80%，占总损失比重高达 13.15%，说明最低优质度 LQI 损失情况非常严重。

（3）排位有序度 ROD 指标是公信力综合指数 PCD 的重要指标。全部 28 个抽样地市（年度）获奖成果的排位有序度 ROD 损失情况，最低为宝鸡 2011 年、宝鸡 2015 年的 0，最高为大连 2012 年、烟台 2012 年的 20（全部损失），平均损失 11.05。自身损失率高达 55.25%，占总损失比重高达 14.56%，说明最低优质度 ROD 损失非常严重。

（4）最高优质度 HQI 指标是公信力综合指数 PCD 的一般指标。28 个抽样地市（年度）获奖成果的最高优质度 HQI 损失情况，最低为烟台 2011 年、2014 年、2016 年和襄阳 2012 年的 0 损失值，最高为安阳 2012 年的 9.78，平均损失 3.93。自身损失率高达 39.30%，占总损失比重为 5.18%，说明最高优质度 HQI 损失情况比较严重。

综上所述，28 个抽样地市（年度）获奖成果综合的公信力综合指数 PCD 之所以不理想，所评奖励成果的总体优质水平太低导致总体优质度 OQI 指标损失过大是决定性原因，所评奖励的排位有序性不科学和所评奖励之中渗透了一批过于低劣的成果导致排位有序度 ROD 和最低优质度 LQI 损失情况非常严重，是重要原因。所评奖励的总体优质度 OQI 也有一定的损失值，说明最有影响成果的获奖程度并不理想，值得关注。

第五节　抽样测评奖励公信力地市比较分析

现在，就 28 个抽样地市（年度）获奖经管类中文论文成果公信力测评情况，进行地市比较分析。

一、6 个抽样地市基于全部抽样数据的奖励公信力比较

（1）6 个抽样地市基于全部抽样数据的公信力测评各原始指标比较。为更具有可比性，这里将各统计地市每一个统计评奖年度各相应公信力原始指标绝对值除以成果历时年份后的年均值进行求和，再除以统计评奖年度的个数得到。从表 5-11 和图 5-7 可以看出：①就优质标杆 cci 年平均值而言，6 个抽样地市中最低的是宝鸡的 1.17，最高的是大连的 15.29，平均为 4.10。变异系数 CV = 122.84% > 15%，说明波动幅度相当剧烈，随机性过大，没有明显的趋势性规律。②就总体优质指数年平均值而言，6 个抽样地市中最低的是宝鸡的 0.13，最高的是大连的 1.78，平均为 0.53。变异系数 CV = 108.94% > 15%，说明波动幅度相当剧烈，随机性过大，没有明显的趋势性规律。③就最高优质指数年平均值而言，6 个抽样地市中最低的是宝鸡的 0.47，最高的是大连的 7.81，平均为 2.27。变异系数 CV = 112.94% > 15%，说明波动幅度相当剧烈，随机性过大，没有明显的趋势性规律。④就最低优质指数年平均值而言，6 个抽样地市中最低的是安阳、襄阳、南宁、宝鸡的 0.00，最高的是大连的 0.11，平均为 0.02，几乎达到了 0 的最低极限。变异系数 CV = 202.07% > 15%，说明波动幅度相当剧烈，随机性过大，没有明显的趋势性规律。

表5-11 6个抽样地市基于全部抽样数据的奖励公信力原始指标年均值比较

地市	优质标杆cci年均	总体优质指数年均	最高优质指数年均	最低优质指数年均
烟台平均/2006~2016	2.93	0.59	2.48	0.01
大连平均/2006~2012	15.29	1.78	7.81	0.11
安阳平均/2012~2016	2.15	0.164	0.682	0.00
襄阳平均/2012~2016	1.71	0.32	1.37	0.00
南宁平均/2011、2016	1.36	0.22	0.81	0.00
宝鸡平均/2011~2015	1.17	0.13	0.47	0.00
总体平均	4.10	0.53	2.27	0.02
变异系数	122.84%	108.94%	112.94%	202.07%

备注:优质标杆cci年均、总体优质指数年均、最高优质指数年均、最低优质指数年均等各指标,由各相应指标总值除以对应届次评奖参评成果自取得年份起到2016统计年度时的经历年限得出。优质标杆cci年均、总体优质指数年均、最高优质指数年均、最低优质指数年均等各指标的各地市平均值,分别由各地市历届次相应指标值之和除以届次之和得出。原始指标数据来自本章附表。

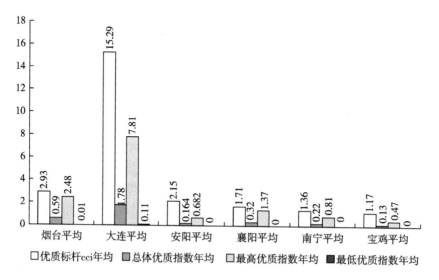

图5-7 6个抽样地市基于全部抽样数据的公信力原始指标年均值比较

综上所述,6个抽样统计地市公信力各原始指标年平均值的变异系数,均在108%以上,说明地市之间随机性过大,没有明显的趋势性规律。不过,6个抽样地市年均的优质标杆cci、总体优质指数、最高优质指数比较,相当稳定地呈现出"大连—烟台＞安阳—襄阳＞南宁—宝鸡"的规律。考虑到六地市的地理区位和科教水平差异(见表5-12),可知不同地市公信力测评各原始指标的高低,明显地与其科教水平正相关。

表 5-12 6 个抽样地市地理区位及拥有大学情况比较

区位	城市	重点大学	其他一般本科大学
东部	大连	大连理工大学（"985"）、大连海事大学（"211"）	东北财经大学、大连工业大学、大连外国语学院、大连交通大学、大连水产学院、大连大学、辽宁师范大学、辽宁对外经济贸易大学
	烟台		烟台大学、鲁东大学、山东工商学院、滨州医学院（烟台校区）、海军航空工程学院（军校）、中国农业大学（烟台校区）
中部	安阳		安阳师院
	襄阳		襄樊学院
西部	南宁	广西大学（"211"）	广西医科大学、广西财经学院、广西师范学院、广西中医药大学、广西民族大学、广西外国语学院、南宁学院、广西警察学院
	宝鸡		宝鸡文理学院

备注：数据来源于教育部官方网站公布的 2015 年全国高校名单。

（2）6 个抽样地市基于全部抽样数据的公信力测评各最终指标比较。从表 5-13 和图 5-8 可以看出：①就总体优质度 OQI 年平均值而言，6 个抽样地市中最低的是宝鸡的 6.28，最高的是烟台的 20.05，平均为 15.10。变异系数 CV=35.35%＞15%，说明波动幅度相当剧烈，随机性过大，没有明显的趋势性规律。②就最高优质度 HQI 年平均值而言，6 个抽样地市中最低的是宝鸡的 22.35，最高的是烟台的 84.57，平均为 60.68。变异系数 CV=37.87%＞15%，说明波动幅度相当剧烈，随机性过大，没有明显的趋势性规律。③就最低优质度 LQI 年平均值而言，6 个抽样地市中最低的是安阳、宝鸡的 0，最高的是大连的 0.75，平均为 0.24。变异系数 CV=108.40%＞15%，说明波动幅度相当剧烈，随机性过大，没有明显的趋势性规律。④就排位有序度 ROD 年平均值而言，6 个抽样地市中最低的是安阳的 12.28，最高的是烟台的 53.58，平均为 47.65。变异系数 CV=35.28%＞15%，说明波动幅度相当剧烈，随机性过大，没有明显的趋势性规律。⑤就公信力综合指数 PCD 年平均值而言，6 个抽样地市中最低的是安阳的 10.23，最高的是烟台的 31.22，平均为 24.68。变异系数 CV=31.90%＞15%，说明波动幅度相当剧烈，随机性过大，没有明显的趋势性规律。

综上所述，6 个抽样地市公信力各最终指标年平均值的变异系数均在 30% 以上，其中综合公信力指数 PCD 年平均值的变异系数为 31.90%，说明波动幅度相当剧烈，随机性过大，没有明显的趋势性规律。特别地，6 个抽样地市年平均的 OQI、HQI、LQI、ROD 以及最终的 PCD 比较，没有呈现出"大连—烟台＞安阳—襄阳＞南宁—宝鸡"的规律，说明不同地市公信力测评各最终指标的高低，与其科教水平没有关系。

表5-13　6个抽样地市基于全部抽样数据的奖励公信力各最终指标平均值比较

地市及年度	OQI	HQI	LQI	ROD	PCD
烟台平均/2006~2016	20.05	84.57	0.2	53.58	31.22
大连平均/2006~2012	11.57	49.44	0.75	28.32	17.63
安阳平均/2012~2016	8.04	29.47	0	12.28	10.23
襄阳平均/2012~2016	17.43	65.25	0.4	43.84	25.79
南宁平均/2011、2016	16.04	58.04	0.18	49.36	25.32
宝鸡平均/2011~2015	6.28	22.35	0	51.89	16.37
平均	15.1	60.68	0.24	47.65	24.68
变异系数	35.35%	37.87%	108.40%	35.28%	31.90%

注：表中统计分析原始数据来源于附录各表。

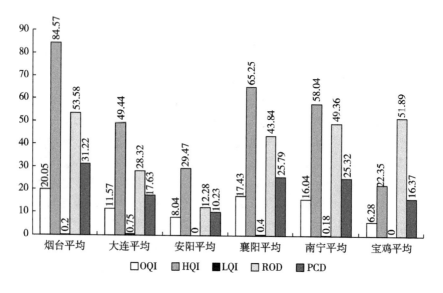

图5-8　6个抽样地市基于全部抽样数据的奖励公信力各最终指标平均值比较

二、6个抽样地市基于同期抽样数据的奖励公信力比较

6个抽样地市中，烟台、大连、安阳、襄阳4个抽样地市均有2012年的评奖，南宁和宝鸡因为每奇数年份进行评奖，该两个地市在2011年的评奖在时间上相当靠近，具有可比性。这里基于该6个抽样地市2012（2011）可比年度的数据，进行公信力测评的地市比较。

（1）6个抽样地市基于2012（2011）年度数据的公信力测评各原始指标比较。从表5-14和图5-9可以看出：①就优质标杆 cci 而言，6个抽样地市中最低的是宝鸡的6.754，最高的是大连的64.545，平均为19.69。变异系数 CV =

103.92% > 15%，说明波动幅度相当剧烈，随机性过大，没有明显的趋势性规律。②就总体优质指数而言，6个抽样地市中最低的是安阳的0.071，最高的是大连的7.866，平均为2.39。变异系数 CV = 114.31% > 15%，说明波动幅度相当剧烈，随机性过大，没有明显的趋势性规律。③就最高优质指数而言，6个抽样地市中最低的是安阳的0.25，最高的是襄阳的18.994，平均为7.54。变异系数 CV = 100.77% > 15%，说明波动幅度相当剧烈，随机性过大，没有明显的趋势性规律。④就最低优质指数而言，6个抽样地市中最低的是烟台、安阳、襄阳、宝鸡的0，最高的是大连的1.73，平均为0.29。变异系数 CV = 221.52% > 15%，说明波动幅度相当剧烈，随机性过大，没有明显的趋势性规律。

表5-14 6个抽样地市基于2012（2011）年数据的奖励公信力各原始指标比较

地市及年度	优质标杆 cci	总体优质指数	最高优质指数	最低优质指数
烟台2012	7.426	1.179	5.83	0
大连2012	64.545	7.866	16.939	1.73
安阳2012	11.387	0.071	0.25	0
襄阳2012	18.994	3.832	18.994	0
南宁2011	9.059	0.855	2.046	0.033
宝鸡2011	6.754	0.514	1.167	0
平均	19.69	2.39	7.54	0.29
变异系数	103.92%	114.31%	100.77%	221.52%

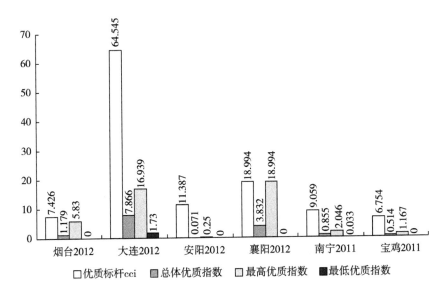

图5-9 6个抽样地市基于2012（2011）年数据的奖励公信力各原始指标比较

　　综上所述，6个抽样地市2012（2011）年度公信力各原始指标的变异系数均在100%以上，远远超过15%的临界点，说明地市之间随机性过大，没有明显的趋势性规律。另外，6个抽样地市年均的优质标杆cci、总体优质指数、最高优质指数比较，没有呈现出"大连—烟台＞安阳—襄阳＞南宁—宝鸡"的规律。可知不同地市公信力测评各原始指标的高低，与其科教水平没有相关关系。

　　（2）6个抽样地市基于2012（2011）年度数据的公信力测评各最终指标比较。从表5-15和图5-10可以看出：①就总体优质度OQI而言，6个抽样地市中最低的是安阳的0.62，最高的是襄阳的20.17，平均为10.99。变异系数$CV=56.46\%>15\%$，说明波动幅度相当剧烈，随机性过大，没有明显的趋势性规律。②就最高优质度HQI而言，6个抽样地市中最低的是安阳的2.2，最高的是烟台的78.53，平均为41.14。变异系数$CV=86.02\%>15\%$，说明波动幅度相当剧烈，随机性过大，没有明显的趋势性规律。③就最低优质度LQI而言，6个抽样地市中最低的是烟台、安阳、襄阳、宝鸡的0，最高的是大连的2.68，平均为0.51。变异系数$CV=192.31\%>15\%$，说明波动幅度相当剧烈，随机性过大，没有明显的趋势性规律。④就排位有序度ROD而言，6个抽样地市中最低的是大连、安阳的0.00，最高的是宝鸡的100，平均为44.32。变异系数$CV=79.91\%>15\%$，说明波动幅度相当剧烈，随机性过大，没有明显的趋势性规律。⑤就公信力综合指数PCD而言，6个抽样地市中最低的是安阳的0.592，最高的是襄阳的33.68，平均为19.62。变异系数$CV=58.91\%>15\%$，说明波动幅度相当剧烈，随机性过大，没有明显的趋势性规律。

表5-15　6个抽样地市基于2012（2011）年数据的奖励公信力各最终指标比较

地市及年度	OQI	HQI	LQI	ROD	PCD
烟台2012	15.88	78.53	0	61.9	29.76
大连2012	12.19	26.24	2.68	0	10.21
安阳2012	0.62	2.2	0	0	0.592
襄阳2012	20.17	100	0	57.89	33.68
南宁2011	9.44	22.59	0.36	46.15	17.19
宝鸡2011	7.61	17.28	0	100	26.29
平均	10.99	41.14	0.51	44.32	19.62
变异系数（%）	56.46	86.02	192.31	79.91	58.91

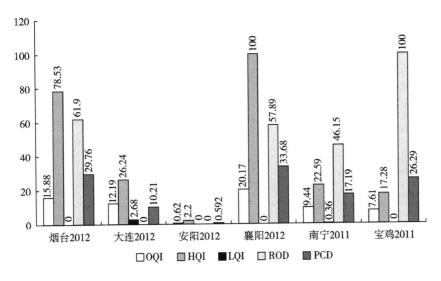

图 5 – 10　6 个抽样地市基于 2012（2011）年度数据的奖励公信力各最终指标比较

　　综上所述，6 个抽样地市基于 2012（2011）年度数据的公信力测评各最终指标的变异系数，均在 50% 以上，其中综合公信力指数 PCD 的变异系数为 58.91%，远远超过 15% 的临界点，说明随机性波动相当剧烈，没有明显的趋势性规律。特别地，6 个地市 2012（2011）年最终的 PCD 比较，没有呈现出与科教水平的相关关系。

三、烟台和大连基于同期抽样数据的奖励公信力比较

　　从表 5 – 16 可以看出，烟台 2006～2013 年举行的每年一次共 8 次的评奖活动，对应的参评成果为 2005～2012 年取得的研究成果，其规律是每年举行的评奖活动主要针对上一年度取得的成果。大连 2006～2012 年举行的每两年一次共 4 次的评奖活动，对应的参评成果为 2004 年 8 月～2012 年 7 月取得的研究成果，其规律是每偶数年份 8 月举行的评奖活动主要针对上上年 8 月至评奖年 7 月期间取得的成果。可知，烟台 2006～2013 年的评奖成果和大连 2006～2012 年的评奖成果，具有时期上的一致性。不过，考虑到烟台一年一评和大连两年一评的区别，可以给出两地市更具可比性的评奖活动对应情况，即烟台 2006～2007 年的评奖、2008～2009 年的评奖、2010～2011 年的评奖、2012～2013 年的评奖，分别大致相对应于大连 2006 年的评奖、2008 年的评奖、2010 年的评奖、2012 年的评奖。由此，下面即进行基于参评成果主体期限范围对应的烟台和大连两地市 2006～2012（2013）年评奖成果公信力比较分析。

表 5 - 16　烟台和大连基于参评成果主体期限范围的 2006 - 2012（2013）年评奖对应

烟台		大连	
评奖年份	参评成果期限	评奖年份	参评成果期限
2006	2005	2006	2004 年 8 月 ~ 2006 年 7 月
2007	2006		
2008	2007	2008	2006 年 8 月 ~ 2008 年 7 月
2009	2008		
2010	2009	2010	2008 年 8 月 ~ 2010 年 7 月
2011	2010		
2012	2011	2012	2010 年 8 月 ~ 2012 年 7 月
2013	2012		

（1）烟台和大连基于 2006 ~ 2012（2013）年数据的公信力测评各原始指标比较。从表 5 - 17 和图 5 - 11 可以看出：①就优质标杆 cci 年平均值而言，烟台 4 个时期均远远低于大连，就四期平均而言，烟台和大连分别为 2.79 和 15.29，大连是烟台的 5.48 倍，大连的优质标杆 cci 年平均值稳定地高于烟台。②就总体优质指数年平均值而言，烟台 4 个时期均远远低于大连，就四期平均而言，烟台和大连分别为 0.47 和 1.78，大连是烟台的 3.79 倍，大连的总体优质指数年平均值稳定地高于烟台。③就最高优质指数年平均值而言，烟台 4 个时期均明显低于大连，就四期平均而言，烟台和大连分别为 2.20 和 7.81，大连是烟台的 3.55 倍，大连的最高优质指数年平均值稳定地高于烟台。④就最低优质指数年平均值而言，不同对比期各有所长，但就四期平均而言，烟台和大连分别为 0.00 和 0.11，大连稳定地高于烟台。综上所述，烟台和大连 2006 ~ 2012（2013）年对应期公信力测评各原始指标比较，大连明显优于烟台。

表 5 - 17　烟台和大连基于 2006 ~ 2012（2013）年度数据的奖励公信力各原始指标比较

时期	地市及年度	优质标杆 cci 年均	总体优质指数年均	最高优质指数年均	最低优质指数年均
第一对比期	烟台 2006 ~ 2007	2.57	0.50	2.28	0.01
	大连 2006	15.81	2.74	12.92	0.00
第二对比期	烟台 2008 ~ 2009	3.44	0.47	2.09	0.00
	大连 2008	16.92	1.57	11.43	0.00
第三对比期	烟台 2010 ~ 2011	3.44	0.57	3.07	0.00
	大连 2010	14.09	1.05	3.13	0.04
第四对比期	烟台 2012 ~ 2013	1.70	0.33	1.37	0.00
	大连 2012	14.34	1.75	3.76	0.38

续表

时期	地市及年度	优质标杆 cci 年均	总体优质指数年均	最高优质指数年均	最低优质指数年均
四期平均	烟台	2.79	0.47	2.20	0.00
	大连	15.29	1.78	7.81	0.11

备注：为更具可比性，这里各年份的优质标杆 cci、总体优质指数、最高优质指数、最低优质指数均取年均后的值。其中，烟台 2006～2007 年数据为烟台 2006 年和 2007 年相应数据的平均值，烟台 2008～2009 年、烟台 2010～2011 年、烟台 2012～2013 年数据的计算方式相同。

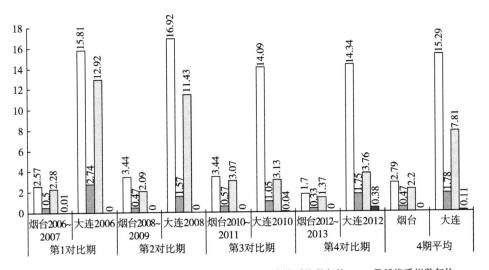

图 5-11　烟台和大连基于 2006～2012（2013）年数据的奖励公信力各原始指标比较

（2）烟台和大连基于 2006～2012（2013）年数据的公信力测评各最终指标比较。从表 5-18 和图 5-12 可以看出：①就总体优质度 OQI 而言，烟台 4 个时期均高于大连，就四期平均而言，烟台和大连分别为 16.91 和 11.57，烟台是大连的 1.46 倍，烟台明显优于大连。②就最高优质度 HQI 而言，烟台第一、三、四期高于大连，而第二期低于大连，就四期平均而言，烟台和大连分别为 79.67 和 49.44，烟台是大连的 1.61 倍，烟台明显优于大连。③就最低优质度 LQI 而言，烟台第 1 时期高于大连，第 2 时期与大连同为 0，第三期、第四期则低于大连，就四期平均而言，烟台和大连分别为 0.07 和 0.75，大连是烟台的 10 倍以上，大连明显优于烟台，但显然均处于极低位水平。④就排位有序度 ROD 而言，烟台四个时期均高于大连，其中第三期、第四期相差尤其悬殊。就四期平均而言，烟台和大连分别为 54.05 和 28.32，烟台是大连的 1.91 倍。⑤就公信力综合指数 PCD 而言，烟台四个时期均明显高于大连，就四期平均而言，烟台和大连分别为 28.93 和 17.63，烟台是大连的 1.64 倍。综上所述，烟台和大连各对应期获奖经管类论文成果公信力测评各最终指标存在明显差异，烟台明显优于大连。

表 5-18　烟台和大连基于 2006~2012（2013）年数据的奖励公信力各最终指标比较

时期	年度	总体优质度 OQI	最高优质度 HQI	最低优质度 LQI	排位有序度 ROD	公信力综合指数 PCD
第一期	烟台 2006~2007	18.875	90.575	0.266	63.605	33.13
	大连 2006	17.32	81.71	0.02	57.14	29.99
	烟台值/大连值	1.09	1.11	13.30	1.11	1.10
第二期	烟台 2008~2009	13.835	60.875	0.00	43.10	23.01
	大连 2008	9.30	67.56	0.00	41.86	20.71
	烟台值/大连值	1.49	0.90	#DIV/0!	1.03	1.11
第三期	烟台 2010~2011	15.97	87.12	0.00	50.275	28.35
	大连 2010	7.48	22.25	0.3	14.29	9.601
	烟台值/大连值	2.14	3.92	0.00	3.52	2.95
第四期	烟台 2012~2013	18.95	80.115	0.00	59.21	31.225
	大连 2012	12.19	26.24	2.68	0.00	10.21
	烟台值/大连值	1.55	3.05	0.00	#DIV/0!	3.06
四期平均	烟台	16.91	79.67	0.07	54.05	28.93
	大连	11.57	49.44	0.75	28.32	17.63
	烟台值/大连值	1.46	1.61	0.09	1.91	1.64

注：表中烟台 2006~2007 年数据为烟台 2006 年和 2007 年相应数据的平均值，烟台 2008~2009 年、烟台 2010~2011 年、烟台 2012~2013 年数据的计算方式相同。

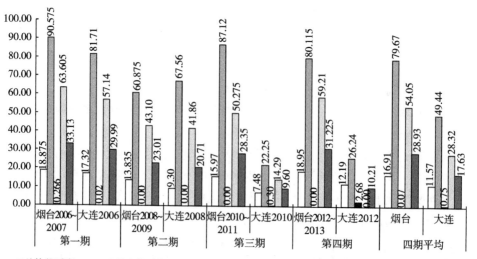

图 5-12　烟台和大连基于 2006~2012（2013）年数据的奖励公信力各最终指标比较

四、东、中、西部不同区位地市奖励公信力比较

为具可比性，选择对应时期进行东中西部不同区位地市公信力的测评比较。由于数据获得困难，只有六个地市样本，这里以烟台、大连的平均值代表东部地市，以安阳、襄阳的平均值代表中部地市，以南宁、宝鸡的平均值代表西部地市。该六个抽样地市均有针对 2010～2015 年取得成果的评奖，因此选择以 2010～2015 年成果获得期为对应期进行测评比较。

（1）东、中、西三地区地市对应期公信力各原始指标比较。从表 5-19 和图 5-13 可以看出：①就优质标杆 cci 而言，东中西三地区地市分别为 36.96、6.90、6.17，东部最高、中部次之、西部最低，整体呈现明显的东高西低趋势。②就总体优质指数而言，东、中、西三地区地市分别为 4.99、0.95、0.76，东部最高、中部次之、西部最低，呈现明显的东高西低趋势。③就最高优质指数而言，东、中、西三地区地市分别为 12.88、4.19、2.63，东部最高、中部次之、西部最低，呈现明显的东高西低趋势。④就最低优质指数而言，东、中、西部三地区地市分别为 0.88、0.01、0.01，东部最高、中部西部次之，呈现明显的东高西低趋势。综合上面分析，总体上可以得出以下结论：东、中、西部三地区地市公信力的优质标杆 cci、总体优质指数、最高优质指数、最低优质指数等原始指标，均呈现出明显的东高西低趋势。

表 5-19　东、中、西部三地区地市对应期公信力各原始指标比较

地区地市		优质标杆 cci	总体优质指数	最高优质指数	最低优质指数
东部	烟台平均	9.38	2.11	8.82	0.02
	大连平均	64.55	7.87	16.94	1.73
	东部平均	36.96	4.99	12.88	0.88
中部	安阳平均	5.56	0.30	1.13	0.00
	襄阳平均	8.24	1.59	7.25	0.01
	中部平均	6.90	0.95	4.19	0.01
西部	南宁平均	6.66	0.91	3.01	0.02
	宝鸡平均	5.67	0.61	2.25	0.00
	西部平均	6.17	0.76	2.63	0.01

注：由于数据获得困难，只有 6 个地市样本。这里以烟台、大连的平均值代表东部地市，以安阳、襄阳的平均值代表中部地区，以南宁、宝鸡的平均值代表西部地区。对应期是指表中各地市的相关数据大体都是针对 2010～2015 年取得的成果的评奖，具有同期可比性。

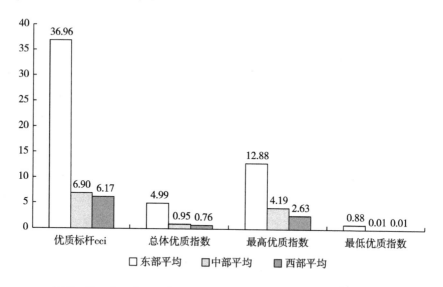

图5-13　东、中、西部三地区地市对应期公信力各原始指标比较

（2）东、中、西部三地区地市对应期公信力各最终指标比较。从表5-20和图5-14可以看出：①就总体优质度OQI而言，东、中、西部三地区地市分别为18.02、12.74、13.25，东部最高、中部最低、西部次之，整体呈现明显的两边高中间低的特征。②就最高优质度HQI而言，东、中、西部三地区地市分别为59.22、47.36、47.65，东部最高、中部最低、西部次之，整体呈现明显的两边高中间低的特征。③就最低优质度LQI而言，东、中、西部三地区地市分别为1.48、0.20、0.09，东部最高、中部次之、西部最低，整体呈现明显的东高西低的特征。④就排位有序度ROD而言，东、中、西三地区地市分别为26.57、28.06、67.92，西部最高、中部次之、东部最低，整体呈现明显的西高东低的特征。⑤就公信力综合指数PCD而言，东、中、西部三地区地市分别为22.20、18.01、26.30，西部最高、中部最低、东部次之，整体呈现明显的两边高中间低的特征。综合上面分析，总体上可以得出以下结论：东中西部三类地市公信力各最终指标中，总体优质度OQI、最高优质度HQI、最低优质度LQI以及排位有序度ROD呈现出的特征并不一致，但以公信力综合指数PCD为标志，总体呈现出的是两边高中间低的特征。

表5-20　东、中、西部三地区地市对应期公信力各最终指标比较

地区地市		OQI	HQI	LQI	ROD	PCD
东部	烟台平均	23.84	92.20	0.28	53.13	34.18
	大连平均	12.19	26.24	2.68	0.00	10.21
	东部平均	18.02	59.22	1.48	26.57	22.20

续表

地区地市		OQI	HQI	LQI	ROD	PCD
中部	安阳平均	8.04	29.47	0.00	12.28	10.23
	襄阳平均	17.43	65.25	0.40	43.84	25.79
	中部平均	12.74	47.36	0.20	28.06	18.01
西部	南宁平均	16.04	58.04	0.18	49.36	25.32
	宝鸡平均	10.46	37.25	0.00	86.48	27.28
	西部平均	13.25	47.65	0.09	67.92	26.30

注：由于数据获得困难，只有6个地市样本，这里以烟台、大连的平均值代表东部地市，以安阳、襄阳的平均值代表中部地市，以南宁、宝鸡的平均值代表西部地市。对应期是指表中各地市的相关数据大体都是针对2010～2015年取得的成果的评奖，具有同期可比性。

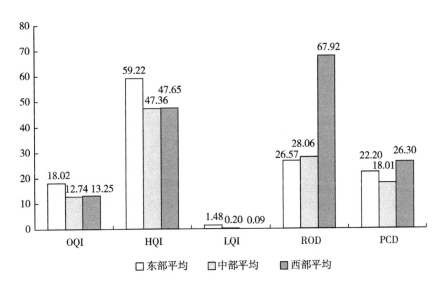

图 5-14　东中西部三类地市对应期公信力各最终指标比较

五、抽样测评奖励公信力地市比较的基本结论

综合以上分析，可以得出以下几点基本结论：①不同地市之间的优质标杆 cci、总体优质指数、最高优质指数、最低优质指数四个原始指标，以及不同地市之间的公信力综合指数 PCD 及其构成的总体优质度 OQI、最高优质度 HQI、最低优质度 LQI、排位有序度 ROD 五个最终指标，总体均呈现出比较明显的随机性城际差异，无明显的规律性趋势。②不同地市公信力测评的原始指标和最终指标，与各自科教水平没有明显的相关关系，但与各自所处的东中西地理区位具有明显的相关关系。具体说是，东中西部三类地市公信力测评的优质标杆 cci、总体优质指数、最高优质指数、最低优质指数等原始指标呈现出明显的东高西低特征，而以公信力综合指

数 PCD 为标志的最终指标总体呈现出两边高中间低的特征。

第六节　抽样测评奖励公信力时序比较分析

现在，就部分可比抽样统计地市（年度）获奖经管类中文论文成果公信力测评情况，进行时序比较分析。

一、烟台 2006～2016 年奖励公信力时序比较

（1）烟台 2006～2016 年公信力测评各原始指标的时序比较。为增强可比性，这里取年平均值进行比较分析。从表 5－21、图 5－15 可以看出：①就优质标杆 cci 而言，11 个年份中年均值最低的是 2012 年的 1.49，最高的是 2016 年的 4.80，平均为 2.93。变异系数 CV＝34.10%＞15%，说明波动幅度相对剧烈。主体趋势线性模拟的 R^2 值为 0.012，说明随机性过大，没有明显的趋势性规律。②就总体优质指数而言，11 个年份中年均值最低的是 2012 年的 0.24，最高的是 2016 年的 1.25，平均为 0.59。变异系数 CV＝47.48%＞15%，说明波动幅度相对剧烈。主体趋势线性模拟的 R^2 值为 0.306，说明随机性过大，没有明显的趋势性规律。③就最高优质指数而言，11 个年份中年均值最低的是 2012 年的 1.17，最高的是 2016 年的 4.80，平均为 2.48。变异系数 CV＝40.93%＞15%，说明波动幅度相对剧烈。主体趋势线性模拟的 R^2 值为 0.121，说明随机性过大，没有明显的趋势性规律。④就最低优质指数而言，11 个年份中年均值最低的是 2006 等 9 个年份的 0.00，最高的是 2014 年的 0.04，平均为 0.01。变异系数 CV＝131.43%＞15%，说明波动幅度相当剧烈。主体趋势线性模拟的 R^2 值为 0.009，说明随机性过大，没有明显的趋势性规律。

表 5－21　烟台 2006～2016 年奖励公信力各原始指标时序比较

年度	优质标杆 cci 年均	总体优质指数年均	最高优质指数年均	最低优质指数年均
2006	1.99	0.34	1.98	0.00
2007	3.14	0.65	2.57	0.02
2008	4.31	0.54	2.58	0.00
2009	2.57	0.39	1.59	0.00
2010	2.91	0.35	2.16	0.00
2011	3.97	0.79	3.97	0.00
2012	1.49	0.24	1.17	0.00
2013	1.91	0.42	1.56	0.00
2014	2.41	0.85	2.41	0.04
2015	2.69	0.64	2.50	0.00

续表

年度	优质标杆 cci 年均	总体优质指数年均	最高优质指数年均	最低优质指数年均
2016	4.80	1.25	4.80	0.00
平均	2.93	0.59	2.48	0.01
变异系数（％）	34.10	47.48	40.93	131.43
R^2	0.012	0.306	0.121	0.009

注：表中原始数据来自表5-6。

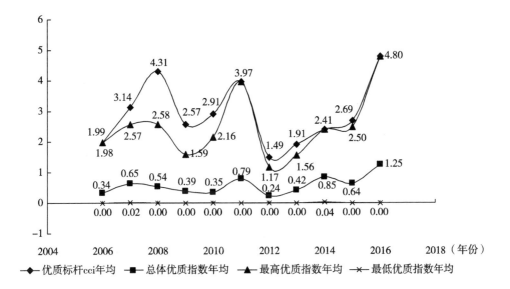

图5-15 烟台2006~2016年奖励公信力各原始指标时序比较

综上所述，烟台2006~2016年共11个获奖成果公信力测评各原始指标的年均值，变异系数均在34%以上，主体趋势线性模拟的 R^2 值均在0.31以下，说明不同年份之间随机性波动幅度比较剧烈，没有明显的趋势性规律，没有呈现出不断优化的趋势和特征。

（2）烟台2006~2016年公信力测评各最终指标的时序比较。从表5-22和图5-16可以看出：①就总体优质度 OQI 而言，2006~2016年的11个年份中，最低的是2010年的12.05，最高的是2014年的35.31，平均为20.04。变异系数 CV=32.24%>15%，说明波动幅度相对剧烈。主体趋势线性模拟的 R^2 值为0.409，并不理想，说明随机性过大，没有明显的趋势性规律。②就最高优质度 HQI 而言，11个年份中最低的是2008年的60，最高的是2011年、2014年的100，平均为84.57。变异系数 CV=17.05%>15%，说明波动幅度相对剧烈。主体趋势线性模拟的 R^2 值为0.179，并不理想，说明随机性过大，没有明显的趋势性规律。③就最低优质度 LQI 而言，11 个年份中最高的是 2014 年的 1.652 和 2007 年的 0.531，其他 9 个年份则均为最低的 0 值水平，总体平均值只有 0.20。这表明，最低优质度 LQI 指标在全部 11 个年份期间均表现极差，其背后的含义是，几乎每年都有一批影响力和学术价值为 0 的本不应该获得奖励的成果，却通过劣币驱逐良币获得了的不应有的奖励荣誉，而且成为一种常态。变异系数 CV = 242.05% > 15%，说明波动幅度相当剧烈。主体趋势线性模拟的 R^2 值为 0.050，说明随机性过大，没有明显的趋势性规律。④就排位有序度 ROD 而言，11 个年份中最低的是 2009 年的 38.1，最高的是 2006 年的 65.67，平均为 53.58。变异系数 CV = 17.48% > 15%，说明波动幅度相对剧烈。主体趋势线性模拟的 R^2 值为 0.028，说明随机性过大，没有明显的趋势性规律。⑤就公信力综合指数 PCD 而言，11 个年份中最低的是 2009 年的 22.89，最高是的 2014 年的 44.41，平均为 31.22，并不理想。变异系数 CV = 18.34% > 15%，说明波动幅度相对剧烈。主体趋势线性模拟的 R^2 值为 0.218，说明随机性过大，没有明显的趋势性规律。⑥综合以上分析，可以得出如下基本结论：就烟台 2006～2016 年的 11 个年份而言，总体的公信力综合指数 PCD 只有 31.22，并不理想，而且包括公信力综合指数 PCD 在内各最终指标的变异系数均在 15% 以上，主体趋势线性模拟的 R^2 值均在 0.41 以下，说明随机性过大，没有明显的趋势性规律，也没有不断优化的趋势和特征。

表 5-22　烟台 2006～2016 年奖励公信力各最终指标时序比较

年度	OQI	HQI	LQI	ROD	PCD
2006	17.02	99.34	0	65.67	33.28
2007	20.73	81.81	0.531	61.54	32.98
2008	12.51	60	0	48.1	23.13
2009	15.16	61.75	0	38.1	22.89
2010	12.05	74.24	0	57.14	26.08
2011	19.89	100	0	43.41	30.62
2012	15.88	78.53	0	61.9	29.76
2013	22.02	81.7	0	56.52	32.69
2014	35.31	100	1.652	65.28	44.41
2015	23.89	92.94	0	50	33.63
2016	26.03	100	0	41.67	33.95
平均	20.04	84.57	0.20	53.58	31.22
变异系数（%）	32.24	17.05	242.05	17.48	18.34
R^2	0.409	0.179	0.050	0.028	0.218

注：①表中统计分析原始数据来源于前文。②统计时点是 2016 年 10 月。

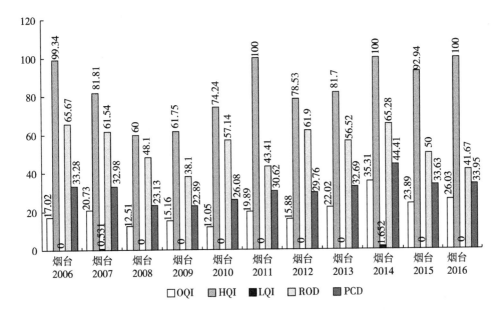

图 5 – 16　烟台 2006～2016 年奖励公信力各最终指标时序比较

二、大连 2006～2012 年奖励公信力时序比较

（1）大连 2006～2012 年公信力测评各原始指标的时序比较。为增强可比性，这里取年平均值进行比较分析。从表 5 – 23 可以看出：①就优质标杆 cci 而言，4 个年份中年均值最低的是 2010 年的 14.09，最高的是 2008 年的 16.92，平均为 15.29。变异系数 CV = 7.51% < 15%，说明波动幅度相对平稳。主体趋势线性模拟的 R^2 值为 0.50，并不理想。这表明，4 个年份彼此之间具有以平均值 15.29 为中心平稳波动的趋势规律，但没有呈现出不断优化的趋势。②就总体优质指数而言，4 个年份中年均值最低的是 2010 年的 1.05，最高的是 2006 年的 2.74，平均为 1.78。变异系数 CV = 34.40% > 15%，说明波动幅度相对剧烈。主体趋势线性模拟的 R^2 值为 0.41，说明随机性过大，没有明显的趋势性规律。③就最高优质指数而言，4 个年份中年均值最低的是 2010 年的 3.13，最高的是 2006 年的 12.92，平均为 7.81。变异系数 CV = 56.37% > 15%，说明波动幅度相对剧烈。主体趋势线性模拟的 R^2 值为 0.83，呈现出明显的趋势性规律，而且是斜率为 -3.58 的不断恶化的趋势特征。④就最低优质指数而言，4 个年份中年均值最低的是 2006 年和 2008 年的 0.00，最高的是 2012 年的 0.38，平均为 0.11。变异系数 CV = 145.17% > 15%，说明波动幅度相当剧烈。主体趋势线性模拟的 R^2 值为 0.68，呈现出明显的趋势性规律，而且是斜率为 0.12 的不断优化的趋势特征。

表 5 – 23　大连 2006 ~ 2012 年奖励公信力各原始指标时序比较

年度	优质标杆 cci 年均	总体优质指数年均	最高优质指数年均	最低优质指数年均
2006	15.81	2.74	12.92	0.00
2008	16.92	1.57	11.43	0.00
2010	14.09	1.05	3.13	0.04
2012	14.34	1.75	3.76	0.38
平均	15.29	1.78	7.81	0.11
变异系数（%）	7.51	34.40	56.37	145.17
R^2	0.50	0.41	0.83	0.68
斜率	-0.72	-0.35	-3.58	0.12

注：表中原始数据来自前文。

综上所述，大连 2006 ~ 2012 年共 4 个年度获奖成果公信力测评各原始指标的年均值，优质标杆 cci、最高优质指数、最低优质指数三个指标分别呈现平稳、恶化、优化的趋势，但总体优质指数指标波动的随机性过大，没有明显的趋势性规律。

（2）大连 2006 ~ 2012 年公信力测评各最终指标的时序比较。从表 5 – 24 和图 5 – 17 可以看出：①就总体优质度 OQI 而言，2006 ~ 2012 年的 4 个评奖年份中，最低的是 2010 年的 7.48，最高的是 2006 年的 17.32，平均为 11.57。变异系数 CV = 32.14% > 15%，说明波动幅度相对剧烈。主体趋势线性模拟的 R^2 值为 0.268，说明随机性过大，没有明显的趋势性规律。②就最高优质度 HQI 而言，4 个评奖年份中最低的是 2010 年的 22.25，最高的是 2006 年的 81.71，平均为 49.44。变异系数 CV = 52.03% > 15%，说明波动幅度相当剧烈。主体趋势线性模拟的 R^2 值为 0.847，呈现出明显的趋势性规律，而且是斜率为 -21.17 的不断恶化的趋势特征。③就最低优质度 LQI 而言，4 个评奖年份中最高的是 2012 年的 2.68，最低的是 2008 年的 0，平均为 0.75。这表明，最低优质度 LQI 指标在全部 4 个年份期间表现很差，其背后的含义是，每个评奖年度都有一批影响力和学术价值极低的成果，获得了不应有的奖励荣誉，而且成为一种常态。变异系数 CV = 149.41% > 15%，说明波动幅度相当剧烈。主体趋势线性模拟的 R^2 值为 0.683，呈现出明显的趋势性规律，而且是斜率为 0.828 的不断优化的趋势特征。④就排位有序度 ROD 而言，4 个年份中最低的是 2012 年的 0，最高的是 2006 年的 57.14，平均为 28.32。变异系数 CV = 79.21% > 15%，说明波动幅度相当剧烈。主体趋势线性模拟的 R^2 值为 0.984，呈现出明显的趋势性规律，而且是斜率为 -19.90 的不断恶化的趋势特征。⑤就公信力综合指数 PCD 而言，4 个年份中最低的是 2010 年的 9.601，最高是的 2006 年的 29.99，平均为 17.63，很不理想。变异系数 CV = 47.61% > 15%，说明波动幅度相对剧烈。主体趋势线性模拟的 R^2 值为 0.881，呈现出明显的趋势性规律，而且是斜率为 -7.04 的不断恶化的趋势特征。⑥综合以上分析，可以得出如下基本结论：就大连 2006~2012 年的 4 个评奖年份而言，总体的公信力综合指数 PCD 只有 17.63，很不理想，而且以公信力综合指数 PCD 为代表的最终指标主体趋势线性模拟的 R^2 值为 0.881，呈现出每届次评奖递减 7.04 的恶化趋势。

表 5-24 大连 2006~2012 年奖励公信力各最终指标时序比较

年度	OQI	HQI	LQI	ROD	PCD
2006	17.32	81.71	0.02	57.14	29.99
2008	9.3	67.56	0	41.86	20.71
2010	7.48	22.25	0.3	14.29	9.601
2012	12.19	26.24	2.68	0	10.21
平均	11.57	49.44	0.75	28.32	17.63
变异系数（%）	32.14	52.03	149.41	79.21	47.61
R^2	0.268	0.847	0.683	0.984	0.881
斜率	—	-21.17	0.828	-19.90	-7.04

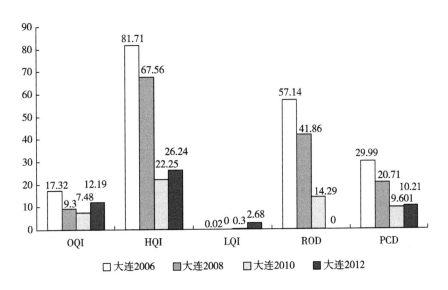

图 5-17 大连 2006~2012 年奖励公信力各最终指标时序比较

三、安阳 2012~2016 年奖励公信力时序比较

（1）安阳 2012~2016 年公信力测评各原始指标的时序比较。为增强可比性，

这里取年平均值进行比较分析。从表 5 – 25 可以看出：①就优质标杆 cci 而言，5 个年份中年均值最低的是 2013 年的 0.66，最高的是 2016 年的 4.33，平均为 2.15。变异系数 CV = 60.15% > 15%，说明波动幅度相当剧烈。主体趋势线性模拟的 R^2 值为 0.24，并不理想。这表明，5 个年份彼此间随机性过大，没有明显的趋势性规律。②就总体优质指数而言，5 个年份中年均值最低的是 2012 年份的 0.01，最高的是 2016 年的 0.45，平均为 0.16。变异系数 CV = 97.23% > 15%，说明波动幅度相当剧烈。主体趋势线性模拟的 R^2 值为 0.83，呈现出明显的斜率为 0.10 的不断优化的趋势特征。③就最高优质指数而言，5 个年份中年均值最低的是 2012 年的 0.05，最高的是 2016 年的 2.15，平均为 0.68。变异系数 CV = 111.83% > 15%，说明波动幅度相当剧烈。主体趋势线性模拟的 R^2 值为 0.73，呈现出明显的斜率为 0.46 的不断优化的趋势特征。④就最低优质指数而言，5 个年份中年均值均是最低值 0，表明在全部 5 个年份中的每个评奖年度，都有一批 0 影响力和学术价值的成果，获得了不应有的奖励荣誉，而且成为一种常态。

表 5 – 25　安阳 2012 ~ 2016 年奖励公信力各原始指标时序比较

年度	优质标杆 cci 年均	总体优质指数年均	最高优质指数年均	最低优质指数年均
2012	2.28	0.01	0.05	0.00
2013	0.66	0.04	0.14	0.00
2014	2.46	0.16	0.53	0.00
2015	1.02	0.16	0.54	0.00
2016	4.33	0.45	2.15	0.00
平均	2.15	0.16	0.68	0.00
变异系数（%）	60.15	97.23	111.83	——
R^2	0.24	0.83	0.73	——
斜率	——	0.10	0.46	——

注：表中原始数据来自前文。

综上所述，安阳 2012 ~ 2016 年共 5 个年度获奖成果公信力测评各原始指标的年均值，优质标杆 cci、最高优质指数、最低优质指数三个指标分别呈现随机性、趋优性、最差性的特征，但总体优质指数呈现出斜率为 0.10 的缓慢优化的趋势特征。

（2）安阳 2012 ~ 2016 年公信力测评各最终指标的时序比较。从表 5 – 26 和图 5 – 18 可以看出：①就总体优质度 OQI 而言，2012 ~ 2016 的 5 个评奖年份中，最低的是 2012 年的 0.62，最高的是 2015 年的 16.06，平均为 8.04。变异系数

CV = 63.07% > 15%，说明波动幅度相当剧烈。主体趋势线性模拟的 R^2 值为 0.642，呈现出明显的斜率为 2.87 的不断优化的趋势特征。②就最高优质度 HQI 而言，5 个评奖年份中最低的是 2012 年的 2.20，最高的是 2015 年的 53.10，平均为 29.47。变异系数 CV = 65.26% > 15%，说明波动幅度相当剧烈。主体趋势线性模拟的 R^2 值为 0.878，呈现出明显的斜率为 12.74 的不断优化的趋势特征。③就最低优质度 LQI 而言，5 个评奖年份间全部为最低值 0。这表明在全部 5 个年份中的每个评奖年度，都有一批 0 影响力和学术价值的成果，获得了不应有的奖励荣誉，而且成为一种常态。④就排位有序度 ROD 而言，5 个年份中最低的是 2012 年、2015 年的 0.00，最高的是 2016 年份的 28.41，平均为 12.28。变异系数 CV = 90.21% > 15%，说明波动幅度相当剧烈。主体趋势线性模拟的 R^2 值为 0.229，说明随机性过大，没有明显的趋势性规律。⑤就公信力综合指数 PCD 而言，5 个年份中最低的是 2012 年的 0.59，最高是的 2016 年的 16.83，平均为 10.23，很不理想。特别是 2012 年的公信力综合指数 PCD 只有 0.59，处于极差水平。变异系数 CV = 55.44% > 15%，说明波动幅度比较剧烈。主体趋势线性模拟的 R^2 值为 0.874，呈现出明显的斜率为 3.75 的不断优化的趋势特征。⑥综合以上分析，可以得出如下基本结论：就安阳 2012 ~ 2016 年的 5 个评奖年份而言，总体的公信力综合指数 PCD 只有 10.23，其组成的总体优质度 OQI、最高优质度 HQI、最低优质度 LQI、排位有序度 ROD 四大指标也得分极低，均很不理想。但总体优质度 OQI、最高优质度 HQI 等指标均呈现出不断优化的趋势特征，其中公信力综合指数 PCD 呈现出每届次 3.75 的持续优化的趋势特征。

表 5 - 26　安阳 2012 ~ 2016 年奖励公信力各最终指标时序比较

年度	OQI	HQI	LQI	ROD	PCD
2012	0.62	2.20	0.00	0.00	0.59
2013	6.67	20.68	0.00	19.35	9.94
2014	6.54	21.67	0.00	13.64	8.82
2015	16.06	53.10	0.00	0.00	14.95
2016	10.29	49.70	0.00	28.41	16.83
平均	8.04	29.47	0.00	12.28	10.23
变异系数（%）	63.07	65.26	—	90.21	55.44
R^2	0.642	0.878	—	0.229	0.874
斜率	2.87	12.74	—	—	3.75

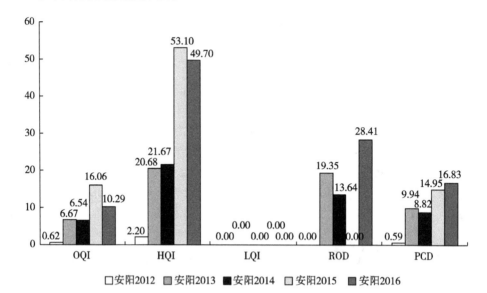

图 5 - 18 安阳 2012 ~ 2016 年奖励公信力各最终指标时序比较

四、6 个抽样地市 11 个年份总体奖励公信力时序比较

现在就 6 个地市 11 个年份的公信力测评进行总体的时序比较。基本思路是，以各地市奖励评奖的所在年份为对应年份，对每一年份中全部地市的统计数据取平均值，作为本评奖年份地市奖励公信力的总体测评值，从而进行时序比较。

（1）6 个抽样地市 11 个年份公信力总体测评各原始指标的时序比较。为增强可比性，这里取年平均值进行比较分析。从表 5 - 27、表 5 - 28 和图 5 - 19 可以看出：①就优质标杆 cci 而言，11 个年份中年均值最低的是 2014 年的 1.92，最高的是 2008 年的 10.62，平均为 4.48。变异系数 CV = 71.10% > 15%，说明波动幅度相当剧烈。主体趋势线性模拟的 R^2 值为 0.35，并不理想。这表明，11 个年份彼此间随机性过大，没有明显的趋势性规律。②就总体优质指数而言，11 个年份中年均值最低的是 2013 年的 0.22，最高的是 2006 年的 1.54，平均为 0.62。变异系数 CV = 59.49% > 15%，说明波动幅度相当剧烈。主体趋势线性模拟的 R^2 值为 0.42。这表明，11 个年份彼此间随机性过大，没有明显的趋势性规律。③就最高优质指数而言，11 个年份中年均值最低的是 2013 年的 0.89，最高的是 2006 年的 7.45，平均为 2.77。变异系数 CV = 78.81% > 15%，说明波动幅度相当剧烈。主体趋势线性模拟的 R^2 值为 0.44。这表明，11 个年份彼此间随机性过大，没有明显的趋势性规律。④就最低优质指数而言，11 个年份中年均值最低的是 2006 年等 7 个年的 0.00，最高的是 2012 年的 0.10，平均为 0.01。变异系数 CV = 287.62% > 15%，说明波动幅度相当剧烈。主体趋势线性模拟的 R^2 值为 0.00。这表明，11 个年份彼此间随机性过大，没有明显的趋势性规律。特别地，11 个年份中有 7 个年份的最低优质指数为 0.00，这表明在大多数评奖年份都有 0 影响力和学术价值的成果，获得了不应有的奖励荣誉，已经成为一种常态。

综上所述，6 个抽样地市 11 个年份公信力总体测评各原始指标的年均值，变异系数 CV 都在 50% 以上，主体趋势线性模拟的 R^2 值均在 0.44 以下，说明 11 个年份间随机性波动剧烈，均没有明显的趋势性规律。

表 5-27 6 个抽样地市 11 个年份奖励公信力总体测评各原始指标时序比较（1）

评奖年度	地市	优质标杆 cci 年均	总体优质指数年均	最高优质指数年均	最低优质指数年均
2006	烟台	1.99	0.34	1.98	0.00
	大连	15.81	2.74	12.92	0.00
	平均	8.9	1.54	7.45	0.00
2007	烟台	3.14	0.65	2.57	0.02
	平均	3.14	0.65	2.57	0.02
2008	烟台	4.31	0.54	2.58	0.00
	大连	16.92	1.57	11.43	0.00
	平均	10.62	1.06	7.01	0.00
2009	烟台	2.57	0.39	1.59	0.00
	平均	2.57	0.39	1.59	0.00
2010	烟台	2.91	0.35	2.16	0.00
	大连	14.09	1.05	3.13	0.04
	平均	8.5	0.7	2.65	0.02
2011	烟台	3.97	0.79	3.97	0.00
	南宁	1.29	0.12	0.29	0.00
	宝鸡	0.96	0.07	0.17	0.00
	平均	2.07	0.33	1.48	0.00
2012	烟台	1.49	0.24	1.17	0.00
	大连	14.34	1.75	3.76	0.38
	安阳	2.28	0.01	0.05	0.00
	襄阳	3.17	0.64	3.17	0.00
	平均	5.32	0.66	2.04	0.10
2013	烟台	1.91	0.42	1.56	0.00
	安阳	0.66	0.04	0.14	0.00
	宝鸡	1.31	0.20	0.96	0.00
	平均	1.29	0.22	0.89	0.00

评奖年度	地市	优质标杆 cci 年均	总体优质指数年均	最高优质指数年均	最低优质指数年均
2014	烟台	2.41	0.85	2.41	0.04
	安阳	2.46	0.16	0.53	0.00
	襄阳	0.90	0.16	0.45	0.01
	平均	1.92	0.39	1.13	0.02
2015	烟台	2.69	0.64	2.50	0.00
	安阳	1.02	0.16	0.54	0.00
	南宁	1.42	0.32	1.33	0.00
	宝鸡	1.23	0.11	0.27	0.00
	平均	1.59	0.3075	1.16	0.00
2016	烟台	4.80	1.25	4.80	0.00
	安阳	4.33	0.45	2.15	0.00
	襄阳	1.07	0.15	0.49	0.00
	平均	3.40	0.62	2.48	0.00

表5-28 6个抽样地市11个年份奖励公信力总体测评各原始指标时序比较（2）

评奖年度	优质标杆 cci 年均	总体优质指数年均	最高优质指数年均	最低优质指数年均
2006	8.9	1.54	7.45	0.00
2007	3.14	0.65	2.57	0.02
2008	10.62	1.06	7.01	0.00
2009	2.57	0.39	1.59	0.00
2010	8.5	0.7	2.65	0.02
2011	2.07	0.33	1.48	0.00
2012	5.32	0.66	2.04	0.10
2013	1.29	0.22	0.89	0.00
2014	1.92	0.39	1.13	0.02
2015	1.59	0.31	1.16	0.00
2016	3.40	0.62	2.48	0.00
平均	4.48	0.62	2.77	0.01
变异系数（%）	71.10	59.49	78.81	287.62
R^2	0.35	0.42	0.44	0.00
斜率	-0.60	-0.08	-0.46	0.00

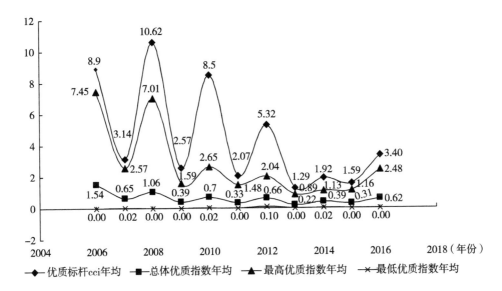

图 5 - 19　6 个抽样地市 11 个年份奖励公信力总体测评各原始指标时序比较

（2）6 个抽样地市 11 个年份公信力总体测评各最终指标的时序比较。从表 5 - 29、表 5 - 30 和图 5 - 20 可以看出：①就总体优质度 OQI 而言，11 个评奖年份中最低的是 2010 年的 9.77，最高的是 2007 年的 20.73，平均为 15.22。变异系数 CV = 22.85% > 15%，说明波动幅度比较剧烈。主体趋势线性模拟的 R^2 值为 0.015，说明随机性过大，没有明显的趋势性规律。②就最高优质度 HQI 而言，11 个评奖年份中最低的是 2011 年的 46.62，最高的是 2006 年的 90.53，平均为 62.78。变异系数 CV = 20.33% > 15%，说明波动幅度比较剧烈。主体趋势线性模拟的 R^2 值为 0.236，说明随机性过大，没有明显的趋势性规律。③就最低优质度 LQI 而言，11 个评奖年份中最高的是 2014 年的 0.95，最低的是 2008 年等 5 个年份的 0.00，平均只有 0.22。变异系数 CV = 145.85% > 15%，说明波动幅度相当剧烈。主体趋势线性模拟的 R^2 值为 0.012，说明随机性过大，没有明显的趋势性规律。特别地，5 个年份为 0.00 和总体平均只有 0.22 的测评值表明，最低优质度 LQI 指标在全部 11 个年份期间表现很差，其背后的含义是，每个评奖年度都有一批 0 影响力和学术价值的成果，获得了不应有的奖励荣誉，而且成为一种常态。④就排位有序度 ROD 而言，11 个年份中最低的是 2012 年的 29.95，最高的是 2011 年的 63.19，平均为 45.89。变异系数 CV = 24.64% > 15%，说明波动幅度比较剧烈。主体趋势线性模拟的 R^2 值为 0.227，说明随机性过大，没有明显的趋势性规律。⑤就公信力综合指数 PCD 而言，11 个年份中最低的是 2010 年的 17.84，最高是的 2007 年的 32.98，平均为 24.61，很不理想。变异系数 CV = 18.35% > 15%，说明波动幅度比较剧烈。主体趋势线性模拟的 R^2 值为 0.102，说明随机性过大，没有明显的趋势性规律。⑥综合以上分析，可以得出如下基本结论：就 6 个抽样地市 11 年份公信力总体测评而言，总体的公信力综合指数 PCD 只有 24.61，其组成的总体优质度 OQI、最高优质度 HQI、最低优质度 LQI、排位有序度 ROD 等四大指标也得分不高，均很不理想。而且抽样 6 地市 11 年份公信力总体测评各最终指标的年均值，变异系数 CV 都在 18% 以上，主体趋势线性模拟的 R^2 值均在 0.24 以下，说明 11 个年份间随机性波动剧烈，没有明显的趋势性规律可言。

表 5 – 29 6 个抽样地市 11 个年份奖励公信力总体测评各最终指标时序比较（1）

评奖年度	地市	OQI	HQI	LQI	ROD	PCD
2006	烟台	17.02	99.34	0.00	65.67	33.28
	大连	17.32	81.71	0.02	57.14	29.99
	平均	17.17	90.53	0.01	61.41	31.64
2007	烟台	20.73	81.81	0.53	61.54	32.98
	平均	20.73	81.81	0.53	61.54	32.98
2008	烟台	12.51	60.00	0.00	48.10	23.13
	大连	9.30	67.56	0.00	41.86	20.71
	平均	10.91	63.78	0.00	44.98	21.92
2009	烟台	15.16	61.75	0.00	38.10	22.89
	平均	15.16	61.75	0.00	38.10	22.89
2010	烟台	12.05	74.24	0.00	57.14	26.08
	大连	7.48	22.25	0.30	14.29	9.60
	平均	9.77	48.25	0.15	35.72	17.84
2011	烟台	19.89	100.00	0.00	43.41	30.62
	南宁	9.44	22.59	0.36	46.15	17.19
	宝鸡	7.61	17.28	0.00	100.00	26.29
	平均	12.31	46.62	0.12	63.19	24.70
2012	烟台	15.88	78.53	0.00	61.90	29.76
	大连	12.19	26.24	2.68	0.00	10.21
	安阳	0.62	2.20	0.00		0.59
	襄阳	20.17	100.00	0.00	57.89	33.68
	平均	12.22	51.74	0.67	29.95	18.56
2013	烟台	22.02	81.70	0.00	56.52	32.69
	安阳	6.67	20.68	0.00	19.35	9.94
	宝鸡	14.90	72.86	0.00	59.43	28.11
	平均	14.53	58.41	0.00	45.10	23.58

续表

评奖年度	地市	OQI	HQI	LQI	ROD	PCD
2014	烟台	35.31	100.00	1.65	65.28	44.41
	襄阳	18.32	49.80	1.20	42.86	24.66
	安阳	6.54	21.67	0.00	13.64	8.82
	平均	20.06	57.16	0.95	40.59	25.96
2015	烟台	23.89	92.94	0.00	50.00	33.63
	安阳	16.06	53.10	0.00	0.00	14.95
	南宁	22.64	93.49	0.00	52.56	33.45
	宝鸡	8.88	21.60	0.00	100.00	27.45
	平均	17.87	65.28	0.00	50.64	27.37
2016	烟台	26.03	100.00	0.00	41.67	33.95
	安阳	10.29	49.70	0.00	28.41	16.83
	襄阳	13.79	45.96	0.00	30.77	19.02
	平均	16.70	65.22	0.00	33.62	23.27

表5-30 6个抽样地市11个年份奖励公信力总体测评各最终指标时序比较（2）

年度	OQI	HQI	LQI	ROD	PCD
2006	17.17	90.53	0.01	61.41	31.64
2007	20.73	81.81	0.53	61.54	32.98
2008	10.91	63.78	0.00	44.98	21.92
2009	15.16	61.75	0.00	38.10	22.89
2010	9.77	48.25	0.15	35.72	17.84
2011	12.31	46.62	0.12	63.19	24.70
2012	12.22	51.74	0.67	29.95	18.56
2013	14.53	58.41	0.00	45.10	23.58
2014	20.06	57.16	0.95	40.59	25.96
2015	17.87	65.28	0.00	50.64	27.37
2016	16.70	65.22	0.00	33.62	23.27
平均	15.22	62.78	0.22	45.89	24.61
变异系数（%）	22.85	20.33	145.85	24.64	18.35
R^2	0.015	0.236	0.012	0.227	0.102

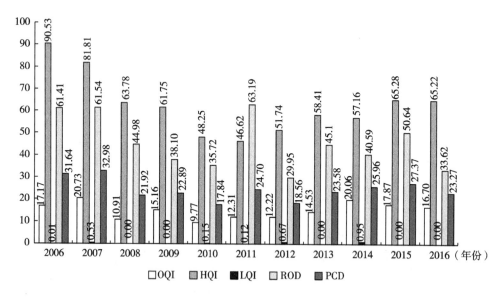

图 5 - 20　6 个抽样地市 11 个年份奖励公信力总体测评各最终指标时序比较

五、抽样测评奖励公信力时序比较的基本结论

综合以上分析，可以得出以下几点基本结论：①不同年份之间的优质标杆 cc_i、总体优质指数、最高优质指数、最低优质指数四个原始指标，以及不同年份之间的公信力综合指数 PCD 及其构成的总体优质度 OQI、最高优质度 HQI、最低优质度 LQI、排位有序度 ROD 五个最终指标，总体均呈现出比较明显的时序差异。②从公信力年均的各原始指标来看，无论是 6 个抽样地市 11 个年份的时序测评结果，还是烟台 11 个年份、大连 4 个年份、安阳 5 个年份的具体地市时序测评结果，均呈现随机性剧烈波动，没有明显的一致性趋势规律。③从公信力各最终指标来看，测评结果出现分化。6 个抽样地市 11 个年份的时序测评结果以及烟台 11 年份的时序测评结果，均呈现随机性剧烈波动，没有明显的一致性趋势规律。但大连 4 个年份和安阳 5 个年份各自的时序测评结果，均呈现出明显的一致性趋势规律。其中，大连的公信力综合指数 PCD 呈现出每届次评奖递减 7.04 的恶化趋势，而安阳的公信力综合指数 PCD 呈现出每届次 3.75 的持续优化的趋势特征。

第七节　地市级奖励公信力抽样测评的综合结论

一、抽样测评总体分析结论

综合以上分析，28 个抽样地市（年度）社会科学优秀成果奖，其总体的公信力综合指数 PCD 只有 24.10，处于 E 级别的差等级区间，很不理想。

变异系数 CV = 41.31% > 15%，各地市（年度）彼此之间差异过大波动剧烈。线性回归主趋势分析得到的决定系数 R^2 = 0.074，并不理想。这样，全部 28 个地市（年度）社会科学优秀成果奖抽样测评得到的公信力综合指数 PCD 彼此间呈现随机性波动态势，没有稳定的趋势规律，也没有呈现出不断优化的趋势和特征。

从得分角度说，在 28 个抽样地市（年度）总体 24.10 的公信力综合指数 PCD 得分值中，总体优质度 OQI、最高优质度 HQI、最低优质度 LQI、排位有序度 ROD 四项指标原始得分值分别为 15.10、60.68、0.24、47.77，相当于获得了各自指标满分分值的 15.10%、60.68%、0.24%、47.77%。四项指标折权后的得分值分别为 9.06、6.07、0.024、9.55，占得分总值的比重分别为 37.59%、25.19%、0.10%、39.63%。

反过来从损失角度说，在 28 个抽样地市（年度）总体 75.90 的公信力综合指数 PCD 损失值中，总体优质度 OQI 指标损失 50.94，损失率高达 84.90%，占总损失比重高达 67.11%；最低优质度 LQI 指标损失 9.98，损失率高达 99.80%，占总损失比重高达 13.15%；排位有序度 ROD 指标损失 11.05，损失率高达 55.25%，占总损失比重高达 14.56%；最高优质度 HQI 指标损失 3.93，损失率为 39.30%，占总损失比重为 5.18%。

这表明，28 个抽样地市（年度）获奖成果总体的公信力综合指数 PCD 之所以不理想，所评奖励成果的总体优质水平太低导致总体优质度 OQI 得分率过低，是决定性原因。所评奖励之中渗透了一批过于低劣的成果导致最低优质度 LQI 得分率过低，所评奖励的排位有序性不科学导致排位有序度 ROD 得分率偏低，是重要原因。而最高优质度 HQI 的得分率也不尽理想，说明所评奖励对最高水平和影响成果的包含性不足，值得关注。

二、抽样测评地市比较结论

从烟台、大连、安阳、襄阳、南宁、宝鸡 6 个抽样地市有关年度获奖成果公信力的测评比较看，不同地市之间的优质标杆 cci、总体优质指数、最高优质指数、最低优质指数四个原始指标，以及不同省份之间的公信力综合指数 PCD 及其构成的总体优质度 OQI、最高优质度 HQI、最低优质度 LQI、排位有序度 ROD 五个最终指标，总体均呈现出地市之间比较明显的差别，且地市之间随机性波动剧烈，没有明显的趋势性规律。各地市公信力测评各原始指标和最终指标，与各自科教水平没有明显的相关关系，但与所处的东中西地理区位具有明显相关关系，其中原始指标呈现出明显的东高西低特征，以公信力综合指数 PCD 为标志的最终指标总体呈现出两边高中间低的特征。

三、抽样测评时序比较结论

从 6 个抽样地市 11 个年份获奖成果总体公信力测评时序比较以及烟台 2006 ~

2016 年、大连 2006～2012 年、安阳 2012～2016 年各自获奖成果的公信力测评时序比较看，不同年份之间的优质标杆 cci、总体优质指数、最高优质指数、最低优质指数四个原始指标，以及不同年份之间的公信力综合指数 PCD 及其构成的总体优质度 OQI、最高优质度 HQI、最低优质度 LQI、排位有序度 ROD 五个最终指标，总体均呈现出比较明显的时序差异。从公信力年均的各原始指标看，所有时序测评均呈现随机性剧烈波动，没有明显的一致性趋势规律。从公信力各最终指标看，测评结果出现分化。其中，大连的公信力综合指数 PCD 呈现出每届次评奖递减 7.04 的恶化趋势，安阳的公信综合指数 PCD 呈现出每届次 3.75 的持续优化的趋势特征，其他地市公信力综合指数 PCD 的时序测评则均呈现随机性剧烈波动，没有明显的一致性趋势规律。

本章附表[①]

附表 5 - 1 - 1　烟台 2006 年（第 19 次）获奖的 31 篇经管类论文成果综合被引指数等指标统计
（2016 年 12 月统计）

奖级	实际序位	cci 排列	合理序位	最差序位	论文名称代码	被引次数得分	被引质量得分	综合被引指数
一	1	2	1	10	ZGNCJM	5.4	14.894	20.294
一	1	31	10	10	SYWSQY	0	0	0
二	3	1	1	10	GYLCBG	15.8	12.652	28.452
二	3	4	3	10	CYXZFD	3.5	8.057	11.557
二	3	7	3	10	KGGSDJ	1.4	4.695	6.095
二	3	17	10	10	SXYXFZ	0.4	0.046	0.446
二	3	9	3	10	QYJRLZ	1	1.757	2.757
二	3	24	10	10	YTJKFZ	0.1	0	0.1
二	3	3	3	10	PTJLYK	5.9	10.618	16.518
三	10	22	10	10	QYNBGL	0.1	0.098	0.198
三	10	11	10	10	HGZFZZ	0.8	0.294	1.094

[①]　附录表中各地市各届别（年度）获奖经管类论文成果名单分别来自各自相关评奖责任部门网站。被引次数和被引用期刊的综合影响因子数据基于中国知网统计得出，被引次数得分、被引质量得分、综合被引指数得分计量方法参见第三章第三～五节内容。特别说明的是，被引次数的折算倍数 λ 这里取值为 10。各地市各年度获奖经管类论文成果的优质标杆分别从本地市对应年度全部可比论文成果中遴选统计。具体过程是，首先基于中国知网，对同年本地市学者发表的全部经管类论文成果，进行综合被引指数统计排序，然后截取排名前三者进行平均。其中，对第一署名非本地市作者和非本地市单位的成果，以及论文自我划归经管学科但实际不属于经管学科的论文，予以了排除。

续表

奖级	实际序位	cci 排列	合理序位	最差序位	论文名称代码	被引次数得分	被引质量得分	综合被引指数
三	10	16	10	10	GJZZSY	0.4	0.05	0.45
三	10	5	3	10	ZGQCCY	4.8	4.744	9.544
三	10	24	10	10	NHCBJY	0.1	0	0.1
三	10	8	3	10	GYJQNC	1.6	3.204	4.804
三	10	24	10	10	ZDCXSJ	0.1	0	0.1
三	10	13	10	10	XYHZSZ	0.5	0.076	0.576
三	10	31	10	10	QMJSNC	0	0	0
三	10	24	10	10	ZGYRHQ	0.1	0	0.1
三	10	18	10	10	GLFZJC	0.2	0.133	0.333
三	10	12	10	10	TJSRFP	0.5	0.563	1.063
三	10	15	10	10	TSXYJJ	0.5	0	0.5
三	10	14	10	3	YTGDSF	0.5	0.059	0.559
三	10	23	10	3	YTJJJS	0.1	0.038	0.138
三	10	20	10	3	DLJKYT	0.1	0.121	0.221
三	10	31	10	3	YTQWYS	0	0	0
三	10	19	10	3	JKNCLD	0.1	0.132	0.232
三	10	6	3	3	YLZRBX	1.9	5.207	7.107
三	10	31	10	3	DYTCKT	0	0	0
三	10	21	10	1	NCGBJY	0.2	0	0.2
三	10	10	10	1	MGDWJJ	1.2	0.815	2.015
—	平均	—	—	—	—	—	—	3.728

注：参评成果年限为 2005 年取得的成果，其中"GJZZSY""JKNCLD"2 篇获奖论文成果知网查询有微小出入，经判别应该属于同一成果，故纳入表中进行分析。

附表 5 - 1 - 2　烟台 2006 年（第 19 次）获奖的经管类论文成果之优质比较标杆遴选统计
（2016 年 12 月统计）

序号	论文名称	被引次数得分	被引质量得分	综合被引指数
1	供应链成本管理理论基础与方法研究	15.8	12.652	28.452
2	中国农村居民消费模式及消费行为特征研究	5.4	14.894	20.294
3	我国政府投融资体系的现状及完善	6.2	10.75	16.95
	优质标杆指数 QCB			21.899

注：《供应链成本管理理论基础与方法研究》《中国农村居民消费模式及消费行为特征研究》在标杆条件查询中未被查出，但该论文属于该地市学者同期成果，且 cci 指数排名居前，选择作为优质标杆成果。

附表 5-2-1　烟台2007年（第20次）获奖的20篇经管类论文成果综合被引指数等指标统计
（2016年12月统计）

奖级	实际序位	cci 排列	合理序位	最差序位	论文名称代码	被引次数得分	被引质量得分	综合被引指数
一	1	2	1	9	ZZXXTZ	4.9	19.9	24.8
一	1	3	3	9	JYDSFC	3.8	16.773	20.573
二	3	11	9	9	TWGZYY	0.7	0.932	1.632
二	3	9	9	9	KJZYDD	1.6	1.017	2.617
二	3	6	3	9	JYJYFY	3.2	4.508	7.708
二	3	18	9	9	WGSTGY	0.2	0	0.2
二	3	1	1	9	NCCZHF	8.1	23.598	31.698
二	3	8	9	9	YTSYHB	1.7	1.458	3.158
三	9	4	3	9	SHZBYN	6.6	9.208	15.808
三	9	20	9	9	WGMYQY	0.1	0	0.1
三	9	17	9	9	DDBYHD	0.2	0.042	0.242
三	9	10	9	9	SMZZKJ	1	1.226	2.226
三	9	18	9	3	WTBDYJ	0.2	0	0.2
三	9	13	9	3	YGXHTB	0.3	0	0.3
三	9	12	9	3	ZXQYSD	0.3	0.534	0.834
三	9	13	9	3	PFSYDS	0.3	0	0.3
三	9	13	9	3	WGJJJS	0.3	0	0.3
三	9	13	9	3	ZGZRLD	0.3	0	0.3
三	9	5	3	1	HTGYST	1.4	11.547	12.947
三	9	7	3	1	NMSMHD	2.9	1.342	4.242
一	平均	—	—	—	—	—	—	6.509

注：参评成果年限为2006年取得的成果，其中"KJZYDD""YGXHTB"2篇获奖论文成果知网查询结果有微小出入，经判别应该属于同一成果，故纳入表中进行分析。

附表 5-2-2　烟台2007年（第20次）获奖的经管类论文成果之优质比较标杆遴选统计
（2016年12月统计）

序号	论文名称	被引次数得分	被引质量得分	综合被引指数
1	技术创新进化过程与市场选择机制	6	31.714	37.714
2	农村城镇化发展动力机制的探讨	8.1	23.598	31.698
3	组织信息体制、制度化关联与高技术企业集群治理效率	4.9	19.9	24.8
	优质标杆指数 QCB			31.404

附表 5 – 3 – 1 烟台 2008 年（第 21 次）获奖的 24 篇经管类论文成果综合被引指数等指标统计
（2016 年 12 月统计）

奖级	实际序位	cci 排列	合理序位	最差序位	论文名称代码	被引次数得分	被引质量得分	综合被引指数
一	1	4	4	11	GYGJCX	0.8	6.214	7.014
一	1	2	1	11	RMBHLD	6.5	17.719	24.219
一	1	24	11	11	YTOOOO	0	0	0
二	4	3	1	11	SHHSJZ	3.7	13.935	17.635
二	4	11	11	11	JYDQSY	0.6	2.322	2.922
二	4	6	4	11	MKAQCB	2.1	2.97	5.07
二	4	8	4	11	XTFZBJ	1.4	2.172	3.572
二	4	15	11	11	NCPAQD	0.8	0.94	1.74
二	4	24	11	11	SDSGSC	0	0	0
二	4	24	11	11	XMSGJD	0	0	0
三	11	9	4	11	XFZXXZ	1.9	1.633	3.533
三	11	24	11	11	YTSZHZ	0	0	0
三	11	24	11	11	LQYHTJ	0	0	0
三	11	24	11	11	CYFQSK	0	0	0
三	11	5	4	4	PPGXMX	3.6	2.599	6.199
三	11	14	11	4	XFPJGY	0.4	1.356	1.756
三	11	12	11	4	SDSXDW	1.4	1.119	2.519
三	11	7	4	4	JRSTYQ	2.1	2.444	4.544
三	11	10	4	4	CJNCXE	2.1	1.02	3.12
三	11	16	11	4	WTZXHG	0.2	0.996	1.196
三	11	17	11	4	QXQYJT	0.3	0	0.3
三	11	1	1	1	QYXTFZ	8.2	20.659	28.859
三	11	13	11	1	SDBDCS	1.1	1.02	2.12
三	11	24	11	1	CSLDLD	0	0	0
一	平均	—	—	—				4.847

注：参评成果年限为 2007 年取得的成果。

附表 5 – 3 – 2 烟台 2008 年（第 21 次）获奖的经管类论文成果之优质比较标杆遴选统计
（2016 年 12 月统计）

序号	论文名称	被引次数得分	被引质量得分	综合被引指数
1	对外开放与我国的收入不平等——基于面板数据的实证研究	16.2	46.97	63.17

续表

序号	论文名称	被引次数得分	被引质量得分	综合被引指数
2	区域协调发展机制构建	8.2	20.659	28.859
3	人民币汇率对出口价格传递率的实证分析：以家电行业出口为例	6.5	17.719	24.219
	优质标杆指数 QCB			38.749

注：《区域协调发展机制构建》在标杆条件查询中未被查出，但该论文属于该地市学者同期成果，且cci指数排名居前，选择作为优质标杆成果。

附表5－4－1　烟台2009年（第22次）获奖的19篇经管类论文成果综合被引指数等指标统计（2016年12月统计）

奖级	实际序位	cci排列	合理序位	最差序位	论文名称代码	被引次数得分	被引质量得分	综合被引指数
一	1	6	6	6	GWCYAQ	2.2	1.167	3.367
二	2	13	6	6	JYQMYS	0.3	0	0.3
二	2	19	6	6	YTZCXN	0	0	0
二	2	2	2	6	QYXTFZ	4.1	5.933	10.033
二	2	1	1	6	BHGYLD	6.9	15.982	22.882
三	6	11	6	6	WGFJSZ	0.6	0.216	0.816
三	6	10	6	6	RLZYSC	0.9	0.413	1.313
三	6	19	6	6	TGJDBD	0	0	0
三	6	19	6	6	LGYGSY	0	0	0
三	6	13	6	6	WGCWYJ	0.3	0	0.3
三	6	15	6	6	CJJMXF	0.2	0.079	0.279
三	6	12	6	6	HXSHSY	0.3	0.135	0.435
三	6	19	6	6	FDDQXY	0	0	0
三	6	8	6	6	QYZDXC	0.5	1.566	2.066
三	6	5	2	2	LSHBXF	1.9	2.129	4.029
三	6	7	6	2	QYJQJY	1.2	1.171	2.371
三	6	3	2	2	JYJFBD	0.4	4.789	5.189
三	6	9	6	2	QYSHZR	1.3	0.046	1.346
三	6	4	2	1	GWICLL	0.9	3.627	4.527
一	平均	—	—	—	—	—	—	3.119

注：参评成果年限为2008年取得的成果，其中"HXSHSY"获奖论文成果知网查询结果有微小出入，经判别应该属于同一成果，故纳入表中进行分析。

附表 5 – 4 – 2　烟台 2009 年（第 22 次）获奖的经管类论文成果之优质比较标杆遴选统计
（2016 年 12 月统计）

序号	论文名称	被引次数得分	被引质量得分	综合被引指数
1	中国生态足迹与经济增长的协整与误差修正	3.5	19.724	23.224
2	闭环供应链的收入共享契约	6.9	15.982	22.882
3	产业集群的识别界定——集群度	4.5	11.101	15.601
优质标杆指数 QCB				20.569

注：《闭环供应链的收入共享契约》在标杆条件查询中未被查出，但该论文属于该地市学者同期成果，且 cci 指数排名居前，选择作为优质标杆成果。

附表 5 – 5 – 1　烟台 2010 年（第 23 次）获奖的 26 篇经管类论文成果综合被引指数等指标统计
（2016 年 12 月统计）

奖级	实际序位	cci 排列	合理序位	最差序位	论文名称代码	被引次数得分	被引质量得分	综合被引指数
一	1	1	1	13	JSCJYW	4.7	16.674	21.374
一	1	2	1	13	WGZZYJ	4.9	10.504	15.404
一	1	16	13	13	JYGJHZ	0.1	0.488	0.588
一	1	18	13	13	SXFPGP	0.1	0	0.1
二	5	11	5	13	BHHXKH	0.3	0.711	1.011
二	5	4	1	13	ZRPFZT	0.7	2.56	3.26
二	5	13	13	13	ZRLDXZ	0.7	0.191	0.891
二	5	3	1	13	DLHYMT	2	6.54	8.54
二	5	8	5	13	CYJCDJ	0.7	0.877	1.577
二	5	17	13	13	JNQDYT	0.1	0.09	0.19
二	5	5	5	13	CSJJDK	1.9	0.292	2.192
二	5	26	13	13	NYZHKF	0	0	0
三	13	18	13	13	CSJSZY	0.1	0	0.1
三	13	9	5	13	DQWGSS	0.7	0.629	1.329
三	13	10	5	5	JYFSJD	0.4	0.636	1.036
三	13	6	5	5	JYHSJL	0.6	1.2	1.8
三	13	11	5	5	XXCYDC	0.8	0.211	1.011
三	13	26	13	5	XDQYSH	0	0	0
三	13	26	13	5	FQSKJS	0	0	0
三	13	26	13	5	XSFXGG	0	0	0
三	13	7	5	5	WGCYTD	1.1	0.604	1.704

续表

奖级	实际序位	cci 排列	合理序位	最差序位	论文名称代码	被引次数得分	被引质量得分	综合被引指数
三	13	18	13	5	QYXJRG	0.1	0	0.1
三	13	15	13	1	YTFZLG	0.1	0.585	0.685
三	13	14	13	1	JRWJDW	0.4	0.35	0.75
三	13	18	13	1	QTXNCJ	0.1	0	0.1
三	13	26	13	1	WSWGXX	0	0	0
—	平均	—	—	—	—	—	—	2.452

注：参评成果年限为 2009 年取得的成果，其中"JYFSJD"获奖论文成果知网查询结果有微小出入，经判别应该属于同一成果，故纳入表中进行分析。

附表 5 - 5 - 2　烟台 2010 年（第 23 次）获奖的经管类论文成果之优质比较标杆遴选统计（2016 年 12 月统计）

序号	论文名称	被引次数得分	被引质量得分	综合被引指数
1	中国省级政府为什么努力发展经济	2.7	21.563	24.263
2	技术差距与外商直接投资的技术溢出效应	4.7	16.674	21.374
3	我国制造业基地人才集聚效应评价——基于三大制造业基地的比较分析	4.9	10.504	15.404
	优质标杆指数 QCB			20.347

注：《技术差距与外商直接投资的技术溢出效应》《我国制造业基地人才集聚效应评价——基于三大制造业基地的比较分析》在标杆条件查询中未被查出，但该论文属于该地市学者同期成果，且 cci 指数排名居前，选择作为优质标杆成果。

附表 5 - 6 - 1　烟台 2011 年（第 24 次）获奖的 25 篇经管类论文成果综合被引指数等指标统计（2016 年 12 月统计）

奖级	实际序位	cci 排列	合理序位	最差序位	论文名称代码	被引次数得分	被引质量得分	综合被引指数
一	1	2	2	11	TDCZYD	7.2	18.728	25.928
二	2	20	11	11	YCXSLT	0.1	0.101	0.201
二	2	3	2	11	JYCYNQ	4.6	13.464	18.064
二	2	22	11	11	XBDQYJ	0.1	0	0.1
二	2	8	2	11	WGCSFJ	0.9	1.945	2.845
二	2	6	2	11	ZGFDCJ	2.5	2.37	4.87
二	2	12	11	11	DWTRKJ	0.3	0.567	0.867

续表

奖级	实际序位	cci 排列	合理序位	最差序位	论文名称代码	被引次数得分	被引质量得分	综合被引指数
二	2	13	11	11	GYLHJX	0.2	0.504	0.704
二	2	1	1	11	WGCXJM	3.8	23.702	27.502
二	2	17	11	11	YXWGNC	0.3	0	0.3
三	11	11	11	11	WGYYQY	0.2	0.901	1.101
三	11	15	11	11	SSGSZL	0.4	0.054	0.454
三	11	4	2	11	SJYCDY	2.6	10.2	12.8
三	11	9	2	11	SMHWYZ	0.8	1.993	2.793
三	11	25	11	11	YTFWYF	0	0	0
三	11	10	2	2	JJGWJY	1.6	0.659	2.259
三	11	21	11	2	QYZGXC	0.2	0	0.2
三	11	25	11	2	QTDXSW	0	0	0
三	11	17	11	2	JKYTLG	0.3	0	0.3
三	11	7	2	2	LNSDYJ	0.3	3.067	3.367
三	11	16	11	2	XYZQZL	0.4	0	0.4
三	11	19	11	2	GZKJZY	0	0.035	0.235
三	11	5	2	2	QYJSCX	1.3	11.289	12.589
三	11	14	2	2	JDYTCS	0.4	0.213	0.613
三	11	25	11	1	HZQYDD	0	0	0
—	平均	—	—	—				4.740

注：参评成果年限为 2010 年取得的成果，其中"YTFWYF"获奖论文成果知网查询结果有微小出入，经判别应该属于同一成果，故纳入表中进行分析。

附表 5-6-2　烟台 2011 年（第 24 次）获奖的经管类论文成果之优质比较标杆遴选统计（2016 年 12 月统计）

序号	论文名称	被引次数得分	被引质量得分	综合被引指数
1	我国城乡居民家庭贫困脆弱性的测度与分解——基于 CHNS 微观数据的实证研究	3.8	23.702	27.502
2	土地财政与地方经济增长相关性的探讨	7.2	18.728	25.928
3	基于 GVC 与 NVC 嵌套式地方产业集群升级研究——兼论高端制造业与生产者服务业双重集聚	4.6	13.464	18.064
	优质标杆指数 QCB			23.831

注：《我国城乡居民家庭贫困脆弱性的测度与分解——基于 CHNS 微观数据的实证研究》《土地财政与地方经济增长相关性的探讨》在标杆条件查询中未被查出，但该论文属于该地市学者同期成果，且 cci 指数排名居前，选择作为优质标杆成果。

附表 5 - 7 - 1　烟台 2012 年（第 25 次）获奖的 18 篇经管类论文成果综合被引指数等指标统计
（2016 年 12 月统计）

奖级	实际序位	cci 排列	合理序位	最差序位	论文名称代码	被引次数得分	被引质量得分	综合被引指数
一	1	1	1	6	JYDDBT	2.4	9.4	11.8
二	2	9	6	6	JYJNDQ	0.1	0	0.1
二	2	18	6	6	WLXYXD	0	0	0
二	2	2	2	6	SJTPFJ	1.1	2.554	3.654
二	2	3	2	6	XNCLYC	0.6	1.44	2.04
三	6	7	6	6	CMTZJT	0.3	0	0.3
三	6	5	2	6	DZSWSJ	0.5	0.436	0.936
三	6	4	2	6	CJNCXF	0.6	1	1.6
三	6	18	6	6	DSDYTZ	0	0	0
三	6	18	6	6	CCGXSH	0	0	0
三	6	18	6	6	SDSYQY	0	0	0
三	6	9	6	6	YJWLXT	0.1	0	0.1
三	6	9	6	6	LYXXXT	0.1	0	0.1
三	6	8	6	2	KWHSJX	0.2	0	0.2
三	6	18	6	2	ZZSZXH	0	0	0
三	6	6	6	2	JYGPXL	0.4	0	0.4
三	6	18	6	2	KJTRDC	0	0	0
三	6	18	6	1	YXTPZD	0	0	0
一	平均	—	—	—	—	—	—	1.179

注：参评成果年限为 2011 年取得的成果，其中 "XNCLYC" 获奖论文成果知网查询结果有微小出入，经判别应该属于同一成果，故纳入表中进行分析。

附表 5 - 7 - 2　烟台 2012 年（第 25 次）获奖的经管类论文成果之优质比较标杆遴选统计
（2016 年 12 月统计）

序号	论文名称	被引次数得分	被引质量得分	综合被引指数
1	基于 DEMATEL 的不同类型技术对农产品质量安全影响效应的实证分析	2.4	9.4	11.8
2	20 世纪 80 年代以来中国城市化动力机制的实证研究	1.1	5.725	6.825
3	省际碳排放经济效率的 TOPSIS 评价分析	1.1	2.554	3.654
	优质标杆指数 QCB			7.426

注：《基于 DEMATEL 的不同类型技术对农产品质量安全影响效应的实证分析》《省际碳排放经济效率的 TOPSIS 评价分析》在标杆条件查询中未被查出，但该论文属于该地市学者同期成果，且 cci 指数排名居前，选择作为优质标杆成果。

附表 5 – 8 – 1　烟台 2013 年（第 26 次）获奖的 15 篇经管类论文成果综合被引指数等指标统计
（2016 年 12 月统计）

奖级	实际序位	cci 排列	合理序位	最差序位	论文名称代码	被引次数得分	被引质量得分	综合被引指数
一	1	2	1	9	QQJZLQ	1.3	4.408	5.708
一	1	4	3	9	SDBDLS	0.6	1.804	2.404
二	3	7	3	9	YTPTJW	0.3	0.298	0.598
二	3	15	9	9	QYSHZR	0	0	0
二	3	8	9	9	TDCZXC	0.4	0	0.4
二	8	8	3	9	JYGCGD	0.4	0	0.4
二	3	11	9	9	FDGJCX	0.2	0	0.2
二	6	6	3	3	QXSSCB	0.5	0.241	0.741
三	9	15	9	3	XBMJZL	0	0	0
三	9	5	3	3	QYKCXF	0.4	0.972	1.372
三	9	15	9	3	HWGXHJ	0	0	0
三	9	1	1	3	FSCXQY	1	7.42	8.42
三	9	3	3	3	XCLYYX	0.9	3.703	4.603
三	9	8	9	3	DWZQYS	0.4	0	0.4
三	9	15	9	1	JYMFFD	0	0	0
一	平均	—	—	—	—	—	—	1.683

注：参评成果年限为 2012 年取得的成果。

附表 5 – 8 – 2　烟台 2013 年（第 26 次）获奖的经管类论文成果之优质比较标杆遴选统计
（2016 年 12 月统计）

序号	论文名称	被引次数得分	被引质量得分	综合被引指数
1	非生产性企业技术授权的对象选择问题	1	7.42	8.42
2	蓝色经济区城市海洋产业竞争力评价研究	2.9	5.253	8.153
3	关于发展蓄冷式冷链物流多温共配的思考	1.3	5.054	6.354
	优质标杆指数 QCB			7.642

附表 5 – 9 – 1　烟台 2014 年（第 27 次）获奖的 13 篇经管类论文成果
综合被引指数等指标统计
（2016 年 12 月统计）

奖级	实际序位	cci 排列	合理序位	最差序位	论文名称代码	被引次数得分	被引质量得分	综合被引指数
一	1	3	2	9	SJSHYZ	2.1	4.583	6.683

奖级	实际序位	cci 排列	合理序位	最差序位	论文名称代码	被引次数得分	被引质量得分	综合被引指数
二	2	6	2	9	LFHSDZ	0.2	1.511	1.711
二	2	7	2	9	QYSSLS	0.3	1.366	1.666
二	2	8	2	9	SXDNMG	0.6	0.773	1.373
二	2	5	2	9	MFSCSX	0.8	1.763	2.563
二	2	2	2	2	ZFGZDN	1.5	5.509	7.009
二	2	9	9	2	YTSNCP	0.2	0.298	0.498
二	2	12	2	2	SJXDZS	0.1	0	0.1
三	9	1	1	2	ZZRYZZ	1.3	6.68	7.98
三	9	11	9	2	SCXFWY	0.2	0.058	0.258
三	9	10	9	2	YTPTJJ	0.2	0.079	0.279
三	9	4	2	2	LWGCZN	1.4	1.64	3.04
三	9	13	9	1	DZXQYR	0	0	0
—	平均	—	—	—	—	—	—	2.551

注：参评成果年限为 2013 年取得的成果。

附表 5 - 9 - 2　烟台 2014 年（第 27 次）获奖的经管类论文成果之优质比较标杆遴选统计（2016 年 12 月统计）

序号	论文名称	被引次数得分	被引质量得分	综合被引指数
1	组织冗余、政治联系与民营企业 R&D 投资	1.3	6.68	7.98
2	政府管制对农产品质量安全技术扩散影响的实证研究	1.5	5.509	7.009
3	审计师行业专长、品牌声誉与审计费用	2.1	4.583	6.683
	优质标杆指数 QCB			7.224

注：《组织冗余、政治联系与民营企业 R&D 投资》《政府管制对农产品质量安全技术扩散影响的实证研究》《审计师行业专长、品牌声誉与审计费用》在标杆条件查询中未被查出，但该论文属于该地市学者同期成果，且 cci 指数排名居前，选择作为优质标杆成果。

附表 5 - 10 - 1　烟台 2015 年（第 28 次）获奖的 21 篇经管类论文成果综合被引指数等指标统计（2016 年 12 月统计）

奖级	实际序位	cci 排列	合理序位	最差序位	论文名称代码	被引次数得分	被引质量得分	综合被引指数
一	1	21	13	13	XGDZDJ	0	0	0
一	1	5	5	13	DDGHGJ	0.5	1.822	2.322

续表

奖级	实际序位	cci 排列	合理序位	最差序位	论文名称代码	被引次数得分	被引质量得分	综合被引指数
一	1	21	13	13	WGXDCS	0	0	0
一	1	2	1	13	JRCPZC	2	3.403	5.403
二	5	21	13	13	WGSBNJ	0	0	0
二	5	7	5	13	ZGJMRJ	0.5	1.254	1.754
二	5	21	13	13	GYJZKJ	0	0	0
二	5	12	5	13	CJJMQJ	0.1	0.044	0.144
二	5	3	1	13	GYZDQK	0.9	2.824	3.724
二	5	6	5	5	YYGLST	0.4	1.599	1.999
二	5	1	1	5	ZYXSJX	0.4	5.445	5.845
二	5	4	1	5	JYWLFW	1.1	2.611	3.711
三	13	21	13	5	SXWDLW	0	0	0
三	13	11	5	5	YTHSLY	0.1	0.086	0.186
三	13	8	5	5	CZHBJX	0.7	0.431	1.131
三	13	21	13	5	SCHGGD	0	0	0
三	13	21	13	5	XKJZZX	0	0	0
三	13	21	13	1	FCDACT	0	0	0
三	13	10	5	1	LQYXCZ	0.2	0.086	0.286
三	13	9	5	1	FXDXNB	0.2	0.145	0.345
三	13	13	13	1	KJFLYS	0.1	0	0.1
一	平均	—	—	—	—	—	—	1.283

注：参评成果年限为 2014 年取得的成果。

附表 5－10－2　烟台 2015 年（第 28 次）获奖的经管类论文成果之优质比较标杆遴选统计（2016 年 12 月统计）

序号	论文名称	被引次数得分	被引质量得分	综合被引指数
1	专用性视角下创新型文化、创新能力与绩效	0.4	5.445	5.845
2	金融错配、资产专用性与资本结构	2	3.403	5.403
3	土地承包经营权流转的根据、障碍与对策	1.8	3.061	4.861
	优质标杆指数 QCB			5.370

注：《专用性视角下创新型文化、创新能力与绩效》《金融错配、资产专用性与资本结构》在标杆条件查询中未被查出，但该论文属于该地市学者同期成果，且 cci 指数排名居前，选择作为优质标杆成果。

附表 5 –11 –1　烟台 2016 年（第 29 次）获奖的 13 篇经管类论文成果综合被引指数等指标统计

（2016 年 12 月统计）

奖级	实际序位	cci 排列	合理序位	最差序位	论文名称代码	被引次数得分	被引质量得分	综合被引指数
二	1	13	8	8	CJYSDM	0	0	0
二	1	13	8	8	HGNYZY	0	0	0
二	1	13	8	8	GJWGDF	0	0	0
二	1	1	1	8	DWZJTZ	0.7	5.016	5.716
二	1	13	8	8	JYJJZJ	0	0	0
二	1	6	1	8	QYZLZB	0.2	0.13	0.33
二	1	4	1	8	GKTYYS	0.6	0.301	0.901
三	8	5	1	1	WGCZHZ	0.1	0.51	0.61
三	8	13	8	1	ZZRGJR	0	0	0
三	8	13	8	1	SJJEHS	0	0	0
三	8	3	1	1	JYLJDC	0.7	3.267	3.967
三	8	2	1	1	YGJXXW	0.5	4.203	4.703
三	8	13	8	1	CHNXZJ	0	0	0
—	平均	—	—	—	—	—	—	1.248

注：参评成果年限为 2015 年取得的成果。

附表 5 –11 –2　烟台 2016 年（第 29 次）获奖的经管类论文成果之优质比较标杆遴选统计

（2016 年 12 月统计）

序号	论文名称	被引次数得分	被引质量得分	综合被引指数
1	对外直接投资会提高企业出口产品质量吗——基于倾向得分匹配的变权估计	0.7	5.016	5.716
2	员工即兴行为对个体创新绩效作用机制的跨层次研究——基于新能源创业企业的实证	0.5	4.203	4.703
3	基于两阶段串联 DEA 的区域高技术产业创新效率及影响因素研究	0.7	3.267	3.967
优质标杆指数 QCB				4.795

注：《专用性视角下创新型文化、创新能力与绩效》《金融错配、资产专用性与资本结构》在标杆条件查询中未被查出，但该论文属于该地市学者同期成果，且 cci 指数排名居前，选择作为优质标杆成果。

附表 5 - 12 - 1　大连2006 年（第12 次）获奖的15 篇经管类论文成果综合被引指数等指标统计
（2016 年12 月统计）

奖级	实际序位	cci 排列	合理序位	最差序位	论文名称代码	被引次数得分	被引质量得分	综合被引指数
一	1	2	2	4	ZGSYYH	45.4	130.547	175.947
二	2	1	1	4	FDCSCY	54.8	153.739	208.539
二	2	15	4	4	SXDFSJ	0	0	0
三	4	13	4	4	SXDLTJ	0.1	0	0.1
三	4	5	4	4	JYGJHM	1.4	4.574	5.974
三	4	10	4	4	DLSCYJ	0.3	0	0.3
三	4	6	4	4	ZGQYJJ	2.9	2.922	5.822
三	4	4	4	4	GYWGXN	2	4.475	6.475
三	4	11	4	4	DCFZKL	0.2	0	0.2
三	4	3	2	4	ZYYSYZ	7.3	15.248	22.548
三	4	15	4	4	HTKSQO	0	0	0
三	4	9	4	4	SLYTDQ	0.1	0.316	0.416
三	4	8	4	2	DLJSCX	0.4	1.048	1.448
三	4	7	4	2	DWMYYC	2.2	1.305	3.505
三	4	11	4	1	LLDBLG	0.2	0	0.2
一	平均	—	—	—	—	—	—	28.765

注：参评成果年限为2004 年8 月～2006 年7 月取得的成果，其中"DWMYYC"获奖论文成果知网查询结果有微小出入，经判别应该属于同一成果，故纳入表中进行分析。

附表 5 - 12 - 2　大连2006 年（第12 次）获奖的经管类论文成果之优质比较标杆遴选统计
（2016 年12 月统计）

序号	论文名称	被引次数得分	被引质量得分	综合被引指数
1	房地产市场与国民经济协调发展的实证分析	54.8	153.739	208.539
2	中国商业银行成本效率实证研究	45.4	130.547	175.947
3	中国经济发展与能源消费响应关系研究——基于相对"脱钩"与"复钩"理论的实证研究	24.2	89.454	113.654
优质标杆指数 QCB				166.05

注：《专用性视角下创新型文化、创新能力与绩效》《金融错配、资产专用性与资本结构》在标杆条件查询中未被查出，但该论文属于该地市学者同期成果，且cci 指数排名居前，选择作为优质标杆成果。

附表 5 – 13 – 1　大连 2008 年（第 13 次）获奖的 28 篇经管类论文成果综合被引指数等指标统计
（2016 年 12 月统计）

奖级	实际序位	cci 排列	合理序位	最差序位	论文名称代码	被引次数得分	被引质量得分	综合被引指数
一	1	7	2	8	ZGCZFQ	1.8	6.935	8.735
二	2	28	8	8	DLCZJM	0	0	0
二	2	19	8	8	LNNYZY	0.4	0.42	0.82
二	2	14	8	8	DGJKTE	1.6	0.211	1.811
二	2	4	2	8	JSGLXS	5.9	17.89	23.79
二	2	3	2	8	WGCZJM	13.4	24.164	37.564
二	2	28	8	8	JYDQDT	0	0	0
三	8	20	8	8	DLSCXL	0.2	0	0.2
三	8	17	8	8	DLZBZZ	0.8	0.214	1.014
三	8	2	2	8	ZGZXQY	12.2	25.689	37.889
三	8	15	8	8	ZGGSFY	0.4	1.398	1.798
三	8	6	2	8	GGCZYJ	4.8	4.686	9.486
三	8	20	8	8	DBZYHJ	0.2	0	0.2
三	8	28	8	8	MQXYTX	0	0	0
三	8	28	8	8	BYMZDQ	0	0	0
三	8	22	8	8	DFYSZX	0.1	0	0.1
三	8	10	8	8	NMGPXY	1.1	2.224	3.324
三	8	18	8	8	LSHZYH	0.1	0.743	0.843
三	8	9	8	8	WGJZYJ	2.4	2.118	4.518
三	8	28	8	8	WLQYZZ	0	0	0
三	8	16	8	8	JJZGGJ	0.6	1.112	1.712
三	8	1	1	2	JJZZYN	45.4	170.581	215.981
三	8	28	8	2	BXGSTZ	0	0	0
三	8	5	2	2	JYCMXD	8.2	1.969	10.169
三	8	13	8	2	JYGJTJ	0.6	1.488	2.088
三	8	12	8	2	JYSZQX	1.2	1.94	3.14
三	8	11	8	2	JBGGFW	1.1	2.179	3.279
三	8	8	8	1	LSYTSY	2	3.884	5.884
一	平均	—	—	—	—	—	—	13.369

注：参评成果年限为 2006 年 8 月 ～ 2008 年 7 月取得的成果，其中"ZGZXQY"获奖论文成果知网查询结果有微小出入，经判别应该属于同一成果，故纳入表中进行分析。

附表 5 - 13 - 2　大连 2008 年（第 13 次）获奖的经管类论文成果之优质比较标杆遴选统计
（2016 年 12 月统计）

序号	论文名称	被引次数得分	被引质量得分	综合被引指数
1	经济增长与能源消费内在依从关系的实证研究	45.4	170.581	215.981
2	我国科技政策向创新政策演变的过程、趋势与建议——基于我国 289 项创新政策的实证分析	16.4	96.289	112.689
3	中国能源消费与经济增长：基于协整分析和 Granger 因果检验	22.3	80.371	102.671
	优质标杆指数 QCB			143.78

注：《经济增长与能源消费内在依从关系的实证研究》在标杆条件查询中未被查出，但该论文属于该地市学者同期成果，且 cci 指数排名居前，选择作为优质标杆成果。

附表 5 - 14 - 1　大连 2010 年（第 14 次）获奖的 22 篇经管类论文成果综合被引指数等指标统计
（2016 年 12 月统计）

奖级	实际序位	cci 排列	合理序位	最差序位	论文名称代码	被引次数得分	被引质量得分	综合被引指数
一	1	5	4	4	ZGZZYF	3.8	10.319	14.119
一	1	17	4	4	ELSXDH	0.2	0.52	0.72
二	3	1	1	4	LSJGBD	3.9	19.803	23.703
三	4	20	4	4	CJDLJJ	0.1	0.404	0.504
三	4	18	4	4	LNBHLY	0.3	0.395	0.695
三	4	13	4	4	DBSSYY	0.5	2.749	3.249
三	4	10	4	4	GYLXTY	2.9	1.772	4.672
三	4	4	4	4	LYCYZX	8	6.762	14.762
三	4	14	4	4	QYXJRW	1.6	0.593	2.193
三	4	2	1	4	SJJGQH	6.3	14.164	20.464
三	4	6	4	4	ZGSSGY	4.6	8.147	12.747
三	4	15	4	4	HJDTXZ	0.5	0.803	1.303
三	4	22	4	4	SLZGSC	0.1	0.03	0.13
三	4	19	4	4	WLLSSG	0.5	0.049	0.549
三	4	16	4	4	WGNCSH	0.3	0.77	1.07
三	4	3	3	4	YXXQGM	3.5	13.45	16.95
三	4	11	4	4	ZGCKMY	1.9	2.203	4.103
三	4	8	4	4	GYZBJY	2	4.285	6.285
三	4	12	4	4	WGDZSP	2.7	0.869	3.569

续表

奖级	实际序位	cci 排列	合理序位	最差序位	论文名称代码	被引次数得分	被引质量得分	综合被引指数
三	4	21	4	3	XZXNJJ	0.2	0	0.2
三	4	7	4	1	RMBSJH	4.2	8.536	12.736
三	4	9	4	1	XFXFZY	3.5	2.518	6.018
—	平均	—	—	—	—	—	—	6.852

注：参评成果年限为 2008 年 8 月 ～2010 年 7 月取得的成果，其中 "SJJGQH" "WGNCSH" "YXX-QGM" "RMBSJH" 获奖论文成果知网查询结果有微小出入，经判别应该属于同一成果，故纳入表中进行分析。

附表 5 -14 -2　大连 2010 年（第 14 次）获奖的经管类论文成果之优质比较标杆遴选统计（2016 年 12 月统计）

序号	论文名称	被引次数得分	被引质量得分	综合被引指数
1	基于 DEA 的能源效率评价模型研究	25.6	81.031	106.631
2	中国生产性服务业全要素生产率测度——基于非参数 Malmquist 指数方法的研究	15.6	70.195	85.795
3	基于熵权法的科学技术评价模型及其实证研究	21.9	60.366	82.266
	优质标杆指数 QCB			91.564

附表 5 -15 -1　大连 2012 年（第 15 次）获奖的 12 篇经管类论文成果综合被引指数等指标统计（2016 年 12 月统计）

奖级	实际序位	cci 排列	合理序位	最差序位	论文名称代码	被引次数得分	被引质量得分	综合被引指数
特	1	3	2	2	HBZCKX	1.2	11.586	12.786
三	2	10	2	2	SSYWXQ	0.4	1.796	2.196
三	2	4	2	2	ZBZZYJ	1.9	8.622	10.522
三	2	6	2	2	CYJPTH	1.7	4.167	5.867
三	2	5	2	2	JYWLDX	2.3	6.368	8.668
三	2	1	2	2	WGKJFZ	0.7	1.889	2.589
三	2	7	2	2	SHWLYS	1	4.39	5.39
三	2	1	2	2	CJWBDZ	3.8	14.59	18.39
三	2	11	2	2	DLSSNY	0.3	1.241	1.541
三	2	1	1	2	YMHSJC	3.9	15.741	19.641
三	2	8	2	2	TZZGDZ	0.7	4.655	5.355

续表

奖级	实际序位	cci 排列	合理序位	最差序位	论文名称代码	被引次数得分	被引质量得分	综合被引指数
三	2	12	2	1	JYQRXS	0.3	1.152	1.452
—	平均	—	—	—	—	—	—	7.866

注：参评成果年限为 2010 年 8 月～2012 年 7 月取得的成果，其中"CYJPTH""WGKJFZ"获奖论文成果知网查询结果有微小出入，经判别应该属于同一成果，故纳入表中进行分析。

附表 5 – 15 – 2　大连 2012 年（第 15 次）获奖的经管类论文成果之优质比较标杆遴选统计
（2016 年 12 月统计）

序号	论文名称	被引次数得分	被引质量得分	综合被引指数
1	基于政府补贴分析的绿色供应链管理博弈模型	18.4	66.918	85.318
2	基于超效率 DEA 模型的中国省际生态效率时空差异研究	10.8	53.88	64.68
3	"三化"同步发展的内在机制与互动关系研究——基于协同学和机制设计理论	7.7	35.937	43.637
	优质标杆指数 QCB			64.545

附表 5 – 16 – 1　安阳 2012 年获奖的 12 篇经管类论文成果综合被引指数等指标统计
（2016 年 12 月统计）

奖级	实际序位	cci 排列	合理序位	最差序位	论文名称代码	被引次数得分	被引质量得分	综合被引指数
—	1	2	1	12	DSNYSY	0.2	0	0.2
—	1	12	12	8	JKYBJJ	0	0	0
二	3	12	12	8	GYCQKN	0	0	0
二	3	12	12	8	KJZYPD	0	0	0
二	3	12	12	8	XSQZMJ	0	0	0
二	3	12	12	3	OMZWWJ	0	0	0
二	3	2	3	3	QTSGXC	0.2	0	0.2
三	8	1	1	3	HNSXXH	0.3	0.051	0.351
三	8	4	3	3	DTZGDX	0.1	0	0.1
三	8	12	12	3	AYSNJH	0	0	0
三	8	12	12	1	HXPJFZ	0	0	0
优	12	12	12	1	HNSAYS	0	0	0
—	平均							0.071

注：参评成果年限为 2011 年取得的成果，其中"GYCQKN""HXPJFZ"获奖论文成果知网查询结果有微小出入，经判别应该属于同一成果，故纳入表中进行分析。

附表 5 – 16 – 2　安阳 2012 年获奖的经管类论文成果之优质比较标杆遴选统计
（2016 年 12 月统计）

序号	论文名称	被引次数得分	被引质量得分	综合被引指数
1	中国地区技术效率的测算及随机收敛性检验——基于超效率 DEA 的方法	3.4	9.942	13.342
2	户籍对价、劳动力迁移与土地流转	3.2	9.866	13.066
3	农户的融资需求与农村金融的有效供给	1.2	6.554	7.754
	优质标杆指数 QCB			11.387

附表 5 – 17 – 1　安阳 2013 年获奖的 14 篇经管类论文成果综合被引指数等指标统计
（2016 年 12 月统计）

奖级	实际序位	cci 排列	合理序位	最差序位	论文名称代码	被引次数得分	被引质量得分	综合被引指数
一	1	3	2	12	DSHKJD	0.3	0.032	0.332
二	2	4	4	12	HNSNCS	0.3	0	0.3
二	2	7	4	12	XJDMGM	0.1	0	0.1
三	4	7	4	4	XSQJQQ	0.1	0	0.1
三	4	14	12	4	CSZZGY	0	0	0
三	4	14	12	4	JKFZWG	0	0	0
三	4	14	12	4	JYBWSW	0	0	0
三	4	14	12	4	AYSCZJ	0	0	0
三	4	5	4	4	GBZBCB	0.2	0	0.2
三	4	1	1	4	HNSCYJ	0.4	0.278	0.678
三	4	2	2	4	GYZZSY	0.5	0.137	0.637
优	12	14	12	2	KCXLSZ	0	0	0
优	12	14	12	2	LZGMZQ	0	0	0
优	12	6	4	1	JDEGLX	0.1	0.027	0.127
一	平均	—	—	—				0.177

注：参评成果年限为 2012 年取得的成果。

附表 5 – 17 – 2　安阳 2013 年获奖的经管类论文成果之优质比较标杆遴选统计
（2016 年 12 月统计）

序号	论文名称	被引次数得分	被引质量得分	综合被引指数
1	西方区域多中心测度与效应研究进展	0.5	3.516	4.016
2	论精准营销的实现	1.4	0.855	2.255
3	新型农村社会养老保险制度研究	0.6	1.095	1.695
	优质标杆指数 QCB			2.655

附表 5－18－1　安阳 2014 年获奖的 11 篇经管类论文成果综合被引指数等指标统计
（2016 年 12 月统计）

奖级	实际序位	cci 排列	合理序位	最差序位	论文名称代码	被引次数得分	被引质量得分	综合被引指数
一	1	11	9	9	KWHYXD	0	0	0
一	1	6	3	9	AYSJZD	0.1	0	0.1
二	3	1	1	9	ZGDQHJ	0.6	3.017	3.617
二	3	2	1	3	WGCSWX	0.2	0.787	0.987
二	3	11	9	3	JRZCZY	0	0	0
二	3	3	3	3	ZLPJGJ	0.2	0	0.2
二	3	6	3	3	QTXFFJ	0.1	0	0.1
二	3	11	9	3	AYXSCC	0	0	0
三	9	11	9	3	WGZBDQ	0	0	0
三	9	5	3	1	WLQYJX	0.1	0.031	0.131
三	9	4	3	1	WGJJFZ	0.1	0.08	0.18
一	平均	—	—	—	—	—	—	0.483

注：参评成果年限为 2013 年取得的成果。

附表 5－18－2　安阳 2014 年获奖的经管类论文成果之优质比较标杆遴选统计
（2016 年 12 月统计）

序号	论文名称	被引次数得分	被引质量得分	综合被引指数
1	中原经济区城镇化区域差异时空演化研究	1.2	11.231	12.431
2	土地流转：实现城镇化与农业现代化协调发展	2.2	3.916	6.116
3	中国地区环境技术效率的测算及随机收敛性检验	0.6	3.017	3.617
	优质标杆指数 QCB			7.388

附表 5－19－1　安阳 2015 年获奖的 11 篇经管类论文成果综合被引指数等指标统计
（2016 年 12 月统计）

奖级	实际序位	cci 排列	合理序位	最差序位	论文名称代码	被引次数得分	被引质量得分	综合被引指数
一	1	2	1	11	WGLLWL	0.3	0.558	0.858
一	1	4	4	4	AYSFZX	0.1	0.047	0.147
一	1	5	4	4	TJZDQX	0.1	0	0.1
二	4	11	11	4	HNSJGJ	0	0	0

续表

奖级	实际序位	cci 排列	合理序位	最差序位	论文名称代码	被引次数得分	被引质量得分	综合被引指数
二	4	3	1	4	NCJRCX	0.3	0.209	0.509
二	4	1	1	4	MGKJJR	0.7	1.176	1.876
二	4	11	11	4	HLWJJH	0	0	0
二	4	11	11	4	CGRKZF	0	0	0
二	4	5	4	1	ZHSSCH	0.1	0	0.1
二	4	11	11	4	SLCZZF	0	0	0
三	11	11	11	1	DZRZFS	0	0	0
一	平均	—	—	—	—	—	—	0.326

注:参评成果年限为 2014 年取得的成果,其中"HNSJGJ""NCJRCX"获奖论文成果知网查询结果有微小出入,经判别应该属于同一成果,故纳入表中进行分析。

附表 5 – 19 – 2　安阳 2015 年获奖的经管类论文成果之优质比较标杆遴选统计
(2016 年 12 月统计)

序号	论文名称	被引次数得分	被引质量得分	综合被引指数
1	O2O 电子商务模式下的启发式定价机制探讨	1.4	1.25	2.65
2	美国科技金融支持农业发展的经验借鉴	0.7	1.176	1.876
3	基于方向性距离函数的中国各省份二氧化碳排放绩效研究	0.4	1.165	1.565
	优质标杆指数 QCB			2.03

注:《美国科技金融支持农业发展的经验借鉴》在标杆条件查询中未被查出,但该论文属于该地市学者同期成果,且 cci 指数排名居前,选择作为优质标杆成果。

附表 5 – 20 – 1　安阳 2016 年获奖的 15 篇经管类论文成果综合被引指数等指标统计
(2016 年 12 月统计)

奖级	实际序位	cci 排列	合理序位	最差序位	论文名称代码	被引次数得分	被引质量得分	综合被引指数
一	1	15	9	9	HNSNCP	0	0	0
一	1	15	9	9	HJRWJS	0	0	0
一	1	15	9	9	XCTXCJ	0	0	0
二	4	15	9	9	ZGKJZY	0	0	0
二	4	1	1	9	ZYJJQC	0.5	4.411	4.911
二	4	4	4	9	KJXXHD	0.1	0.031	0.131

续表

奖级	实际序位	cci 排列	合理序位	最差序位	论文名称代码	被引次数得分	被引质量得分	综合被引指数
二	4	15	9	9	WGNLZX	0	0	0
二	4	15	9	4	JKZBDQ	0	0	0
三	9	3	1	4	HNLSSC	0.1	0.147	0.247
三	9	5	4	4	SPGYLZ	0.1	0	0.1
三	9	2	1	4	WGFWMY	0.2	1.093	1.293
三	9	15	9	4	QXGYRS	0	0	0
三	9	15	9	1	JKTJAY	0	0	0
三	9	15	9	1	JYXFZX	0	0	0
三	9	15	9	1	GYSLJJ	0	0	0
—	平均	—	—	—	—	—	—	0.445

注：参评成果年限为 2015 年取得的成果。

附表 5-20-2　安阳 2016 年获奖的经管类论文成果之优质比较标杆遴选统计
（2016 年 12 月统计）

序号	论文名称	被引次数得分	被引质量得分	综合被引指数
1	"一带一路"与中国经济发展	0.7	5.23	5.93
2	中原经济区城镇化与生态环境耦合发展时空差异研究	0.5	4.411	4.911
3	生鲜农产品网购意愿影响因素的实证分析	0.4	1.737	2.137
优质标杆指数 QCB				4.326

附表 5-21-1　襄阳 2012 年（第 6 届）获奖的 17 篇经管类论文成果
综合被引指数等指标统计
（2016 年 12 月统计）

奖级	实际序位	cci 排列	合理序位	最差序位	论文名称代码	被引次数得分	被引质量得分	综合被引指数
一	1	1	1	6	ZGJJZQ	7.4	38.173	45.573
一	1	12	6	6	IRZYDQ	0.2	0	0.2
二	3	3	3	6	XYSGDM	0.5	3.454	3.954
二	3	4	3	6	SLSPQY	0.5	1.107	1.607
二	3	7	6	6	ZQSCFY	0.3	0.57	0.87
三	6	17	6	6	XYYZBS	0	0	0

续表

奖级	实际序位	cci 排列	合理序位	最差序位	论文名称代码	被引次数得分	被引质量得分	综合被引指数
三	6	17	6	6	XYNMZY	0	0	0
三	6	17	6	6	DZGYDJ	0	0	0
三	6	9	6	6	JQPPGJ	0.8	0.028	0.828
三	6	2	1	6	WGNCPP	3.8	3.654	7.454
三	6	10	6	6	DZGTSQ	0.2	0.519	0.719
三	6	6	6	6	WGQZSC	0.4	0.674	1.074
三	6	13	6	3	GYJLTZ	0.1	0	0.1
三	6	11	6	3	WGZZYQ	0.3	0.182	0.482
三	6	13	6	3	SSGSNB	0.1	0	0.1
三	6	5	3	1	LYHJGY	0.8	0.546	1.346
三	6	8	6	1	ZXQYJS	0.4	0.444	0.844
—	平均	—	—	—	—	—	—	3.832

注：参评成果年限为 2010～2011 年取得的成果，其中"XYSGDM""XYNMZY""DZGYDJ""SSG-SNB"获奖论文成果知网查询结果有微小出入，经判别应该属于同一成果，故纳入表中进行分析。

附表 5－21－2　襄阳 2012 年（第 6 届）获奖的经管类论文成果之优质比较标杆遴选统计
（2016 年 12 月统计）

序号	论文名称	被引次数得分	被引质量得分	综合被引指数
1	中国经济周期阶段的非线性平滑转换	7.4	38.173	45.573
2	我国农产品品牌建设的现实问题与对策	3.8	3.654	7.454
3	襄阳市耕地面积动态变化及驱动力分析	0.5	3.454	3.954
	优质标杆指数 QCB			18.994

注：《中国经济周期阶段的非线性平滑转换》《我国农产品品牌建设的现实问题与对策》《襄阳市耕地面积动态变化及驱动力分析》在标杆条件查询中未被查出，但该论文属于该地市学者同期成果，且 cci 指数排名居前，选择作为优质标杆成果。

附表 5－22－1　襄阳 2014 年（第 7 届）获奖的 11 篇经管类论文成果
综合被引指数等指标统计
（2016 年 12 月统计）

奖级	实际序位	cci 排列	合理序位	最差序位	论文名称代码	被引次数得分	被引质量得分	综合被引指数
—	1	1	1	4	DJZBCS	0.6	3.095	3.695

奖级	实际序位	cci 排列	合理序位	最差序位	论文名称代码	被引次数得分	被引质量得分	综合被引指数
二	2	7	4	4	PYCGXD	0.2	0	0.2
二	2	11	4	4	JKJSKS	0	0	0
三	4	5	4	4	CSBYQD	0.1	0.268	0.368
三	4	3	2	4	XYSCSG	0.5	0.282	0.782
三	4	2	2	4	GYLXXG	0.5	0.371	0.871
三	4	6	4	4	GGGDZX	0.2	0.066	0.266
三	4	8	4	4	CJTJJZ	0.1	0.032	0.132
三	4	9	4	2	XYGCCD	0.1	0.029	0.129
三	4	4	4	2	XYSLYT	0.2	0.573	0.773
三	4	11	4	1	XYLYDT	0	0	0
一	平均	—	—	—	—	—	—	0.656

注：参评成果年限为 2012～2013 年取得的成果。

附表 5 – 22 – 2　襄阳 2014 年（第 7 届）获奖的经管类论文成果之优质比较标杆遴选统计
（2016 年 12 月统计）

序号	论文名称	被引次数得分	被引质量得分	综合被引指数
1	深化行政事业单位内部控制的思考	3.4	0.859	4.259
2	多机制半参数平滑转换回归模型——兼论我国宏观经济运行周期	0.6	3.095	3.695
3	湖北省油用牡丹产业发展前景及存在的问题研究	0.9	1.886	2.786
	优质标杆指数 QCB			3.58

注：《多机制半参数平滑转换回归模型——兼论我国宏观经济运行周期》在标杆条件查询中未被查出，但该论文属于该地市学者同期成果，且 cci 指数排名居前，选择作为优质标杆成果。

附表 5 – 23 – 1　襄阳 2016 年（第 8 届）获奖的 10 篇经管类论文成果
综合被引指数等指标统计
（2016 年 12 月统计）

奖级	实际序位	cci 排列	合理序位	最差序位	论文名称代码	被引次数得分	被引质量得分	综合被引指数
一	1	1	1	5	HHSYZG	0.8	0.906	1.706
二	2	10	5	5	WHZRYL	0	0	0

奖级	实际序位	cci 排列	合理序位	最差序位	论文名称代码	被引次数得分	被引质量得分	综合被引指数
二	2	10	5	5	XYCXYT	0	0	0
二	2	10	5	5	XYSTJY	0	0	0
三	5	10	5	5	DJGJFZ	0	0	0
三	5	10	5	5	WSCXFZ	0	0	0
三	5	10	5	2	JQNBKZ	0	0	0
三	5	3	2	2	XMXZZN	0.1	0.504	0.604
三	5	10	5	2	MZDQJJ	0	0	0
三	5	2	2	1	JYXXBD	0.4	0.24	0.64
—	平均	—	—	—	—	—	—	0.295

注：参评成果年限为 2014～2015 年取得的成果。

附表 5 - 23 - 2　襄阳 2016 年（第 8 届）获奖的经管类论文成果
之优质比较标杆遴选统计
（2016 年 12 月统计）

序号	论文名称	被引次数得分	被引质量得分	综合被引指数
1	中部地区农户信贷需求与正规信贷行为关系的实证研究——基于湖北襄阳 710 户农民家庭的调查	0.6	2.237	2.837
2	欧洲最新儿童安全座椅标准 ECER129 解读	0.7	1.175	1.875
3	混合所有制改革面临的主要难题与对策	0.8	0.906	1.706
	优质标杆指数 QCB			2.139

注：《混合所有制改革面临的主要难题与对策》在标杆条件查询中未被查出，但该论文属于该地市学者同期成果，且 cci 指数排名居前，选择作为优质标杆成果。

附表 5 - 24 - 1　南宁 2011 年（第 11 次）获奖的 8 篇经管类论文成果
综合被引指数等指标统计
（2016 年 12 月统计）

奖级	实际序位	cci 排列	合理序位	最差序位	论文名称代码	被引次数得分	被引质量得分	综合被引指数
二	1	8	5	5	NNSCSZ	0	0	0
三	2	8	5	5	BJYJBX	0	0	0
三	2	3	2	5	GXBBWJ	0.2	0.242	0.442

续表

奖级	实际序位	cci 排列	合理序位	最差序位	论文名称代码	被引次数得分	被引质量得分	综合被引指数
三	2	4	2	5	CYJQYJ	0.4	0	0.4
优	5	2	2	2	FFNJYY	0.7	0.201	0.901
优	5	1	1	2	ZFNYKJ	1.6	3.195	4.795
优	5	6	5	2	TJNNSZ	0.1	0	0.1
优	5	5	5	1	JJGXNM	0.2	0	0.2
—	平均	—	—	—	—	—	—	0.855

注：参评成果年限为 2009～2010 年取得的成果。

附表 5-24-2　南宁 2011 年（第 11 次）获奖的经管类论文成果
之优质比较标杆遴选统计
（2016 年 12 月统计）

序号	论文名称	被引次数得分	被引质量得分	综合被引指数
1	广西北部湾经济区城市群可持续发展对策研究	2.3	10.446	12.746
2	后危机时代的金融监管	2.7	4.929	7.629
3	次贷危机对我国信用评级机构规范与发展的启示	3.8	3.002	6.802
优质标杆指数 QCB				9.059

附表 5-25-1　南宁 2015 年（第 13 次）获奖的 16 篇经管类论文成果
综合被引指数等指标统计
（2016 年 12 月统计）

奖级	实际序位	cci 排列	合理序位	最差序位	论文名称代码	被引次数得分	被引质量得分	综合被引指数
二	1	11	8	8	FXDXXD	0.1	0	0.1
二	1	6	3	8	OMMGRB	0.4	0.044	0.444
三	3	2	2	8	JLGJST	1.1	1.89	2.99
三	3	9	8	8	DWDSYX	0.1	0.051	0.151
三	3	4	3	8	JYSCFX	0.4	0.904	1.304
三	3	16	8	8	ZGJYDH	0	0	0
三	3	1	1	8	WGCTCZ	2.4	4.442	6.842
优	8	16	8	8	XSQNNS	0	0	0
优	8	7	3	8	FFCLHJ	0.3	0.072	0.372

续表

奖级	实际序位	cci 排列	合理序位	最差序位	论文名称代码	被引次数得分	被引质量得分	综合被引指数
优	8	8	8	3	NNSWHY	0.1	0.264	0.364
优	8	16	8	3	GXSGYS	0	0	0
优	8	16	8	3	GXNCJM	0	0	0
优	8	10	8	3	TSQZGG	0.1	0.044	0.144
优	8	3	3	3	GXNCPL	0.6	1.51	2.11
优	8	16	8	1	NNSQXQ	0	0	0
优	8	5	3	1	XSQGXS	0.6	0	0.6
—	平均	—	—	—				0.964

注：参评成果年限为 2013~2014 年取得的成果。

附表 5-25-2　南宁 2015 年（第 13 次）获奖的经管类论文成果之优质比较标杆遴选统计
（2016 年 12 月统计）

序号	论文名称	被引次数得分	被引质量得分	综合被引指数
1	我国传统城镇化的特征与新型城镇化的路径探讨	2.4	4.442	6.842
2	建立国家生态原产地产品保护制度的意义与对策研究	1.1	1.89	2.99
3	转型期我国农业生产性服务业发展的问题研究	0.7	2.242	2.942
	优质标杆指数 QCB			4.258

注：《我国传统城镇化的特征与新型城镇化的路径探讨》《建立国家生态原产地产品保护制度的意义与对策研究》在标杆条件查询中未被查出，但该论文属于该地市学者同期成果，且 cci 指数排名居前，选择作为优质标杆成果。

附表 5-26-1　宝鸡 2011 年（第 11 次）获奖的 7 篇经管类论文成果
综合被引指数等指标统计
（2016 年 12 月统计）

奖级	实际序位	cci 排列	合理序位	最差序位	论文名称代码	被引次数得分	被引质量得分	综合被引指数
一	1	1	1	2	GZTSJJ	0.8	1.953	2.753
三	2	7	2	2	WSTDLZ	0	0	0
三	2	2	2	2	GZTSJJ	0.2	0.258	0.458
三	2	3	2	2	JYZJDC	0.2	0.09	0.29

续表

奖级	实际序位	cci 排列	合理序位	最差序位	论文名称代码	被引次数得分	被引质量得分	综合被引指数
三	2	4	2	2	GJGZTS	0.1	0	0.1
三	2	7	2	2	BJTSLH	0	0	0
三	2	7	2	1	LXBZDC	0	0	0
—	平均	—	—	—	—	—	—	0.514

注：参评成果年限为 2009~2010 年取得的成果。

附表 5-26-2　宝鸡 2011 年（第 11 次）获奖的经管类论文成果之优质比较标杆遴选统计
（2016 年 12 月统计）

序号	论文名称	被引次数得分	被引质量得分	综合被引指数
1	区域创新政策的几个误区	1.7	8.888	10.588
2	陕西省生态经济系统的能值分析	1.2	4.801	6.001
3	基于国家创新体系区域化的西部局部地区区域创新体系建设	0.6	3.073	3.673
	优质标杆指数 QCB			6.754

附表 5-27-1　宝鸡 2013 年（第 12 次）获奖的 23 篇经管类论文成果
综合被引指数等指标统计
（2016 年 12 月统计）

奖级	实际序位	cci 排列	合理序位	最差序位	论文名称代码	被引次数得分	被引质量得分	综合被引指数
二	1	12	7	17	BJGJDS	0.1	0	0.1
二	1	8	7	17	CSLYST	0.3	0.212	0.512
二	1	4	1	17	LXZZFX	1.3	0.835	2.135
二	1	1	17	17	WGXNYQ	2.4	3.549	5.949
二	1	2	1	17	QQJZLS	2	3.142	5.142
二	1	23	17	17	CXXNYC	0	0	0
三	7	23	17	17	BJLYCY	0	0	0
三	7	11	7	7	BJSNHT	0.1	0.09	0.19
三	7	12	7	7	DWXSPA	0.1	0	0.1
三	7	5	1	7	LLNCPK	0.4	1.371	1.771
三	7	23	17	7	NYZHKF	0	0	0
三	7	10	7	7	XDNYJY	0.1	0.167	0.267

奖级	实际序位	cci 排列	合理序位	最差序位	论文名称代码	被引次数得分	被引质量得分	综合被引指数
三	7	3	1	7	QYJJFZ	0.8	2.456	3.256
三	7	9	7	7	MKSXFY	0.3	0.106	0.406
三	7	6	1	7	JYLYYX	0.5	1.105	1.605
三	7	12	7	7	BJSJTS	0.1	0	0.1
优	17	23	17	7	GYJKJS	0	0	0
优	17	7	7	1	SLXNJJ	0.4	0.459	0.859
优	17	12	7	1	XBDQXX	0.1	0	0.1
优	17	23	17	1	SXSGZD	0	0	0
优	17	23	17	1	XFQSYQ	0	0	0
优	17	23	17	1	GZTSJJ	0	0	0
优	17	23	17	1	BJTSHZ	0	0	0
—	平均	—	—	—				0.978

注：参评成果年限为 2011~2012 年取得的成果，其中"CXXNYC""QYJJFZ""BJTSHZ"获奖论文成果知网查询结果有微小出入，经判别应该属于同一成果，故纳入表中进行分析。

附表 5 - 27 - 2　宝鸡 2013 年（第 12 次）获奖的经管类论文成果之优质比较标杆遴选统计
（2016 年 12 月统计）

序号	论文名称	被引次数得分	被引质量得分	综合被引指数
1	产业集群创新能力评价指标体系的构建	2.7	5.897	8.597
2	我国新能源汽车产业政策解读及对策建议	2.4	3.549	5.949
3	全球价值链视角下产业集群升级的路径探析	2	3.142	5.142
	优质标杆指数 QCB			6.563

附表 5 - 28 - 1　宝鸡 2015 年（第 13 次）获奖的 8 篇经管类论文成果
综合被引指数等指标统计
（2016 年 12 月统计）

奖级	实际序位	cci 排列	合理序位	最差序位	论文名称代码	被引次数得分	被引质量得分	综合被引指数
二	1	8	3	3	XBDQGY	0	0	0
二	1	8	3	3	YXZSGJ	0	0	0
三	3	3	3	3	NCJMXF	0.3	0.101	0.401
三	3	8	3	3	CXYTHJ	0	0	0

续表

奖级	实际序位	cci 排列	合理序位	最差序位	论文名称代码	被引次数得分	被引质量得分	综合被引指数
三	3	1	1	3	GTJJQS	0.3	0.968	1.268
三	3	4	3	3	CSWHPP	0.2	0.032	0.232
三	3	2	1	1	WGWYGL	0.2	0.517	0.717
三	3	8	3	1	JQHGJJ	0	0	0
—	平均	—	—	—	—	—	—	0.327

注：参评成果年限为 2013～2014 年取得的成果。

附表 5－28－2　宝鸡 2015 年（第 13 次）获奖的经管类论文成果之优质比较标杆遴选统计

（2016 年 12 月统计）

序号	论文名称	被引次数得分	被引质量得分	综合被引指数
1	农民专业合作社效率评价问题研究	1	2.778	3.778
2	现代农业园区培养新型职业农民的实践与启示	0.9	3.985	4.885
3	关天经济区统筹科技资源机制体制改革探索和创新	0.5	1.88	2.38
	优质标杆指数 QCB			3.681

第六章　总体结论与基于公信力的中国特色科学奖励体系构建方案

第一节　中国科学奖励公信力抽样测评的总体结论

前面鉴于社会科学奖励的公信力争议相对更为突出，根据奖励信息的公开程度和可获得性，选择以山东、福建、海南、云南4省共17届次社会科学成果奖为省区抽样代表，以烟台、大连、安阳、襄阳、南宁、宝鸡6个地市共28届次社会科学成果奖为地市抽样代表，重点选择其中兼有自然科学和社会科学交叉性质的941篇经济管理学中文论文获奖成果为抽样样本，借助中国知网（CNKI）等数据库平台进行了公信力抽样测评。基于此，这里将省级、地市级科学奖励公信力测评情况进行综合，以得出中国科学奖励公信力测评分析的总体结论。

一、中国科学奖励公信力总体水平测评结论

基于省级、地市级两级综合抽样测评表明（见表6-1），中国科学奖励平均的公信力综合指数PCD只有26.35，处于E级别的差等级区间，很不理想。而且省级、地市级两级科学奖励平均的公信力综合指数PCD彼此之间也存在有一定的差异，呈现出省级科学奖励公信力总体水平相对较高、地市科学奖励公信力总体水平相对较低的态势。

表6-1　省级、地市级两级综合的中国科学奖励总体公信力测评

层级	OQI	HQI	LQI	ROD	PCD
省级	19.59	78.82	0.77	44.39	28.59
地市级	15.10	60.68	0.24	47.77	24.1
平均	17.35	69.75	0.51	46.08	26.35

注：表中数据分别来自表4-3、表4-4、表5-7。

在省级、地市级两级科学奖励平均26.35的公信力综合指数PCD中，总体优质度OQI平均为17.35，最高优质度HQI平均为69.75，最低优质度LQI平均为0.51，排位有序度ROD平均为46.08，折权后的有效分值分别为10.41、6.98、0.05、9.22，在公信力综合指数PCD综合得分26.35中贡献率分别为39.51%、

26.47%、0.19%、34.98%。

不过，从损失情况看，在公信力综合指数 PCD 的四个组成指标中，总体优质度 OQI、最高优质度 HQI、最低优质度 LQI、排位有序度 ROD 折权后的平均损失分值分别为 49.59、3.03、9.95、10.78，自身损失率分别为 82.65%、30.25%、99.49%、53.92%，在公信力综合指数 PCD 综合损失的 73.35 中占比分别为 67.61%、4.13%、13.57%、14.70%。

可见，科学奖励总体的公信力之所以不理想，所评奖励成果的总体优质水平太低导致总体优质度 OQI 得分率过低，是决定性原因。所评奖励的排位有序性不科学导致排位有序度 ROD 得分率过低，以及所评奖励之中渗透了一批过于低劣的成果导致最低优质度 LQI 得分率过低，是重要原因。而最高优质度 HQI 的得分率也不尽理想，所评奖励对最高水平和影响成果的包含性不足，也是原因所在。如表 6 - 1、表 6 - 2 所示。

表 6 - 2　省级、地市两级综合的中国科学奖励总体公信力得失分

指标		OQI	HQI	LQI	ROD	PCD
本指标原始满分		100	100	100	100	—
本指标折权满分		60	10	10	20	100
得分情况	原始得分值	17.35	69.75	0.51	46.08	26.35
	折权得分值	10.41	6.98	0.05	9.22	26.35
	占总得分比重（%）	39.51	26.47	0.19	34.98	100
损失情况	原始损失值	82.65	30.25	99.49	53.92	—
	折权损失值	49.59	3.03	9.95	10.78	73.35
	自身损失率（%）	82.65	30.25	99.49	53.92	73.35
	占总失分比重（%）	67.61	4.13	13.57	14.70	100.00

二、中国科学奖励公信力时间序列比较结论

4 个抽样省份 11 个年份社会科学研究优秀成果奖励平均的公信力综合指数 PCD 只有 27.28，变异系数 CV = 24.16% > 15%，说明波动幅度比较剧烈。总体呈现出斜率为 +1.74 的不断优化的趋势特征，且主体趋势线性模拟的 R^2 值高达 0.696，说明这种趋势性规律比较可靠，如表 6 - 3 所示。

表 6 - 3　4 个抽样省份 11 个年份社会科学研究优秀成果奖公信力综合指数 PCD 时序分析

年度	2003	2005	2007	2009	2010	2011	2012	2013
PCD	13.15	20.96	20.7	30.15	26.57	31.09	27.97	33.76

年度	2014	2015	2016	平均	变异系数	R^2	斜率	
PCD	26.22	31.92	37.59	27.28	24.16%	0.696	+1.74	

注：表中数据来自前文。表中平均的公信力综合指数 PCD 由 14 年份 PCD 值简单平均而得，因此和表 6-1 中对应值并不完全相同。

6 个抽样地市 11 个年份社会科学研究优秀成果奖励平均的公信力综合指数 PCD 只有 24.61，变异系数 CV = 18.35% > 15%，说明波动幅度比较剧烈。总体呈现出斜率为 -0.46 的不断恶化的趋势特征，但主体趋势线性模拟的 R^2 值只有 0.102，说明随机性过大，这种趋势性规律并不可靠，如表 6-4 所示。

表6-4　6个抽样地市11个年份社会科学研究优秀成果奖公信力综合指数 PCD 时序分析

年度	2006	2007	2008	2009	2010	2011	2012	2013
PCD	31.64	32.98	21.92	22.89	17.84	24.7	18.56	23.58
年度	2014	2015	2016	平均	变异系数	R^2	斜率	
PCD	25.96	27.37	23.27	24.61	18.35%	0.102	-0.455	

注：表中数据来自前文。表中平均的公信力综合指数 PCD 由 11 个年份 PCD 值简单平均而得，因此和表 6-1 中对应值并不完全相同。

综合以上分析，省级、地市级两级科学奖励公信力测评的时间序列变化各不相同，地市级科学奖励公信力随机性过大，没有明显的趋势性规律，而省级科学奖励公信力则呈现出了随着时间变化不断趋良的规律特征。

三、中国科学奖励公信力空间序列比较结论

4 个抽样省份基于各自全部届次获奖成果平均的公信力综合指数 PCD 只有 27.60，变异系数 CV = 6.67% ≤ 15%，说明波动态势比较平稳，总体呈现出以平均值 27.60 为中心平稳波动的趋势规律。4 个抽样省份基于 2012（2011）年同期可比年度平均的公信力综合指数 PCD 只有 29.24，变异系数 CV = 10.82% ≤ 15%，说明波动态势比较平稳，总体呈现出以平均值 29.24 为中心平稳波动的趋势规律。如表 6-5 所示。6 个抽样地市基于各自全部届次获奖成果平均的公信力综合指数 PCD 只有 24.68，变异系数 CV = 31.90% > 15%，说明波动幅度比较剧烈，随机性过大，没有明显的趋势性规律，如表 6-6 所示。

表6-5　4个抽样省份社会科学研究优秀成果奖公信力综合指数 PCD 横向比较

省级	山东	福建	海南	云南	平均	变异系数 CV
全部时期平均值	29.83	27.811	24.71	28.03	27.6	6.67%
2012（2011）年同期测度值	31.22	33	24.71	28.03	29.24	10.82

注：表中平均的公信力综合指数 PCD 由四省 PCD 值简单平均而得，因此和表 6-1 中对应值并不完全相同。

表 6 - 6　6 个抽样地市社会科学研究优秀成果奖公信力综合指数 PCD 横向比较

地市	烟台	大连	安阳	襄阳	南宁	宝鸡	平均	变异系数 CV
全部时期平均值	31.22	17.63	10.23	25.79	25.32	16.37	24.68	31.90%

注：表中数据来自前文。表中平均的公信力综合指数 PCD 由 6 地市 PCD 值简单平均而得，因此和表 6 - 1 中对应值并不完全相同。

综合以上分析，基于省级和地市级两级科学奖励的抽样测评表明，省级科学奖励公信力波动比较平稳，地市科学奖励公信力则随机性明显，没有呈现明显的变化规律。

四、中国科学奖励公信力原始指标比较结论

不同省份和地市之间科学奖励公信力测评的各原始指标存在着重大差异。从表 6 - 7 和表 6 - 8 可以看出，年均处理之后的优质标杆 cci、总体优质指数、最高优质指数、最低优质指数四个指标的省际倍差，为 3.25 ~ 4.87。而 4 个指标的地市之间倍差，更是高达 13.07 ~ 16.62 倍。另外，各省份、地市原始指标的高低，基本呈现出与各自科教水平正相关的明显规律，越是科教水平发达，相关指标原始值越高。

表 6 - 7　基于全部抽样数据的四省奖励公信力原始指标年均值比较

省份	优质标杆 cci 年均	总体优质指数年均	最高优质指数年均	最低优质指数年均
山东	15.93	2.89	12.53	0.15
福建	27.86	6.04	25.00	0.13
海南	5.72	1.39	4.48	0.04
云南	13.31	2.34	7.98	0.05
平均值	15.71	3.17	12.50	0.09
最高/最低	4.87	4.35	5.58	3.25

注：表中数据来自前文。

表 6 - 8　基于全部抽样数据的 6 个地市奖励公信力原始指标年均值比较

地市	优质标杆 cci 年均	总体优质指数年均	最高优质指数年均	最低优质指数年均
烟台	2.93	0.59	2.48	0.01
大连	15.29	1.78	7.81	0.11
安阳	2.15	0.164	0.682	0
襄阳	1.71	0.32	1.37	0.00
南宁	1.36	0.22	0.81	0.00
宝鸡	1.17	0.13	0.47	0.00
平均值	4.10	0.53	2.27	0.02
最高/最低	13.07	13.69	16.62	—

注：表中数据来自前文。

特别地，上面虽然仅仅是一次抽样性测评，考虑到其他各级各类科学奖励评奖，彼此间在评奖的原则、流程、方式等关键环节均高度相似，则可知该抽样测评得出的总体公信力综合指数 PCD 很不理想的结论，应该具有普遍性和代表性，即我国当前的科学奖励，总体公信力水平并不理想，距离高公信力的中国特色科学奖励体系构建目标，还有相当长的路要走。

第二节　中国特色科学奖励体系构建的战略背景

自改革开放以来，特别是 1999 年《科学技术奖励制度改革方案》《国家科学技术奖励条例》以及《国家科学技术奖励条例实施细则》《省、部级科学技术奖励管理办法》和《社会力量设立科学技术奖管理办法》颁布实施以来，我国科学奖励以提升国家科学技术奖励的权威性为目标，坚持少而精的原则，开启了全面改革大幕，调整了奖励设置、奖励力度、奖励结构、评价标准和评奖办法，极大地促进了我国科学奖励事业的健康发展。

然而，随着社会主义现代化建设事业的快速发展，尽管此后相继对《国家科学技术奖励条例》和《国家科学技术奖励条例实施细则》等科学奖励制度文件进行了多次完善修改，对国家科学奖励制度及其评审体系进行了力所能及的更加合理的制度设计，但我国科学奖励体系不能适应社会主义现代化建设发展的矛盾问题也日益突出。

在这种背景下，2012 年 9 月，《关于深化科技体制改革加快国家创新体系建设的意见》（以下简称《意见》）发布。《意见》明确要求，要"深化科学奖励制度改革，强化奖励的荣誉性和对人的激励"。具体包括三个方面的内容：一是"制定深化科学奖励改革方案，逐步完善推荐提名制，突出对重大科技贡献、优秀创新团队和青年人才的激励"；二是"完善国家科学奖励工作，修订国家科学技术奖励条例"；三是"引导和规范社会力量设奖，制定关于鼓励社会力量设立科学技术奖的指导意见"。

就《意见》有关科学奖励改革的三条具体内容进行分析。第一条实际上表达了一种推进科学奖励改革的态度。第二条实际上是在推进科学奖励改革态度表达之后，从逻辑结构上强调了对国家层面科学奖励工作改革完善的态度。第三条实际上是在推进科学奖励改革态度表达之后，从逻辑结构上强调了对社会力量设奖工作改革完善的态度。这样，科学奖励改革被纳入《关于深化科技体制改革加快国家创新体系建设的意见》中，并作为一个重要的方面予以强调论述，得到了鲜明的态度支持。

2017 年 3 月 24 日，习近平同志主持召开中央全面深化改革领导小组第三十三次会议。会议审议通过了《关于深化科学奖励制度改革的方案》，强调科学奖励制度是鼓励自主创新、激发人才活力、营造创新环境的一项重要举措。要围绕服务国家发展、激励自主创新、突出价值导向、公开公平公正，改革完善国家科学奖励制度，坚持公开提名、科学评议、公正透明、诚实守信、质量优先、宁缺毋滥。要引导省部级科学技术奖高质量发展，鼓励社会力量科学技术奖健康发展，构建中国特色科学奖励体系。

中央全面深化改革领导小组专门就"深化科学奖励制度改革"问题进行讨论审议，并鲜明地提出了构建中国特色科学奖励体系的改革目标。这在新中国发展历史上是空前未有的。中国科学奖励制度改革，应该切实响应时代的呼唤，抓住这次难得的历史际遇，以壮士断腕、刮骨疗毒的精神，直面问题，勇于创新，顶层设计，全面深入，重点突击，稳步推进，为提高我国科学奖励的公信力，尽快建成有中国特色的科学奖励体系而贡献力量！

第三节　中国特色科学奖励体系构建的基本思路

首先，立足一个战略定位。从建设有中国特色的科学奖励体系总目标着眼，适应市场经济起决定性作用的时代要求，助力"大众创业、万众创新"的国家战略，充分发挥承认、激励、引导的独特功能，"调动科学技术工作者的积极性和创造性，加速科学技术事业的发展，提高综合国力"。

其次，坚持五项基本原则。坚持从计划经济模式向市场经济模式有效转型的原则，坚持政府责任部门合理角色定位的原则，坚持同行评价本质真实的原则，坚持评奖结果可重复检验的原则，坚持发挥互联网和大数据优势的原则。

再次，把握三个基本维度，即科学度、公信度、权威度。科学度指应该建立一套科学的科学奖励评奖标准体系，使评奖结果能够经受得住可重复检验的科学性原则。公信度指获得科学奖励的成果应该是同类成果中真正最优秀的成果，而不出现大的优差倒挂。权威性指科学奖励评奖在科学家共同体内和社会大众中间，均应具有很高的信服度。三个维度中，科学度是基础，公信度是核心，权威度是结果。

最后，突出三个重点环节。①评奖标准要明确科学。对于基础理论类的科学研究成果，包括哲学社科研究成果，评奖标准一方面应该突出学术价值和学术影响力这个关键因素，另一方面又要具有良好的可操作性，而不能过于原则和模糊。②评奖方式本质科学。科学研究成果评奖的核心问题是对科学研究成果的学术价值和学术影响力进行科学的评价，必须坚持同行评价的基本方式。实践表明，现行专家主导的同行会评方式实质上是一种外行评议内行、后沿评议前沿、不审议而评决的本质失真的同行评价。应该坚持同行评价的本质要求进行改革，真正实现内行评议内行、前沿评议前沿、认真审议而评决的本质要求。③责任部门角色科学。科学奖励评奖责任部门，在实践中往往演变成了科学奖励评奖的主导部门，具体表现为分组学科、选择专家、任命主管、主导评议、终决评奖，导致诸多问题的出现。应该科学定位评奖责任部门的角色，改变现行评奖责任部门既当组织者（直接确定和召集评议专家），又当裁判员（相当程度上引导具体专家评奖行为和结果）的角色定位，只保留组织者的角色，退出裁判员的角色，真正交由同行专家进行评议。

第四节 中国特色科学奖励体系构建的基本程式

基于以上基本思路，基于综合被引指数进行成果初选和召集权威专家进行奖励终审的两级审定模式，不但符合上述改革取向，同时具有科学性、可行性和可操作性。

在成果初选阶段，坚持同行评价的内在本质要求，基于包括被引次数因素和被引质量因素在内的综合被引指数关键指标进行成果初选。具体说，基于评奖数量，科学设置一个综合被引指数入门门槛，使能够达到该入门门槛的成果数量适当多于拟评奖数量。这样，一方面，对于综合被引指数没有达到基本入门门槛的成果，直接排除，最大限度地降低劣币扰乱良币的可能；另一方面，保证能够达到入门门槛的成果数量，又一定比例地高于评奖数量，为后面环节专家评奖留出必要空间。如前面所述，这种基于综合被引指数的成果初选模式，是一种更加本质真实的同行评价方式，更能有效发现学术价值和学术影响力高的科学研究成果。

在奖励终审阶段，可由评奖责任部门根据学科分类选择和召集权威专家，组成专家终审委员会，对达到入门门槛的成果予以综合审议，最终确定获奖成果及等级分布。之所以仍然设置专家终审委员会，其基本原理是，基于综合被引指数初选出的入围成果，当然具有现时的良好学术价值和学术影响力，但学术界往往也存在跟风行为和羊群效应，有可能部分具有全局性和未来性的重大科学研究成果，因暂时没有得到应有关注而难以入围，或者虽然入围了但名次居后。专家终审委员会主要由权威科学家组成，对本学科领域具有良好的全局性和未来性把握。其对于综合被引指数没有达到入门门槛的成果，如果判断具有重大价值可以提议直接入围；对于已经入围但综合被引指数排名居后可能不能获奖或者可能只能获得低层级奖励的成果，可以提议获奖或者获得高等级的奖励。为保证专家终审结果的科学性和公信力，应该进行信息公开，包括将终审专家信息公开，也包括将专家对没有达到入门门槛但有重大价值成果的入围提议信息及理由公开，还包括专家最终投票采取实名制并且予以公开。有综合被引指数的基础性参照标杆，有信息公开的监督保障，最终评审而出的奖励，应该具有很好的科学性、公信度、权威性。

第五节 中国特色科学奖励体系构建的总量管控

特别地，当前科学奖励还面临着一个影响公信力和权威性的关键性问题，即奖励数量过多过滥。一项统计表明，目前仅政府科学奖励就包括有国家级、省级、部委级、地市级、县乡级等多个层次，各种奖励种类高达 2000 多项，其中全国有 48% 的市、县也设立有科学奖励，种类高达 1987 项。① 另一项统计表明，全国每年有 900 多项科学研究成果获得国家级奖励，有 10000 多项科学研究成果获得省部级奖励，仅此两个层级的获奖人数就接近 10 万人。② 而基于前面相关章节的抽样估算表明，全国仅国家级、省部级、地市级三个层级政府性质的科学技术奖励，每年评授总量当在 32388 项左右；全国仅部委、省份、地市三个层级政府性质的社会科学奖励，每年评授总量当在 34219 项左右。再者相加，全国仅国家、省部、地市三个层级政府性质的科学奖励，每年评授总量当在 66607 项左右，或者说在 60000 项以上（见表 6-9）。如果再加上县（区）乡（镇）级政府性质的科学奖励，以及非政府性质的各种各类科学奖励，这个数量将会更为庞大。这表明我国科学奖励还存在有授奖数量过多过滥的问题，而且还相当严重。这一方面导致人力物力的极大浪费，另一方面导致相当部分质量低下、滥竽充数的成果获奖，降低奖励的公信力和权威性，最终导致科学奖励降低甚至失去在国家整体创新发展战略中应有的"承认、激励和导向作用"。由此，重点面向政府性质的科学奖励，就其授奖数量过多过滥问题进行总量管控，已经刻不容缓。

表 6-9　全国每年评授的国家级、省部级、地市级
三级政府科学奖励总量推测

单位：项，人

每年评授科技奖励总量推测				每年评授社科奖励总量推测				每年评授三级奖励总量推测
国家级奖励	省级奖励	地市级奖励	科技奖励小计	教育部奖励	省级奖励	地市级奖励	社科奖励小计	
266	7740	24382	32388	188	4836	29195	34219	66607

与两级审定模式对应，参照赵春明和胡晓军等③的研究思路，评奖总数及具体一二三等奖数额分配，可以采取三种方式确定。①定额奖励数量方法，即事先按照宁缺毋滥和精简高效的原则，确定每次评奖总量及一二三等奖各自分配的数量，将所有参评成果按照基于综合被引指数的学术价值和学术影响力高低排序，取相应数量成果入围评议授奖。②学术价值和学术影响力门槛定额法，即事先按照宁缺毋滥和精简高效的原则，确定每年全部获奖成果以及一二三等奖获奖成果

---

① 周建中，肖雯. 我国科技奖励的定量分析与国际比较研究 [J]. 自然辩证法通讯，2015，37（4）：96-103.

② 徐安，傅继阳，赵若红. 中美科技奖励体系的对比研究及启示 [J]. 科技进步与对策，2006（4）：29-31.

③ 赵春明，胡晓军. 国家科技进步奖励制度改革的若干建议 [J]. 科学学与科学技术管理，2005（7）：29-36.

的学术价值和学术影响力入围底线门槛。该年参与评奖的成果中，只有学术价值和学术影响力达到入围门槛的，获得相应等级奖励的参选资格。③定额数量与学术价值、学术影响力门槛底线相结合的方法，即既按照宁缺毋滥和精简高效的原则，确定每年评奖总量及一二三等奖各自分配数量的最高限额，同时确定各自等级的学术价值和学术影响力入围底线门槛。如果参评成果中学术价值和学术影响力超过底线的成果数量超过定额数量，则按学术价值和学术影响力排序，从高到低取适当数量成果入围评议。如果参评成果中学术价值和学术影响力超过底线的成果数量低于定额数量，则只对学术价值和学术影响力超过底线的成果入围评议。

显然，上面三种方案中，第一种方案能够保证每个奖励都有成果当选，但质量可能会参差不齐；第二种方案能够保证获奖成果的质量，但可能会出现某些奖励空缺；第三种方案则具有数量与质量的兼顾优势。

另外，直接总量管控和大幅压缩数量，还可以借鉴发达国家科学奖励授奖总量管控经验进行。中科院文献情报中心 2009 年受科技部委托，收集梳理了国际上 369 项著名科学奖励的相关资料，出版了《国际科学技术奖概况》一书。① 根据该书提供的资料，在收集梳理的 33 项综合性国际奖励中，每次只授奖 1 项（人）的有 8 种，占比 24.24%；每次授奖 1~2 项（人）的有 3 种，占比 9.09%；每次授奖 1~3 项（人）的有 1 种，占比 3.03%；每次授奖 3 项（人）以上的有 17 种，占比 51.52%；每次授奖数量不明确的有 4 种，占比 12.12%。见表 6-10。我国各级各类政府性质的科学奖励授奖总量，显然可以以此为参照，进行大幅度压缩。

表 6-10 国际著名综合性科学奖励授奖总量 单位：项，人

奖励总量	1	1~2	1~3	>3	不明确	总计
奖励种类	8	3	1	17	4	33
占比（%）	24.24	9.09	3.03	51.52	12.12	100.00

资料来源：张先恩等. 国际科学技术奖概况 [M]. 北京：科学出版社，2009.

第六节 中国特色科学奖励体系构建的结构管控

当前的科学奖励设置和评选还面临着影响公信力和权威性的另一个关键性问题，即不同省份、不同学科科学奖励数量设置与本省份、本学科科学研究总体水平严重失衡的问题。根据表 6-11 可知，鲁闽琼云四省 2012（2011）年奖励公

① 张先恩等. 国际科学技术奖概况 [M]. 北京：科学出版社，2009.

信力测评优质标杆 cci 存在巨大的省际差异，最高的福建省值相当于最低的海南省值的倍数达到 9.18 倍之巨。这说明，两个省虽然具有行政意义上的同等级别，但两省当期取得的同类科学成果之水平层次，具有巨大的差异。其背后的含义是，某个省份的某项科学成果可能因在本省份内水平优秀而获奖，但放到另一个高水平的省份中可能只是一般性质的成果而难以获奖。同样，四省 2012（2011）年度原始授奖数量、平均每年授奖总数也存在巨大的省际差异，其中平均每年授奖总数最高者为山东 299 项，最低者为海南 39 项，两者相比达到了 7.67 倍之巨。这说明，两省虽然具有行政意义上的同等级别，但两省每年授奖数量具有无法解释的巨大差异。

表 6-11 鲁闽琼云四省 2012（2011）年的优质标杆、授奖数量比较

省份	评奖频次	优质标杆 cci	本届授奖总数	平均每年授奖总数	优质标杆 cci/授奖总数
山东	1 次/1 年	87.93	299	299	0.2941
福建	1 次/2 年	315.24	250	125	2.5219
海南	1 次/3 年	34.34	117	39	0.8805
云南	1 次/1 年	79.83	157	157	0.5085
最高/最低		9.18	2.56	7.67	8.58

注：表中优质标杆数据来自前文，其他数据来自相应省份的社科联网站。

特别地，基于上述指标，这里构建一个具有可比性质的"优质标杆 cci/授奖总数"指标，其含义是某地区某年度平均每 1 项授奖成果平均对应的最优可比标杆成果的 cci 值。从这个指标看，四省最高为福建的 2.5219，最低为山东的 0.2941，两者倍数之比达到 8.58 倍之巨。从这点上说，科学奖励的设置和授奖数量的确定在各省之间存在过大的随意性，而缺乏科学性和统筹性。有的省份虽然总体科学水平相对偏低，但可能授奖数量相对泛滥，水平不高的科学成果在这样的省份可能会获奖甚至获得高等级奖励。反过来，有的省份虽然总体科学成果水平居高，但可能授奖数量相对严格，水平很高的科学成果在这样的省份也可能不能获奖。

科学奖励数量设置与科学研究总体水平严重不对称的问题，在地市层面科学奖励也得到了充分体现。根据表 6-12 可知，6 个地市 2012（2011）年奖励公信力测评的优质标杆 cci，最高的大连相当于最低的宝鸡的倍数达到 9.56 倍之巨。这说明，宝鸡某项科学成果因在本地水平优秀而获奖，但放到高水平的大连可能只是一般性质的成果而难以获奖。同样，6 个地市 2012（2011）年平均每年授奖总数，最高的为烟台 153 项，最低的为襄阳 39 项，两者相比达到了 3.92 倍之巨。这说明，两个地市虽然具有行政意义上的同等级别，但两地每年授奖数量具有无法解释的巨大差异。同样，基于"优质标杆 cci/授奖总数"可比指标的分析，最高为大连的 0.7969，最低为烟台的 0.0485，两者倍数之比达到 16.42 倍之巨。这表明，科学奖励的设置和授奖数量的确定在地市之间同样存在着过大的随意性，科学性和统筹性严重不足。有的地市虽然总体科学水平相对偏低，但可能授奖数量相对泛滥，水平不高的科学成果在这样的地市可能会获奖甚至高奖。而有的地市可能总体科学成果水平居高，但授奖数量相对严格，水平很高的科学成果在这样的地市可能并不突出从而不能获奖。

表 6-12　6 个地市 2012（2011）年的优质标杆、授奖数量比较

地市	评奖频次	优质标杆 cci	本届授奖总数	平均每年授奖总数	优质标杆 cci/授奖总数
烟台	1 次/1 年	7.426	153	153	0.0485
大连	1 次/2 年	64.545	162	81	0.7969
安阳	1 次/1 年	11.387	79	79	0.1441
襄阳	1 次/2 年	18.994	78	39	0.4870
宝鸡	1 次/2 年	6.754	130	65	0.1039
最高/最低		9.56	2.08	3.92	16.42

注：表中优质标杆数据来自表 5-14，其他数据来自相应地市社科联网站。

由此，应该充分关注和重视不同省份科学奖励数量设置与本省份科学研究总体水平严重不对称的问题，采取针对性措施进行结构管控。

首先，结构管控的基本思路。一是面向不同地区、不同学科的科学奖励进行结构管控，必须坚持顶层设计、整体规划，坚决杜绝闭门造车、各自为政、随性确定。二是不同地区、不同学科科学奖励总量设置必须与其经济社会发展水平相适衡，彼此之间也应具有较好的适衡性。三是当前科学奖励总体上存在有比较严重的总量过多过滥问题，科学奖励结构管控必须与过多过滥总量管控有机结合，基于科学奖励总量大幅度压缩的基本方向推进。四是科学奖励结构管控，还应该适当兼顾东中西发展差别，兼顾科学技术和社会科学发展差异，有所侧重照顾。

其次，结构管控的具体措施。具体来说，可以根据不同省份和地市总体科技水平的差异，区分为高等级科技水平省份和地市、中等级科技水平省份和地市、一般科技水平省份和地市。在总量收缩和严格管控的情况下，对于三种不同类型的省份和地市，分别予以不同奖励数量比例的许可规定。其中，对于中等级科技水平省份和地市，予以平均数量的授奖数量许可；对于高等级科技水平省份和地市，予以高出平均数量一定比例的授奖数量许可；对于一般科技水平的省份和地市，予以低于平均数量一定比例的授奖数量许可。

再次，结构管控的替代对策。根据不同省份和地市总体科技水平的差异，分别予以不同奖励数量比例许可规定的对策，在现实中往往存在着一定的操作困难。鉴于科技发展水平最终与地区经济社会发展水平之间存在着紧密的相关关系，可以基于适当的科技授奖含金量（每授出一项科学奖励对应的 GDP 产值量）

标准对不同地区予以不同奖励数量比例规定和管控。下面以山东等 11 个抽样省份科技奖励为例进行具体分析。根据 11 个抽样省份的授奖情况和经济社会发展情况，鉴于当前科学奖励总量过多过滥和科学奖励结构管控必须基于总量大幅度压缩的原则，则山东每项科技授奖含金量达到了 444 亿元 GDP/项的最高值（见表 6－13），可以认为该省份的科技奖励年均授奖数量与其经济社会发展水平吻合程度最好。以此为标准折算数进行各省份科技授奖结构管控，同时为兼顾不同地区发展水平差异，分别予以中部和西部地区标准折算数 1.1 倍和 1.2 倍照顾系数，则 11 个抽样省份科技奖励授奖结构调整方案如表 6－13 所示。按此方案，11 个抽样省份目前年均授奖总量 2058 项，应调减 1309 项，调减率为 63.60%。其中，调减量超过 200 项的 3 个省份分别为湖北、河南、河北，调减率超过 70%的 6 个省份分别为海南、青海、云南、湖北、河北、河南。以此为参照标准，则全国目前每年授出的 5800 项省级科技奖励，应该调减 3689 项，只保留 2111 项。

表 6－13　基于山东科技奖励含金量标杆的 11 个抽样省份科技奖励结构调整

省份	GDP（亿元）	奖励含金量标杆（亿元 GDP/项）	标准授奖数量折算	照顾地区平衡授奖数量折算	目前年均授奖数量	调减量	调减率（%）
山东	63002	444	142	142	142	0	0.00
江苏	70116	444	158	158	199	41	20.59
河北	29806	444	67	67	282	215	76.18
海南	3703	444	8	8	49	41	82.97
河南	37002	444	83	92	339	247	72.94
江西	16724	444	38	41	108	67	61.61
湖北	29550	444	67	73	331	258	77.87
四川	30053	444	68	81	270	189	69.90
重庆	15717	444	35	43	126	83	66.26
云南	13619	444	31	37	180	143	79.54
青海	2417	444	5	7	32	25	79.57
合计	311709	444	703	749	2058	1309	63.60

注：山东等 11 个抽样省份科技奖励含金量标准比较及具体数字见表 2－14。

最后，与地区结构适衡管控并列的，还有一个学科结构适衡问题。对于同一个省份而言，自然科学和社会科学两类科学奖励总体上保持在 1∶1 的比例水平应该是适衡的。但是鉴于社会科学研究成果的客观性相对不足，授奖过多会导致过大的主观随性，影响奖励公信力。这样，在科学奖励总量大幅度压缩的背景下，自然科学和社会科学两类科学奖励总体上保持在 1∶0.8 的比例水平应该是适衡的。由此，以上面计算确定的 11 个抽样省份各自科技奖励适衡数量为标准，可以计算各自社会科学奖励适衡数量。由于科技奖励适衡数量折算已经分别对中部和西部地区予以了 1.1 倍和 1.2 倍的照顾系数，这样折算出来的社会科学奖励适衡数量也就兼顾了中西部发展差异。由此，11 个抽样省份社科奖励数量调整方案可以给出如表 6-14 所示。按此方案，11 个抽样省份目前年均授奖总量 1717 项，应调减 1155 项，调减率为 67.27%。其中，调减量超过 100 项的有河南、江西、四川、云南、山东和江苏 6 省，调减率超过 80% 的有海南、云南、江西 3 省。以此为参照标准，全国目前每年授出 4839 项社科奖励，应该调减 3255 项，只保留 1584 项。

表 6-14　基于科技奖励适衡数量标杆的 11 个抽样省份社科奖励结构调整

省份	科技奖励适衡数量	社科奖励适衡数量折算	目前年均社科授奖数量	调减量	调减率（%）
山东	142	114	260	146	56.15
江苏	158	126	249	123	49.40
河北	67	54	114	60	52.63
海南	8	6	55.5	50	89.19
河南	83	66	290	224	77.24
江西	38	30	178.5	149	83.19
湖北	67	54	103	49	47.57
四川	68	54	201.5	148	73.20
重庆	35	28	74.5	47	62.42
云南	31	25	172	147	85.47
青海	5	4	19	15	78.95
合计	703	562	1717	1155	67.27

第七节　中国特色科学奖励体系构建的周期频率

科学奖励包括科学技术奖励和社会科学奖励，两者有关奖励频率和参评成果期限间隔的要求有所不同。国家层面上的科学技术奖励，每年评奖 1 次。参评成果期限间隔，往往在具体年份评奖推荐通知中予以明确，一般为间隔 3 年以上的成果。比如，2017 年国家科学技术奖推荐工作要求，推荐国家自然科学奖励项目代表性论文论著应当于 2014 年 1 月 1 日前公开发表，推荐国家技术发明奖和科学技术进步奖项目应当于 2014 年 1 月 1 日前完成整体技术应用，均是 3 年以上的间隔期限。地方各省份地市的科学技术奖励，大都借鉴国家层面的科学技术奖励规定，每年评奖 1 次。参评成果间隔期限往往也是 3 年以上，但也会因各地情况不同而有所变化。比如，2015 年山东省科学技术奖推荐工作要求，推荐省自然科学奖励提交的代表性论文、论著需在 2013 年 2 月 28 日前正式发表，推荐省技术发明奖和科学技术进步奖项目应当于 2013 年 2 月 28 日前完成整体技术应用，即参评成果间隔期限为 2 年以上。

社会科学奖励的奖励频率和参评成果期限间隔不同于科学技术奖励，不同层级的奖励以及同一层级不同届别地区的奖励也各不相同。教育部人文社会科学研究优秀成果奖励平均 3 年举行 1 次，参评成果期限间隔平均为 3.375 年。基于山东、福建、海南、云南 4 省的调研表明，省级社会科学奖励平均 1.75 年举行 1 次，参评成果期限间隔平均为 1.625 年。基于烟台、大连、安阳、襄阳、南宁、宝鸡 6 个地市的调研表明，地市社会科学奖励平均 1.67 年举行 1 次，参评成果期限间隔平均为 1.333 年。基于部委、省份、地市三级进行简单平均，则社会科学奖励的奖励频率平均为 2.14 年举行 1 次，参评成果期限间隔平均为 2.111 年。如表 6 – 15、表 6 – 16、表 6 – 17、表 6 – 18 所示。

表 6 – 15　教育部人文社科奖之参评成果历时年限和评奖频率

届别	评奖年份	申报成果期限	成果取得到评奖年限	平均年限	评奖频率
第四届	2006	2001 ~ 2004	2 月 5 日	3.5	—
第五届	2009	2005 ~ 2007	2 月 4 日	3	3 年 1 次
第六届	2013	2008 ~ 2010	3 月 5 日	4	4 年 1 次
第七届	2015	2011 ~ 2013	2 月 4 日	3	2 年 1 次
平均	—	—	—	3.375	3 年 1 次

注：相关信息来自教育部相关责任部门网站。

表 6 – 16　4 个抽样省社科研究优秀成果奖之参评成果历时年限和评奖频率

省份	主体成果期限规定	主体成果取得到评奖年限	评奖频率
山东	评奖之前第 2 个年份	2	1 年 1 次
福建	评奖之前 2 个年份	1.5	2 年 1 次
海南	评奖之前 3 个年份	1.5	3 年 1 次
云南	评奖之前 1 个年份	1	1 年 1 次
平均	—	1.625	1.75 年 1 次

注：相关信息来自各相关省份社科网站。

表 6 – 17　6 个抽样地市社科研究优秀成果奖之参评成果历时年限和评奖频率

地市	主体成果期限规定	主体成果取得到评奖年限	评奖频率
烟台	评奖之前第 1 个年份	1	1 年 1 次
大连	评奖前第 2 个年份 8 月至评奖年份 7 月	1.5	2 年 1 次

地市	主体成果期限规定	主体成果取得到评奖年限	评奖频率
安阳	评奖之前 1 个年份	1	1 年 1 次
襄阳	评奖之前 2 个年份	1.5	2 年 1 次
南宁	评奖之前 2 个年份	1.5	2 年 1 次
宝鸡	评奖之前 2 个年份	1.5	2 年 1 次
平均	—	1.333	1.67 年 1 次

注：相关信息来自各相关地市社科联网站。

表 6 – 18　抽样统计部委、省份、地市社科研究优秀成果奖之
参评成果历时年限和评奖频率

类型	主体成果取得到评奖平均年限	评奖频率
教育部	3.375	3 年 1 次
省份	1.625	1.75 年 1 次
地市	1.333	1.67 年 1 次
平均	2.111	2.14 年 1 次

　　可见，我国科学奖励的参评成果期限间隔过于短促，大多数获奖成果从成果取得到参与评奖的期限间隔往往少于 5 年。而事实上，科研成果取得之后一般需要较长时间的检验，方能作出客观公正的评价。以诺贝尔奖为例，1901 ~ 1980 年，获奖科学家从做出重大发现到获得奖励的平均时间间隔为 13.85 年，其中间隔 5 年以上的高达 86.26%。① 因此，应该调整延长我国科学奖励参评成果的期限间隔，从现在的 2 ~ 3 年调整到不低于 5 年甚至 10 年。这样，通过较长时间的实践检验，科学成果本身的真实价值才能得到有效呈现，评奖得到的结果也才能更加客观可靠公信。

　　另外，根据上面分析，我国科学技术奖励的评奖频率一般均为 1 年 1 次，社会科学奖励的评奖频率平均为 2.14 年 1 次，存在着评奖频率过高的问题。实际上，国际上许多重大的综合性或专项性科学奖励，其评奖频率往往在 2 ~ 3 年 1 次。如，由瑞典皇家科学院颁发的克拉福德奖，是一项重要的综合性国际科技大奖，每年颁发 1 次，3 年 1 周期，轮流授予天文学和数学、地球科学、生物科学领域的优秀成果，实际上对于某一类科学成果而言，相当于 3 年评奖 1 次。又如，美国数学学会颁发的维布伦几何学奖是重要的国际数学大奖，先是 5 年颁发 1 次，2001 年后改成 3 年颁发 1 次，美国物理学会颁发的爱因斯坦奖是重要的国际物理学大奖，2 年颁发 1 次，英国皇家学会颁发的达尔文奖是重要的国际生物

---

① 马大龙. 维护科技奖励尊严深化奖励制度改革 [J]. 科学文化评论，2009，6 (2)：117 – 118.

学大奖，2 年颁发 1 次。如表 6 - 19 所示。由此，应该从总体上着眼，适当调整降低我国科学奖励的评奖频率。具体来说，国家科学奖励频率保持 1 年 1 次是适宜的，省部级科学奖励频率宜调整降低到 2 ~ 3 年 1 次，地市科学奖励频率宜调整降低到 3 ~ 5 年 1 次，以保持所评奖励的高价值性和奖励本身的权威性公信性。

表 6 - 19　世界重要科学奖励颁奖频率及相关情况

名称	类型	管理机构	首颁年份	颁奖频率
克拉福德奖	综合性国际科技大奖	瑞典皇家科学院	1982	每年颁发 1 次，3 年 1 周期，轮流授予天文学和数学、地球科学、生物科学
巴赛尔奖		巴赛尔国际基金会	1961	至少每 3 年 1 次
哈维奖		美国技术学会和以色列技术学院	1972	每年颁发 1 次，5 年 1 周期，每年授予下面两个奖项：自然科学奖、技术奖、人类健康奖、中东和平贡献奖
卡夫利纳米科学奖		挪威科学与文学院	2008	2 年 1 次
维布伦几何学奖	重要国际数学奖	美国数学学会	1964	先是 5 年 1 次，2001 年后 3 年 1 次
富尔克森奖		数学规划学会和美国数学学会	1979	3 年 1 次
科拉兹奖		国际工业与应用数学联合会	1999	4 年 1 次
爱因斯坦奖	重要国际物理学奖	美国物理学会	2003	2 年 1 次
帕克奖		美国物理学会	1984	2 年 1 次
亚洲化学联合奖	重要国际化学奖	亚洲化学联合会	1987	2 年 1 次
维特勒森奖	重要国际地球科学奖	哥伦比亚大学	1960	2 年 1 次
克伦宾奖		国际数学地质协会	1976	2 年 1 次
达尔文奖	重要国际生物学奖	英国皇家学会	1890	2 年 1 次

资料来源：张先恩等. 国际科学技术奖概况 [M]. 北京：科学出版社，2009.

第八节　中国特色科学奖励体系构建的信息公开

将奖励信息及时全面公开，让评奖过程全程置于阳光之下，是科学奖励工作规范化开展的一个基本要求。其对于科学评奖行为的公开公平公正，对于科学评奖结果的权威公信，会起到一种独特的前置引导和后置监督作用。

实际上，目前世界上高公信力的科学奖励均具有很好信息的公开性。以诺贝尔奖为例，其在候选人提名、奖评委组成、奖评审决议、奖评审结果等方面均很好地做到了信息公开。在候选人提名公开方面，以物理和化学奖为例，诺贝尔奖励章程第 7 款明确规定，皇家自然科学院的瑞典或外国院士、诺贝尔物理和化学委员会的委员、曾被授予诺贝尔物理或化学奖金的科学家等 6 类人员有权提名推荐候选人。在奖评委组成公开方面，诺贝尔评奖委员会下设的 5 个分委员会各有 3~5 名委员，分别由所属的机构指定，在某些情况下可以增选临时委员，均信息公开。在奖评审决议公开方面，诺贝尔评奖委员会最终形成的决议须立即公元于众。在奖评审结果公开方面，诺贝尔评奖委员会最终的评奖结果，必须在每年 11 月 15 日前作出，并公之于众。实际上，正是由于信息公开形成的前置引导和后置监督作用，保证了以诺贝尔奖为代表的世界各大著名科学奖励具备了高的公信力。如果这些世界著名奖励没有做到信息公开，如果其各自的评奖行为是在暗箱中操作完成的，则这些奖励的公信力如何就可想而知了！

在中国特色科学奖励体系构建过程中，奖励信息公开尤其重要。习近平同志 2017 年 3 月 24 日在中央深改组审议《关于深化科学奖励制度改革的方案》时强调，要"围绕服务国家发展、激励自主创新、突出价值导向、公开公平公正"，要"坚持公开提名、科学评议、公正透明、诚实守信、质量优先、宁缺毋滥"，改革完善国家科学奖励制度，最终构建中国特色科学奖励体系。中国特色科学奖励体系构建必须坚持"公开、公平、公正""公开提名""公正透明"等原则的论述，实际上就把科学奖励信息公开放置于了整个中国特色科学奖励体系构建的核心和关键地位。

科学奖励信息公开如此重要，然而目前我国科学奖励信息公开情况却并不理想：

首先，对于科学奖励信息公开的理解和认识存在偏差。许多时候仅仅将科学奖励信息公开理解为最终评奖结果信息的公开，甚至仅仅理解为初步评奖结果信息在特定时间内的公示。事实上，科学奖励信息公开是一个系统性的概念，既包括初步评奖结果信息的公示，也包括最终评奖结果信息的公开，还包括评奖过程相关信息的公开。其中评委会组成成员的信息公开，尤其是评委会组成成员遴选原则和标准的信息公开，非常关键和重要。因为科学奖励最终结果是否权威公信，很大程度上取决于评委会成员组成是否合适，而评委会成员组成是否合适，直接取决于评委会组成成员遴选原则和标准是否科学。另外，在今天信息网络时代，部分科学奖励信息公开还仅仅局限于传统纸质政报形式的公开，而无视和空缺现代网络形式的公开，在某种程度上实际上是一种变相的非公开。这就要求与时俱进，充分利用现代信息网络技术支持，实现科学奖励信息的网络公开，保证信息公开的及时性和实效性。

其次，作为科学奖励信息公开的关键所在，不同奖评结果信息公开往往各不相同，差异很大，总体情况并不理想。国家层面，2008 年修改颁布的《国家科学技术奖励条例实施细则》第 81 条明确规定，各奖项初评和终评结果应当在其官方网站等媒体上公布。实际工作中，历届国家科学奖励结果信息在国家科技奖励工作办公室网站上均有着集中系统的公开。部委层面，以教育部人文社科奖励为例，2009 年修订之后的教育部《高等学校科学研究优秀成果奖（人文社会科学）奖励办法》第 20 条明确规定，奖励委员会向教育部报告评奖结果，由教育部批准、公布评奖结果并授奖。实际工作中，历届教育部人文社科奖励结果信息，均通过电子版的教育部文件形式公布，能够通过网络查询获得，但并不集中系统，格式也不统一，存在信息碎片化情况。省级科学奖励层面，不同省份做法并不一致，河南省不同届次科技奖励结果信息均在河南省科技奖励工作办公室平台上有着集中系统的公布，而更多的省份则是通过电子版政报的形式予以公布，不集中不系统、格式不统一、信息碎片化情况比较明显。省级社科奖励层面，奖励结果信息公开问题比较明显。基于 2016 年 11～12 月的网络查询表明，山东、福建等少数省份的部分届次社科奖励结果信息可以通过网络渠道获得，更多的省份和届次社科奖励结果信息则无法通过网络渠道获得，如表 6－20 所示。地市层面情况更加严重，相当部分地市科技奖励结果信息和大部分地市社科奖励结果信息无法通过网络渠道获得，实际上等同于非公开，如表 6－21 所示。总体上而言，我国科学奖励评审结果信息公开在层级上呈现出一种层级越高信息公开程度越好、层级越低信息公开程度越不理想的态势，在类型上呈现出一种科技奖励信息公开程度相对较好、社科奖励信息公开程度相对不理想的态势。

表 6－20　省级社科奖励结果信息通过网络渠道可便利获得情况抽样

省份	可便利查询奖励届次	对应奖励年度	省份	可便利查询奖励届次	对应奖励年度
江西	1～15	1982～2013	江苏	11～13	2011～2014
云南	1～19	1987～2015	海南	7～8	2012～2014
四川	6～16	1994～2014	北京	12	2012
重庆	1～8	1998～2012	广西	13	2014
山西	4、6、9	2006、2009、2016	新疆	19	2014
河北	11～14	2008～2014	甘肃	14	2015
湖北	6～8	2009～2013	贵州	11	2015
山东	23～30	2009～2016	福建	2～11	1997～2015

注：表中所列统计信息是本研究团队于 2016 年 11～12 月通过网络进行省级社科奖励信息查询可便利获得的奖励信息，非表中所列不代表完全不可获得，但获得会有较大困难。表 6－21 同。

表 6 – 21　地市级社科奖励结果信息通过网络渠道可便利获得情况抽样

省份	序号	城市	可便利查询年份或届次	省份	序号	城市	可便利查询年份或届次
福建	1	福州	2002~2004/2005~2007 2008~2010	河南	13	商丘	无
	2	厦门	第十届（仅1年）		14	周口	无
	3	漳州	第五届（仅1年）		15	驻马店	2012/2013
	4	泉州	待定		16	南阳	2005/2008/2011
	5	三明	第五届和第六届		17	信阳	无
	6	莆田	无	广东	1	广州	2002~2003/2004~2005 2006~2007/2008~2009
	7	南平	无		2	深圳	无
	8	龙岩	无		3	珠海	无
	9	宁德	无		4	汕头	2008~2009/2010~2011 2012~2013/2014~2015
河南	1	郑州	2011~2012/2013~2014		5	佛山	无
	2	洛阳	无		6	韶关	社科获奖网页打不开
	3	开封	2014		7	湛江	2012~2013/2014~2015
	4	平顶山	无		8	肇庆	无
	5	安阳	2009/2011/2012 2013/2014	云南	1	昆明	第十一届（仅1年）
	6	鹤壁	无		2	曲靖	无
	7	新乡	2009/2010		3	玉溪	无
	8	焦作	无		4	邵通	无
	9	濮阳	2015		5	保山	2012/2013
	10	许昌	无		6	丽江	无
	11	漯河	无		7	普洱	无
	12	三门峡	2003/2004/2005		8	临沧	无

再次，作为科学奖励信息公开的基础所在，奖评委组成信息公开情况不理想。以国家科学奖励为例，2008 年修改颁布的《国家科学技术奖励条例实施细则》第 41 条和第 42 条规定，根据评审工作需要，国家科学技术奖各评审委员会可以设立若干评审组，对相关国家科学技术奖的候选人及项目进行初评，各评审组设组长 1 人、副组长 1~3 人、委员若干人；组长一般由相应国家科学技术奖评审委员会的委员担任，评审组委员实行资格聘任制，其资格由科学技术部认定，再由奖励办公室根据当年国家科学技术奖推荐的具体情况，从有资格的人选

中提出，经评审委员会秘书长审核，报相应评审委员会主任委员批准。显然，这只是一个奖评委组成程序的信息公开，但缺失了更为关键的奖评委组成成员遴选原则和标准的信息公开。实践中，这种只对奖评委组成程序信息公开但缺失更为关键的奖评委组成成员遴选原则和标准信息公开的情况，从国家层面到省部层面再到地市层面，是一种普遍存在的常态，其会直接导致奖评委组成成员遴选原则和标准缺乏清晰的界定，而步入过度的主观性遴选泥潭。这种情况下，不同责任者进行遴选会形成不同的评委成员组成，而不同的评委成员组成对同一批参评成果进行评审，得出的评奖结果可能会大不同。这极大地降低了科学奖励的可重复检验性，从而使得科学评奖行为失去应有的科学性。

最后，科学奖励信息公开平台建设情况不理想。在当今信息网络时代，借助信息网络技术支持，推进包括奖励信息公开在内的科学奖励评奖工作已经是大势所趋。然而，当前我国不同层级不同类型科学奖励信息化建设情况各不相同，差异很大，并不理想。具体表现为：有的科学奖励信息化平台已经建成，而有的则并没有开始建设。对于建成的信息平台，有的利用情况比较充分，信息更新比较及时，有的则信息更新缓慢，利用情况不理想。具体到奖励信息公开，有的信息平台能够充分利用信息平台，及时公开奖励信息，同时公开奖励政策等相关文件。也有的信息平台虽然已经建成，但并没有将奖励信息及时予以公布。特别地，不同层级不同类型科学奖励信息化平台建设与否、如何建设、建成后如何利用，目前基本上处于一种互不统属、各自为政的状态，客观上加剧了科学奖励信息的碎片化态势。

科学奖励信息公开情况不理想，会使得我国科学奖励失缺应有的前置引导力和后置监督力，会导致评非应评、奖非宜奖结果出现并严重损害我国科学奖励的公信力，会严重影响中国特色科学奖励体系的构建。由此，全面系统地加强我国科学奖励的信息公开建设，已经刻不容缓。可采取的具体对策如下：①科学奖励信息，包括参评成果信息、奖评委组成信息、奖评审决议信息、奖评审结果信息等均予以全面公开。参评成果信息公开，包括参评成果的名称、完成者、完成单位、主要情况介绍等信息的公开。奖评委组成信息公开，包括奖评委组成程序的信息公开、遴选原则和标准的信息公开以及具体遴选名单的信息公开。奖评审结果信息公开，包括初评结果公示、终评结果公布等。②高度重视网络信息技术在科学奖励信息高效公开中的重要性，积极推进全国性统一的科学奖励信息平台建设，将各级政府科学技术奖励、各级政府社会科学奖励、各类民间科学奖励的参评成果信息、奖评委组成信息、奖评审决议信息、奖评审结果信息等，全部纳入到这个信息平台之上，做到统一、精简、高效、公信。③加强和完善现有科学奖励的法律法规，补充专门条款对科学奖励信息公开予以明确，并清晰界定科学奖励信息公开的范围、时效、形式等。

第九节 中国特色科学奖励体系构建的诚信营建

诚信是科学研究和科学奖励的生命。科学奖励的参评成果应该具有基本的科研诚信标准。否则，如果参评成果中渗透到虚假成果并且获得了科学奖励，将是对科学奖励公信力的巨大伤害。然而，毋庸讳言，当前我国科学奖励中还存在有非诚信的科学成果和非诚信的评奖行为，甚至在一定程度上还比较普遍。从西安交通大学科技进步奖被撤销事件中可见一斑。

西安交通大学科技进步奖被撤销事件，可以反映科学奖励参评成果弄虚作假之普遍和严重。根据有关媒体报道，西安交通大学被撤销的国家科学技术进步奖二等奖获奖项目"涡旋压缩机设计制造关键技术研究及系列产品开发"，存在着三个方面的严重问题。一是申报人对"申报课题压根儿没研究过"。根据西安交大退休教授杨绍侃的观点，"李连生根本没有从事过他所申报课题的研究"。二是申报人"将他人成果任意窃为己用"，如上海压缩机厂1965年的大型机身整体铸造技术、沈阳气体压缩机厂研制并已经于1998年获得国家科技进步三等奖的"4M50型压缩机研制"项目等，均被李连生等人挪用成为自己申报奖励的主要成果。三是从亏损企业开具虚假效益证明。该获奖项目开具的应用证明一栏注明："2001年度新增产值599万元，2002年度新增产值1250万元，2003年度新增产值4092万元。"然而开具效益证明材料的西安泰德压缩机有限公司，2001年开始生产销售，当年实际产值468万元，营业额96万元，亏损148万元；2002年产值、营业额均为258.81万元，亏损307.28万元；2003年产值、营业额均为48万元，亏损384万元；2004年1月停产。国家行政学院教授王伟评价指出，学术造假违反职业道德是不容置疑的，但国家科技进步奖里竟然出现抄袭行为，造假到这种程度，足见国内学术界、科技界的道德状况是多么令人担忧。

在处理西安交通大学科技进步奖造假事件中，有些部门很不尽力甚至包庇腐败，进一步反映出科学奖励诚信环境之恶劣。事实表明，在西安交通大学科技进步奖造假事件中，涉及的许多部门给开了绿灯，包括西安交大的校领导们也曾多次试图维护他，如果不是6位老教授顶住压力仗义执言，如此恶劣的学术不端行为很可能会不了了之。此次学术不端事件虽然得到了较为圆满的处理，但方舟子强调这可能只是一个特例，不能因此对目前中国反对学术不端的形势给予过分乐观的估计。方舟子认为，学术不端曝光后却没有得到应有惩罚，其负面作用甚至超过学术不端本身。"如果对学术不端不能发现一起处理一起，就无法起到警诫作用，反而让造假者更加肆无忌惮。"

科学奖励领域，一方面存在有不菲的抄袭造假行为，另一方面缺乏相应的科研诚信营建和学术不端惩罚措施，这是西安交通大学科技进步奖被撤销事件留给我们的深刻启示。由此，中国科学奖励公信力的建设提升和中国特色科学奖励体系构建，必须高度重视科研诚信和奖励诚信这一根本问题，具体可采取的措施包括：科学评奖信息事前、事中、事后进行充分的信息公开，置相关信息于阳光之下；对存在着科研诚信和学术不端的成果，予以参评奖励一票否决严肃处理；对存在科研诚信和学术不端的个人，予以降级降职直至开除公职等严格处罚，确保不想造假、不敢造假、不能造假。

参考文献

[1] 曹玮，王瑛．基于改进 CRITIC - CPM 的科技奖励评价模型［J］．科学学与科学技术管理，2012，33（2）：17 - 21.

[2] 陈朝宗．论社科学术成果奖励评定制度的创新［J］．科技管理研究，2005（5）：64 - 66.

[3] 陈鹏．文学奖项的公信力［J］．瞭望，2010（17）：62 - 62.

[4] 奉公，刘佳男，余奇才．科学技术奖励海荐制与申报制的比较研究［J］．科学学与科学技术管理，2013，34（7）：19 - 27.

[5] 国务院．国家科学技术奖励条例［EB/OL］．2003 - 12 - 30. http：//www. most. gov. cn/fggw/xzfg/200601/t20060106_ 53402. htm.

[6] 黄忠德，李雪梅，谢海波．国外政府设立的科技奖励的基本情况、特点及对我国政府设立的科技奖励的思考［J］．科技管理研究，2010（6）：253 - 256.

[7] 蒋景楠，雷纯．上海市科技奖励激励机制探究［J］．华东理工大学学报，2010（5）：51 - 56.

[8] 科技部．国家科学技术奖励条例实施细则［EB/OL］．2008 - 12 - 23. http：//www. most. gov. cn/fggw/bmgz/200901/t20090108_ 66588. htm.

[9] 李程程．我国科技奖励体制发展的路径选择［J］．科技进步与对策，2009，26（9）：40 - 43.

[10] 李怀祖．管理研究方法论（第 2 版）［M］．西安：西安交通大学出版社，2004.

[11] 李吉锋．近 10 年北京市科技奖励浅析［J］．中国科技论坛，2009（12）：84 - 88.

[12] 刘新建，乔晶晶．科技成果奖励评价方法的理论探析［J］．科技管理研究，2008（1）：89 - 92.

[13] 宁国栋，张涛伟．试论我国的科技奖励法律制度［J］．技术与创新管理，2008，29（3）：235 - 237.

[14] 邱均平，谭春辉，文庭孝．我国科技奖励工作和研究的现状与趋势［J］．科技管理研究，2006（9）：4 - 7.

[15] 阮冰琰．中外科技奖励制度差异及启示［J］．科技管理研究，2009（8）：63 - 65.

[16] 阮冰琰．重构我国科技奖励的社会分层体系［J］．科学学研究，

2010, 28 (4): 496 - 499.

[17] 阮冰琰, 杨健国. 基于科技奖励本质及功能的制度创新探析 [J]. 科技进步与对策, 2010, 27 (12): 28 - 31.

[18] 唐五湘, 柯常取, 黄海南. 我国地方科技奖励政策调研与启示 [J]. 中国科技论坛, 2007 (7): 31 - 34.

[19] 尚宇红, 严卫宏. 我国科技奖励体系的结构分析 [J]. 科学技术与辩证法, 2003, 20 (4): 47 - 50.

[20] 谭春辉, 邱均平. 试论国家科技奖励监督机制的完善思路 [J]. 科学管理研究, 2009, 27 (2): 31 - 34.

[21] 王大明, 胡志强. 作为创新文化建设重要组成部分的中国科技奖励制度 [J]. 自然辩证法研究, 2005, 21 (4): 109 - 112.

[22] 王炎坤, 钟书华. 科技建立的社会运行 [M]. 武汉: 华中理工大学出版社, 1998.

[23] 王瑛, 郝国杰. 科技成果奖励指标体系新构想 [J]. 科技管理研究, 2009 (8): 120 - 122.

[24] 王瑛, 郭姗姗, 欧阳显斌. 改进的优度评价模型在科技奖励评价中的应用 [J]. 科技管理研究, 2013 (5): 54 - 57.

[25] 王瑛, 张璐, 蒋晓东. EDW 与梯形直觉模糊数结合的科技奖励评价 [J]. 软科学, 2014, 28 (10): 121 - 124.

[26] 吴恺. 我国科技奖励制度的结构问题及优化措施 [J]. 科技进步与对策, 2011 (18): 95 - 99.

[27] 吴恺. 中国科技奖励制度的理论与实践 [M]. 北京: 中国社会科学出版社, 2014.

[28] 吴昕芸, 吴效刚, 吴琴. 我国科技奖励设奖与科技发达国家的比较 [J]. 科技管理研究, 2014 (21): 32 - 37.

[29] 熊小刚. 国家科技奖励制度运行绩效的投入产出分析 [J]. 科学学与科学技术管理, 2012, 33 (3): 5 - 10.

[30] 熊小刚, 徐顽强. 基于群组决策分析的国家科技奖励制度运行绩效评价指标体系研究 [J]. 软科学, 2012, 26 (5): 45 - 50.

[31] 熊小刚. 国家科技奖励制度运行绩效评价 [M]. 北京: 社会科学文献出版社, 2013.

[32] 徐安, 傅继阳, 赵若红. 中美科技奖励体系的对比研究及启示 [J]. 科技进步与对策, 2006 (4): 29 - 31.

[33] 徐顽强, 熊小刚. 国家科技奖励体系中的非政府奖项研究 [M]. 北京: 中国科学技术出版社, 2013.

[34] 杨爱华. 对我国科技奖励问题的分析与思考——从 2004 年度国家最高

科学技术奖空缺谈起 [J] . 科技管理研究, 2006 (5): 4 - 6.

[35] 杨立雄, 邝小军. 从功能主义到交换理论: 科学奖励系统研究的范式转变 [J] . 自然辩证法研究, 2005, 21 (2): 44 - 46.

[36] 姚昆仑. 美国、印度科技奖励制度分析——兼与我国科技奖励制度的比较 [J] . 中国科技论坛, 2006 (6): 136 - 140.

[37] 姚昆仑. 科学技术奖励综论 [M] . 北京: 科学出版社, 2008.

[38] 岳奎元. 科技奖励的评价原则及导向功能 [J] . 科学学研究, 1998, 16 (4): 100 - 103.

[39] 张功耀, 罗娅. 我国科技奖励体制存在的几个问题 [J] . 科学学研究, 2007, 25 (增刊): 350 - 353.

[40] 张陆, 王研. 中美科学共同体设立科技奖励比较——以中国科协和美国科促会为例 [J] . 科技管理研究, 2013 (20): 45 - 49.

[41] 张先恩等. 国际科学技术奖概况 [M] . 北京: 科学出版社, 2009.

[42] 赵春明, 胡晓军. 国家科技进步奖励制度改革的若干建议 [J] . 科学学与科学技术管理, 2005 (7): 29 - 36.

[43] 钟书华, 袁建湘. 完善国家科技奖励体系, 推进自主创新 [J] . 科学学与科学技术管理, 2008 (8): 5 - 9.

[44] 周建中. 中国不同类型科技奖励问题与原因的认知研究——基于问卷调查的分析 [J] . 科学学研究, 2014, 32 (9): 1322 - 1328.

[45] 周建中, 肖雯. 我国科技奖励的定量分析与国际比较研究 [J] . 自然辩证法通讯, 2015, 37 (4): 96 - 103.

[46] Anderson M H, Sun P Y. What have scholars retrieved from Walsh and Ungson (1991)? A citation context study [J] . Management Learning, 2010, 41 (2): 131 - 145.

[47] Cole S, Cole J R. Scientific output and recognition: a study in the operation of the reward system in science [J] . American Sociological Review, 1967 (6): 377 - 390.

[48] Gaston J. The reward system in British and American science [M] . New York: John Wiley & Sons, Inc. , 1978.

[49] Hagstrom W O. The production of culture in science [J] . The American Behavioral Scientist, 1976 (7): 331 - 352.

[50] Ioannidis J A, Boyack K W, Small H, et al. Bibliometrics: Is your most cited work your best? [J] . Nature, 2014, 514 (7524): 561 - 562.

[51] Lariviere V, Gingras Y. The impact factor's Matthew Effect: A natural experiment in bibliometrics [J] . JASIST, 2010, 61 (2): 424 - 427.

[52] Merton R K. Priorities in scientific discovery: A chapter in the sociology of

science [J]. American Sociological Review, 1957, 22 (6): 635 –659.

[53] Noorden V R, Maher B, Nuzzo R. The top 100 papers [J]. Nature, 2014, 514 (7524): 550 –553.

[54] Tol R J. The Matthew Effect defined and tested for the 100 most prolific economists [J]. Journal of the American Society for Information Science and Technology, 2009, 60 (2): 420 –426.

[55] Zuckerman H. Scientific elite [M]. New York: the Free Press, 1977.